U0295489

大数据与计算机科学系列

大数据技术与应用方向

案例驱动的大数据原理技术及应用（第二版）

黄冬梅　梅海彬　贺　琪　编著

内容提要

本书从大数据的定义、特征、关键技术及其平台和主要应用出发，密切结合相关案例，揭示了案例对于大数据的驱动关系。针对这一关系，书中分别介绍了 Spark 系统和编程方式，大数据分析基础算法和实例，面向大数据的流数据分析算法和实例、图算法和实例，大数据应用编程案例，基于时间序列数据的预测等内容。

本书可作为计算机专业的教材，也可作为计算机工作者、爱好者的学习参考用书。

图书在版编目(CIP)数据

案例驱动的大数据原理技术及应用／黄冬梅，梅海彬，贺琪编著.－2 版 —上海：上海交通大学出版社，2018(2020 重印)
(电子工程与计算机科学／傅育熙，黄林鹏，汪卫，臧斌宇主编)
ISBN 978－7－313－20170－6

Ⅰ. ①案… Ⅱ. ①黄… ②梅… ③贺… Ⅲ. ①数据处理 Ⅳ. ①TP274

中国版本图书馆 CIP 数据核字(2018)第 208149 号

案例驱动的大数据原理技术及应用

编　著：黄冬梅　梅海彬　贺　琪
出版发行：上海交通大学出版社　　地　址：上海市番禺路 951 号
邮政编码：200030　　电　话：021－64071208
印　制：常熟市文化印刷有限公司　　经　销：全国新华书店
开　本：787mm×1092mm　1/16　　印　张：12.75
字　数：304 千字
版　次：2018 年 11 月第 1 版　2020 年 9 月第 2 版　　印　次：2020 年 9 月第 2 次印刷
书　号：ISBN 978－7－313－20170－6
定　价：42.00 元

“大数据与计算机科学”系列教材

编委会名单

Editorial Board List

| Editorial Board Members |

(in alphabetical order)

序

在构思一套新的计算机科学技术系列教材时,会有很多考虑。其一,计算机科学提供了一个系统建模、问题求解的新模式。计算机专业的本科毕业生应熟练地将计算思维用于问题求解,因此,一套计算机科学技术系列教材也应将计算思维系统地贯穿于整套教材的编写。其二,计算技术在推动社会、科技高速发展的同时,其自身也经历着从以计算为中心到以数据和交互为中心的范式转变。计算机专业的本科毕业生若能了解有关数据获取,存储,分析,利用的基本方法、技术、工具,定能在其择业和职业发展中拥有更多的机会,一套面向这一专业需求、围绕数据思维设计的计算机科学技术系列教材就会受到广大师生的欢迎。其三,在一个更加基础的层面,一套新的计算机科学技术系列教材应在重新审视本学科核心理论的基础上,在分析数据科学、人工智能、密码与信息安全、计算经济学、甚至量子计算等交叉学科的基础上,为本专业提供一个理论和数学基础课程设计,以反应计算机学科及其交叉学科对算法、计算复杂性、概率与统计、线性代数、矩阵分析、高等代数、组合数学、博弈论等数学分支的依赖。

计算能力的提高不仅在加大计算机科学技术影响力的广度,还在加速其影响力的深度。计算机教育界目前进行的“计算机+X”和“X+计算机”的讨论旨在推动计算机专业建设,并及时反应这一影响的广度和深度。我认为这一切都源于一个广为接受的事实:计算机科学与技术是继科学实验和数学之后,推动人类社会和科技进步的第三股力量。正如科学实验为自然科学提供了研究手段,数学为工程提供了建模方法,概率与统计为经济学提供了工具,计算机科学与技术为自然科学、工程、经济学提供了全新的研究手段、建模方法和工具。从一个高等教育工作者的角度看,这第三股力量驱动着老学科的改造和新专业的诞生。

本系列教材希望将计算机科学与技术的内在思想和其作为第三股力量所呈现出的多样

性展现在读者面前，目标不是追求一个新的课程体系，而是主张将计算机科学与技术放在一个更高的视角去规划一个系、一个院、一所学校的专业建设，这其实也是新工科建设的视角。我希望这个系列不只是为计算机专业的师生提供一个选择，也为非计算机专业的师生搭建一座桥梁。

教育部计算机类教学指导委员会副主任

傅育熙

2017 年 10 月 16 日

目　录

第 1 章　大数据基本概念 …… 1
1.1　大数据的定义与特征 …… 1
1.2　大数据的关键技术 …… 2
1.3　主流的大数据平台 …… 7
1.4　大数据的主要应用 …… 11
1.5　本章小结 …… 21
1.6　习题 …… 21

第 2 章　Spark 系统与编程简介 …… 22
2.1　Spark 概述 …… 22
2.2　Spark 系统架构及运行模式 …… 26
2.3　Spark 系统安装 …… 30
2.4　Python 编程基础 …… 39
2.5　Spark 的编程方式 …… 57
2.6　Spark 的监控管理 …… 63
2.7　Spark RDD …… 65
2.8　编程的基本步骤 …… 72
2.9　本章小结 …… 77
2.10　习题 …… 77

第 3 章　大数据分析基础算法与实例 …… 78
3.1　大数据分析概述 …… 78
3.2　Spark 基础算法 …… 79
3.3　实例：词频统计 …… 81
3.4　实例：圆周率的计算 …… 85

3.5 本章小结 …… 87
3.6 习题 …… 87
附录 …… 87

第4章 面向大数据的机器学习算法与实例 …… 90
4.1 机器学习简介 …… 91
4.2 Spark MLlib 介绍 …… 98
4.3 机器学习应用实例 …… 104
4.4 本章小结 …… 120
4.5 习题 …… 120

第5章 面向大数据的流数据分析算法与实例 …… 122
5.1 Spark Streaming 简介 …… 122
5.2 Spark Streaming 架构 …… 124
5.3 Spark Streaming 运行原理 …… 131
5.4 Spark Streaming 实例 …… 133
5.5 容错、持久化和性能优化 …… 140
5.6 本章小结 …… 142
5.7 习题 …… 143

第6章 面向大数据的图算法与实例 …… 144
6.1 图的基本概念 …… 144
6.2 图计算的同步机制 …… 145
6.3 GraphFrames 安装和基础使用 …… 147
6.5 最短路径算法及实例 …… 155
6.6 网页排名 …… 156
6.7 本章小结 …… 157
6.8 习题 …… 158

第7章 大数据应用编程案例 …… 159
7.1 基于遥感数据的海冰/雪检测 …… 159
7.2 基于时间序列数据的预测 …… 175
7.3 本章小结 …… 190
7.4 习题 …… 190

参考文献 …… 192

第1章 大数据基本概念

随着信息技术的不断发展,云计算、物联网、社交网络等新兴技术和服务的不断涌现和广泛应用,数据种类日益增多,数据规模急剧增长,大数据时代已悄然来临。由于大数据对政府决策、商业规划和知识发现等所起的重大作用,大数据逐渐成为一种重要的战略性资源,受到政府、工业界及学术界的普遍关注。

1.1 大数据的定义与特征

1.1.1 大数据的定义

大数据的定义众说纷纭。

维基百科中只有短短的一句话:“巨量资料(big data),或称大数据,指的是所涉及的资料量规模巨大到无法通过目前主流软件工具,在合理时间内达到撷取、管理、处理并整理成为帮助企业经营决策更积极目的的资讯”。

美国咨询公司——麦肯锡公司是研究大数据的先驱,在其报告《大数据是革新、竞争、生产力的下一个前沿》(*Big Data: The Next Frontier for Innovation, Competition, and Productivity*)中给出的大数据定义是:大数据指的是大小超出常规的数据库工具获取、存储、管理和分析能力的数据集。但它同时强调,并不是说一定要超过特定TB值的数据集才能算是大数据。

国际数据公司(IDC)从大数据的四个特征来定义,即海量的数据规模(volume)、快速的数据流转和动态的数据体系(velocity)、多样的数据类型(variety)、巨大的数据价值(value)。

全球知名的电子商务公司亚马逊公司的大数据科学家John Rauser给出了一个简单的定义:大数据是任何超过了一台计算机处理能力的数据量。

大数据是一个宽泛的概念,见仁见智。上面几个定义,无一例外地都突出了“大”字。诚然“大”是大数据的一个重要特征,但远远不是全部。大数据是“在多样的或者大量数据中,迅速获取信息的能力”。前面几个定义都是从大数据本身出发,我们的定义更关心大数据的功用。它能帮助大家干什么?在这个定义中,重心是“能力”。大数据的核心能力,是发现规律和预测未来。

1.1.2 大数据的特征

大数据首先是数据，其次，它是具备了某些特征的数据。目前公认的特征有四个：volumne，velocity，variety 和 value，简称 4V。

数据规模大（volume）：企业面临着数据量的大规模增长。例如，IDC 最近的报告预测称，到 2020 年，全球数据量将扩大 50 倍。目前，大数据的规模尚是一个不断变化的指标，单一数据集的规模范围从几十 TB 到数 PB 不等。简而言之，存储 1 PB 数据将需要两万台配备 50 GB 硬盘的个人电脑。此外，各种意想不到的来源都能产生数据。就目前技术而言，至少 TB 级别以下的不能称大数据。

数据种类多（variety）：就内容而言，大数据已经远远不局限于数值，文字、图片、语音、图像，一切在网络上可以传输、显示和搜索的信息。然而，数据多样性的增加主要是由于新型多结构数据包括网络日志、社交媒体、互联网搜索、手机通话记录及传感器网络等数据类型。其中，部分传感器安装在火车、汽车和飞机上，每个传感器都增加了数据的多样性。从结构而言，和存储在数据库中的结构化数据不同，当前的大数据主要指半结构化和非结构化的信息，比如机器生成信息（各种日志）、自然语言等。

处理速度高（velocity）：高速描述的是数据被创建和移动的速度。在高速网络时代，通过基于实现软件性能优化的高速电脑处理器和服务器，创建实时数据流已成为流行趋势。企业不仅需要了解如何快速创建数据，还必须知道如何快速处理、分析并返回给用户，以满足他们的实时需求。根据 IMS Research 关于数据创建速度的调查，据预测，到 2020 年全球将拥有 220 亿部互联网连接设备。简言之：1 TB 的数据，10 分钟处理完，叫大数据，一年处理完，就不能算“大”了。

价值密度低（value）：大量的不相关信息，浪里淘沙却又弥足珍贵。对未来趋势与模式的可预测分析，深度复杂分析（机器学习、人工智能 Vs 传统商务智能（咨询、报告等））。蚁坊软件在舆情大数据处理中注重大量化、多样化、快速化、价值化，凭借自身的大数据平台为客户提供舆情应用服务，其中鹰击提供微博舆情监测分析服务，正是基于这四个维度，其舆情“早发现”的能力显著领先竞争对手，为舆情早报告、早响应提供先机；而蚁坊软件旗下的另外一款典型产品，则是从多样性（全网）、快速性方面独有优势——鹰眼提供全网舆情监测分析服务，方便客户“速读网”，掌控舆情发展态势。如果不能从中提取出价值，不能通过挖掘、分析而得到指导业务的洞察力，那这些数据也就没什么用。

1.2 大数据的关键技术

1.2.1 大数据处理技术

1. 数据挖掘与分析

大数据分析的理论核心就是数据挖掘算法，各种数据挖掘的算法基于不同的数据类型和格式才能更加科学的呈现出数据本身具备的特点，也正是因为这些被全世界统计学家所公认的各种统计方法(可以称之为真理)才能深入数据内部,挖掘出公认的价值。另外一个方面也是因为有这些数据挖掘的算法才能更快速的处理大数据,如果一个算法得花上好几年才能得出结论,那大数据的价值也就无从说起了。

数据挖掘和分析的相关方法如下:

(1) 记忆基础推理法 MBR(Memory-Based Reasoning; MBR)分析。MBR 分析方法最主要的概念是用已知的案例(case)来预测未来案例的一些属性(attribute),通常找寻最相似的案例来做比较。记忆基础推理法中有两个主要的要素,分别为距离函数(distance function)与结合函数(combination function)。距离函数的用意在找出最相似的案例;结合函数则将相似案例的属性结合起来,以供预测之用。记忆基础推理法的优点是它容许各种形态的数据,这些数据不需服从某些假设。另一个优点是其具备学习能力,它能藉由旧案例的学习来获取关于新案例的知识。较令人诟病的是它需要大量的历史数据,有足够的历史数据方能做良好的预测。此外记忆基础推理法在处理上亦较为费时,不易发现最佳的距离函数与结合函数。其可应用的范围包括欺骗行为的侦测、客户反应预测、医学诊疗、反应的归类等方面。

(2) 购物篮分析(Market Basket Analysis)。购物篮分析最主要的目的在于找出什么样的东西应该放在一起?商业上的应用在藉由顾客的购买行为来了解是什么样的顾客以及这些顾客为什么买这些产品,找出相关的联想(association)规则,企业藉由这些规则的挖掘获得利益与建立竞争优势。举例来说,零售店可藉由此分析改变置物架上的商品排列或是设计吸引客户的商业套餐等等。购物篮分析技术可以应用在下列问题上:

① 针对信用卡购物,能够预测未来顾客可能购买什么;

② 对于电信与金融服务业而言,经由购物篮分析能够设计不同的服务组合以扩大利润;

③ 保险业能藉由购物篮分析侦测出可能不寻常的投保组合并作预防;

④ 对病人而言,在疗程的组合上,购物篮分析能作为是否这些疗程组合会导致并发症的判断依据。

(3) 决策树(Decision Trees)。决策树在解决归类与预测上有着极强的能力,它以法则的方式表达,而这些法则则以一连串的问题表示出来,经由不断询问问题最终能导出所需的结果。典型的决策树顶端是一个树根,底部有许多的树叶,它将纪录分解成不同的子集,每个子集中的字段可能都包含一个简单的法则。此外,决策树可能有着不同的外形,例如二元树、三元树或混合的决策树形态。

(4) 遗传算法(Genetic Algorithm)。遗传算法学习细胞演化的过程,细胞间可经由不断的选择、复制、交配、突变产生更佳的新细胞。基因算法的运作方式也很类似,它必须预先建立好一个模式,再经由一连串类似产生新细胞过程的运作,利用适合函数(fitness function)决定所产生的后代是否与这个模式吻合,最后仅有最吻合的结果能够存活,这个程序一直运作直到此函数收敛到最佳解。基因算法在群集(cluster)问题上有不错的表现,一般可用来辅助记忆基础推理法与类神经网络的应用。

(5) 聚类分析(Cluster Detection)。这个技术涵盖范围相当广泛,在基因算法、类神经网络、统计学中的群集分析都有这个功能。它的目标为找出数据中以前未知的相似群体,在许许多多的分析中,刚开始都运用到群集侦测技术,作为研究的开端。

(6) 连接分析(Link Analysis)。连接分析是以数学中之图形理论(graph theory)为基础,藉由记录之间的关系发展出一个模式，它是以关系为主体，由人与人、物与物或是人与物的关系发展出相当多的应用。例如电信服务业可藉连接分析收集到顾客使用电话的时间与频率，进而推断顾客使用偏好为何，提出有利于公司的方案。除了电信业之外，愈来愈多的营销业者亦利用连接分析做有利于企业的研究。

（7）OLAP（On-Line Analytic Processing；OLAP〈在线分析处理〉）分析。严格说起来，OLAP 分析并不算一个特别的数据挖掘技术，但是透过在线分析处理工具，使用者能更清楚地了解数据所隐藏的潜在意涵。如同一些视觉处理技术一般，透过图表或图形等方式显现，对一般人而言，感觉会更友善。这样的工具亦能辅助将数据转变成信息的目标。

（8）神经网络（Neural Networks）。神经网络是以重复学习的方法，将一串例子交与学习，使其归纳出一足以区分的样式。若面对新的例证，神经网络即可根据其过去学习的成果归纳后，推导出新的结果，乃属于机器学习的一种。数据挖掘的相关问题也可采类神经学习的方式，其学习效果十分正确并可做预测功能。

（9）判别分析（Discriminant Analysis）。当所遭遇问题的因变量为定性（categorical），而自变量（预测变量）为定量（metric）时，判别分析为一非常适当之技术，通常应用在解决分类的问题上面。若因变量由两个群体所构成，称之为双群体判别分析（two-group discriminant analysis）；若由多个群体构成，则称之为多元判别分析（multiple discriminant analysis；MDA）。找出预测变量的线性组合，使组间变异相对于组内变异的比值为最大，而每一个线性组合与先前已经获得的线性组合均不相关。检定各组的重心是否有差异。找出哪些预测变量具有最大的区别能力。根据新受试者的预测变量数值，将该受试者指派到某一群体。

（10）回归分析（Logistic Analysis）。当判别分析中群体不符合正态分布假设时，回归分析是一个很好的替代方法。回归分析并非预测事件（event）是否发生，而是预测该事件的概率。它将自变量与因变量的关系假定是 S 的形状，当自变量很小时，概率值接近为零；当自变量值慢慢增加时，概率值沿着曲线增加，增加到一定程度时，曲线斜率开始减小，故概率值介于 0 与 1 之间。

2. 内存计算

传统的数据挖掘先期准备时间过长，无法迅速处理当下瞬息万变的数据，难以应对为解决决策者对信息进行“实时”分析的强需求。这就需要一种新的方法和工具，要求从“实时”的数据中提取有用的信息。

内存计算相比传统的方法的优势是：充分发挥多核的能力，可以对数据并行地处理，并且内存读取的速度成倍数加快，数据按优化的列存储方式存放在内存里面。结论是，内存计算可对大规模海量的数据做实时分析和运算，不需要事先的数据预处理和数据建模。例如，想要以任何维度去分析数据，实时建立模型，实时完成分析处理，上亿条数据可能从几天缩短为几秒钟就处理完。

3. 流处理技术

流式计算和批量计算分别适用于不同的大数据应用场景：对于先存储后计算，实时性要求不高而同时数据的准确性、全面性更为重要的应用场景，批量计算模式更合适；对于无须先存储，可以直接进行数据计算，实时性要求很严格，但数据的精确度要求稍微宽松的应用场景，流式计算具有明显优势。流式计算中，数据往往是最近一个时间窗口内的，因此数据延迟的时间往往较短，实时性较强，但数据的精确程度往往较低。流式计算和批量计算具有明显的优劣互补特征,在多种应用场合下可以将两者结合起来使用。通过发挥流式计算的实时性优势和批量计算的计算精度优势,满足多种应用场景在不同阶段的数据计算要求。

目前,关于大数据批量计算相关技术的研究相对成熟,形成了以 Google 的 MapReduce 编程模型、开源的 Hadoop 计算系统为代表的高效、稳定的批量计算系统,在理论上和实践中均取得了显著成果。关于流式计算的早期研究往往集中在数据库环境中开展数据计算的流式化,数据规模较小,数据对象比较单一。由于新时期的流式大数据呈现出实时性、易失性、突发性、无序性、无限性等特征,对系统提出了很多新的更高的要求。2010 年,Yahoo 推出 S4 流式计算系统,2011 年,Witter 推出 Storm 流式计算系统,在一定程度上推动了大数据流式计算技术的发展和应用。但是,这些系统在可伸缩性、系统容错、状态一致性、负载均衡、数据吞吐量等诸多方面仍然存在着明显不足。如何构建低延迟、高吞吐且持续可靠运行的大数据流式计算系统,是当前亟待解决的问题。

1.2.2 大数据存储技术

1. 分布式文件系统

分布式文件系统(distributed file system)是指文件系统管理的物理存储资源不一定直接连接在本地节点上,而是通过计算机网络与节点相连。分布式文件系统的设计基于客户机服务器模式。一个典型的网络可能包括多个供多用户访问的服务器。另外,对等特性允许一些系统扮演客户机和服务器的双重角色。例如,用户可以“发表”一个允许其他客户机访问的目录,一旦被访问,这个目录对客户机来说就像使用本地驱动器一样,下面是三个基本的分布式文件系统。

计算机通过文件系统管理、存储数据,而信息爆炸时代中人们可以获取的数据成指数倍的增长,单纯通过增加硬盘个数来扩展计算机文件系统的存储容量的方式,在容量大小、容量增长速度、数据备份、数据安全等方面的表现都差强人意。分布式文件系统可以有效解决数据的存储和管理难题:将固定于某个地点的某个文件系统,扩展到任意多个地点/多个文件系统,众多的节点组成一个文件系统网络。每个节点可以分布在不同的地点,通过网络进行节点间的通信和数据传输。人们在使用分布式文件系统时,无须关心数据是存储在哪个节点上或者是从哪个节点上获取的,只需要像使用本地文件系统一样管理和存储文件系统中的数据。

2. 非关系型数据库技术

随着互联网 web2.0 网站的兴起,非关系型的数据库现在成了一个极其热门的新领域,非关系数据库产品的发展非常迅速。而传统的关系数据库在应付 web2.0 网站,特别是超大规模和高并发的 SNS 类型的 web2.0 纯动态网站已经显得力不从心,暴露了很多难以克服的问题。

(1) 关系数据库难以克服的障碍。

① High Performance——对数据库高并发读写的需求。Web2.0 网站要根据用户个性化信息来实时生成动态页面和提供动态信息,所以基本上无法使用动态页面静态化技术,因此数据库并发负载非常高,往往要达到每秒上万次读写请求。关系数据库应付上万次 SQL 查询还勉强顶得住,但是应付上万次 SQL 写数据请求,硬盘 IO 就已经无法承受了。其实对于普通的 BBS 网站,往往也存在对高并发写请求的需求,例如像 JavaEye 网站的实时统计在线

用户状态,记录热门帖子的点击次数,投票计数等,因此这是一个相当普遍的需求。

② Huge Storage——对海量数据的高效率存储和访问的需求。类似 Facebook,Twitter,Friendfeed 这样的 SNS 网站,每天用户产生海量的用户动态,以 Friendfeed 为例,一个月就达到了 2.5 亿条用户动态,对于关系数据库来说,在一张 2.5 亿条记录的表里面进行 SQL 查询,效率是极其低下乃至不可忍受的。再例如大型 web 网站的用户登录系统,例如腾讯,盛大,动辄数以亿计的账号,关系数据库也很难应付。

③ High Scalability & High Availability——对数据库的高可扩展性和高可用性的需求。在基于 web 的架构当中,数据库是最难进行横向扩展的,当一个应用系统的用户量和访问量与日俱增的时候,你的数据库却没有办法像 web server 和 app server 那样简单地通过添加更多的硬件和服务节点来扩展性能和负载能力。对于很多需要提供 24 小时不间断服务的网站来说,对数据库系统进行升级和扩展是非常痛苦的事情,往往需要停机维护和数据迁移,为什么数据库不能通过不断地添加服务器节点来实现扩展呢?

(2) 关系数据库的实际应用无法满足需求。在上面提到的“三高”需求面前,关系数据库遇到了难以克服的障碍,而对于 web2.0 网站来说,关系数据库的很多主要特性却往往无用武之地,例如:

① 数据库事务一致性需求。很多 web 实时系统并不要求严格的数据库事务,对读一致性的要求很低,有些场合对写一致性要求也不高。因此数据库事务管理成了数据库高负载下一个沉重的负担。

② 数据库的写实时性和读实时性需求。对关系数据库来说,插入一条数据之后立刻查询,是肯定可以读出这条数据来的,但是对于很多 web 应用来说,并不要求这么高的实时性,比方说我微信的朋友圈发一条消息之后,过几秒乃至十几秒之后,我的订阅者才看到这条动态是完全可以接受的。

③ 对复杂的 SQL 查询,特别是多表关联查询的需求。任何大数据量的 web 系统,都非常忌讳多个大表的关联查询,以及复杂的数据分析类型的复杂 SQL 报表查询,特别是 SNS 类型的网站,从需求以及产品设计角度,就避免了这种情况的产生。往往更多的只是单表的主键查询,以及单表的简单条件分页查询,SQL 的功能被极大的弱化了。

因此,关系数据库在这些越来越多的应用场景下显得不那么合适了,为了解决这类问题的非关系数据库应运而生,现在这两年,各种各样非关系数据库,特别是键值数据库(Key-Value Store DB)风起云涌,多得让人眼花缭乱。前不久国外刚刚举办了 NoSQL Conference,各路 NoSQL 数据库纷纷亮相,加上未亮相但是名声在外的,起码有超过 10 个开源的 NoSQLDB,例如:Redis、Tokyo Cabinet、Cassandra、Voldemort、MongoDB、Dynomite、HBase、CouchDB、Hypertable、Riak、Tin、Flare、Lightcloud、KiokuDB、Scalaris、Kai、ThruDB……这些 NoSQL 数据库,有的是用 C/C++编写的,有的是用 Java 编写的,还有的是用 Erlang 编写的,每个都有自己的独到之处。

3. 数据仓库

数据仓库,英文名称为 data warehouse,可简写为 DW 或 DWH,是指为企业所有级别的决策制定过程,提供所有类型数据支持的战略集合。它是单个数据存储,出于分析性报告和决策支持目的而创建。为需要业务智能的企业,提供指导业务流程改进、监视时间、成本、质量以及控制。数据仓库是决策支持系统(DSS)和联机分析应用数据源的结构化数据环境。数据仓库研究和解决从数据库中获取信息的问题。数据仓库的特征在于面向主题、集成性、稳定性和时变性。

数据仓库,由数据仓库之父比尔·恩门(Bill Inmon)于 1990 年提出,主要功能仍是将组织透过资讯系统之联机事务处理(OLTP)经年累月所累积的大量资料,透过数据仓库理论所特有的资料储存架构,作一有系统的分析整理,以利于各种分析方法如联机分析处理(OLAP)、数据挖掘(data mining)之进行,并进而支持如决策支持系统(DSS)、主管资讯系统(EIS)之创建,帮助决策者能快速有效的自大量资料中,分析出有价值的资讯,以利决策拟定及快速回应外在环境变动,帮助建构商业智能(BI)。

比尔·恩门在 1991 年出版的《建立数据仓库》(*Building the Data Warehouse*)一书中所提出的定义被广泛接受——数据仓库(data warehouse)是一个面向主题的(subject oriented)、集成的(integrated)、相对稳定的(non-volatile)、反映历史变化(time variant)的数据集合,用于支持管理决策(decision making support)。

1.2.3　大数据应用技术

大数据技术能够将隐藏于海量数据中的信息和知识挖掘出来,为人类的社会经济活动提供依据,从而提高各个领域的运行效率,大大提高整个社会经济的集约化程度。在我国,大数据将重点应用于以下三大领域:商业智能、政府决策、公共服务。例如:商业智能技术,政府决策技术,电信数据信息处理与挖掘技术,电网数据信息处理与挖掘技术,气象信息分析技术,环境监测技术,警务云应用系统(道路监控、视频监控、网络监控、智能交通、反电信诈骗、指挥调度等公安信息系统),大规模基因序列分析比对技术,web 信息挖掘技术,多媒体数据并行化处理技术,影视制作渲染技术,其他各种行业的云计算和海量数据处理应用技术等。

1.2.4　大数据可视化

大数据可视化,是关于数据视觉表现形式的科学技术研究。其中,这种数据的视觉表现形式被定义为,一种以某种概要形式抽提出来的信息,包括相应信息单位的各种属性和变量。可视化技术是一个处于不断演变之中的概念,其边界在不断地扩大。主要指的是技术上较为高级的技术方法,而这些技术方法允许利用图形、图像处理、计算机视觉以及用户界面,通过表达、建模以及对立体、表面、属性以及动画的显示,对数据加以可视化解释。与立体建模之类的特殊技术方法相比,数据可视化所涵盖的技术方法要广泛得多。

1.3　主流的大数据平台

1.3.1　MapReduce 平台

MapReduce 最早是由 Google 公司研究提出的一种面向大规模数据处理的并行计算模型和方法。Google 公司设计 MapReduce 的初衷主要是为了解决其搜索引擎中大规模网页数据的并行化处理。Google 公司发明了 MapReduce 之后,首先用其重新改写了其搜索引擎中的

Web 文档索引处理系统。但由于 MapReduce 可以普遍应用于很多大规模数据的计算问题,因此自发明 MapReduce 以后,Google 公司内部进一步将其广泛应用于很多大规模数据处理问题。到目前为止,Google 公司内有上万个各种不同的算法问题和程序都使用 MapReduce 进行处理。

MapReduce 是一种编程模型,用于大规模数据集(大于 1TB)的并行运算。概念"map(映射)"和"reduce(归约)",是它们的主要思想,都是从函数式编程语言里借来的,还有从矢量编程语言里借来的特性。它极大地方便了编程人员在不会分布式并行编程的情况下,将自己的程序运行在分布式系统上。当前的软件实现是指定一个 map(映射)函数,用来把一组键值对映射成一组新的键值对,指定并发的 reduce(归约)函数,用来保证所有映射的键值对中的每一个共享相同的键组。

1. MapReduce 的主要功能

(1) 数据划分和计算任务调度。系统自动将一个作业(job)待处理的大数据划分为很多个数据块,每个数据块对应于一个计算任务(task),并自动调度计算节点来处理相应的数据块。作业和任务调度功能主要负责分配和调度计算节点(map 节点或 reduce 节点),同时负责监控这些节点的执行状态,并负责 map 节点执行的同步控制。

(2) 数据/代码互定位。为了减少数据通信,一个基本原则是本地化数据处理,即一个计算节点尽可能处理其本地磁盘上所分布存储的数据,这实现了代码向数据的迁移;当无法进行这种本地化数据处理时,再寻找其他可用节点并将数据从网络上传送给该节点(数据向代码迁移),但将尽可能从数据所在的本地机架上寻找可用节点以减少通信延迟。

(3) 系统优化。为了减少数据通信开销,中间结果数据进入 Reduce 节点前会进行一定的合并处理;一个 reduce 节点所处理的数据可能会来自多个 map 节点,为了避免 reduce 计算阶段发生数据相关性,map 节点输出的中间结果需使用一定的策略进行适当的划分处理,保证相关性数据发送到同一个 reduce 节点;此外,系统还进行一些计算性能优化处理,如对最慢的计算任务采用多备份执行、选最快完成者作为结果。

(4) 出错检测和恢复。以低端商用服务器构成的大规模 MapReduce 计算集群中,节点硬件(主机、磁盘、内存等)出错和软件出错是常态,因此 MapReduce 需要能检测并隔离出错节点,并调度分配新的节点接管出错节点的计算任务。同时,系统还将维护数据存储的可靠性,用多备份冗余存储机制提高数据存储的可靠性,并能及时检测和恢复出错的数据。

2. MapReduce 设计具有的主要技术特征

(1) 向"外"横向扩展,而非向"上"纵向扩展。MapReduce 集群的构建完全选用价格便宜、易于扩展的低端商用服务器,而非价格昂贵、不易扩展的高端服务器。对于大规模数据处理,由于有大量数据存储需要,显而易见,基于低端服务器的集群远比基于高端服务器的集群优越,这就是为什么 MapReduce 并行计算集群会基于低端服务器实现的原因。

(2) 失效被认为是常态。MapReduce 集群中使用大量的低端服务器,因此,节点硬件失效和软件出错是常态,因而一个良好设计、具有高容错性的并行计算系统不能因为节点失效而影响计算服务的质量,任何节点失效都不应当导致结果的不一致或不确定性;任何一个节点失效时,其他节点要能够无缝接管失效节点的计算任务;当失效节点恢复后应能自动无缝加入集群,而不需要管理员人工进行系统配置。MapReduce 并行计算软件框架使用了多种有效的错误检测和恢复机制,如节点自动重启技术,使集群和计算框架具有对付节点失效的健壮性,能有效处理失效节点的检测和恢复。

(3) 把处理向数据迁移。传统高性能计算系统通常有很多处理器节点与一些外存储器节点相连,如用存储区域网络(storage area,SAN network)连接的磁盘阵列,因此,大规模数据处理时外存文件数据 I/O 访问会成为一个制约系统性能的瓶颈。为了减少大规模数据并行计算系统中的数据通信开销,代之以把数据传送到处理节点,应当考虑将处理向数据靠拢和迁移。MapReduce 采用了数据/代码互定位的技术方法,计算节点将首先尽量负责计算其本地存储的数据,以发挥数据本地化特点,仅当节点无法处理本地数据时,再采用就近原则寻找其他可用计算节点,并把数据传送到该可用计算节点。

(4) 顺序处理数据、避免随机访问数据。大规模数据处理的特点决定了大量的数据记录难以全部存放在内存,而通常只能放在外存中进行处理。由于磁盘的顺序访问要远比随机访问快得多,因此 MapReduce 主要设计为面向顺序式大规模数据的磁盘访问处理。为了实现面向大数据集批处理的高吞吐量的并行处理,MapReduce 可以利用集群中的大量数据存储节点同时访问数据,以此利用分布集群中大量节点上的磁盘集合提供高带宽的数据访问和传输。

(5) 为应用开发者隐藏系统层细节。软件工程实践指南中,专业程序员认为之所以写程序困难,是因为程序员需要记住太多的编程细节(从变量名到复杂算法的边界情况处理),这对大脑记忆是一个巨大的认知负担,需要高度集中注意力;而并行程序编写有更多困难,如需要考虑多线程中诸如同步等复杂烦琐的细节。由于并发执行中的不可预测性,程序的调试查错也十分困难;而且,大规模数据处理时程序员需要考虑诸如数据分布存储管理、数据分发、数据通信和同步、计算结果收集等诸多细节问题。MapReduce 提供了一种抽象机制将程序员与系统层细节隔离开来,程序员仅需描述需要计算什么(what to compute),而具体怎么去计算(how to compute)就交由系统的执行框架处理,这样程序员可从系统层细节中解放出来,而致力于其应用本身计算问题的算法设计。

(6) 平滑无缝的可扩展性。这里指出的可扩展性主要包括两层意义上的扩展性:数据扩展和系统规模扩展性。理想的软件算法应当能随着数据规模的扩大而表现出持续的有效性,性能上的下降程度应与数据规模扩大的倍数相当;在集群规模上,要求算法的计算性能应能随着节点数的增加保持接近线性程度的增长。绝大多数现有的单机算法都达不到以上理想的要求;把中间结果数据维护在内存中的单机算法在大规模数据处理时很快就会失效;从单机到基于大规模集群的并行计算从根本上需要完全不同的算法设计。奇妙的是,MapReduce 在很多情形下能实现以上理想的扩展性特征。多项研究发现,对于很多计算问题,基于 MapReduce 的计算性能可随节点数目增长保持近似于线性的增长。

1.3.2 Hadoop 平台

Hadoop 原本来自谷歌一款名为 MapReduce 的编程模型包。谷歌的 MapReduce 框架可以把一个应用程序分解为许多并行计算指令,跨大量的计算节点运行非常巨大的数据集。使用该框架的一个典型例子就是在网络数据上运行的搜索算法。Hadoop 最初只与网页索引有关,迅速发展成分析大数据的领先平台。

Hadoop 是一个由 Apache 基金会所开发的分布式系统基础架构,它可以运行于大中型集群的廉价硬件设备上,为应用程序提供了一组稳定可靠的接口。同时它是 Google 集群系统的一个开源项目总称。底层是Google文件系统(GFS)。Hadoop的框架最核心的设计就是:HDFS和MapReduce。HDFS为海量的数据提供了存储,MapReduce为海量的数据提供了计算。

基于Java语言构建的Hadoop框架实际上是一种分布式处理大数据平台,其包括软件和众多子项目。在近十年中Hadoop已成为大数据革命的中心。其子项目包括:MapReduce分布式数据处理模型和执行环境,运行于大型商用机集群。HDFS分布式文件系统,运行于大型商用机集群。Pig是一种数据流语言和运行环境,用以检索非常大的数据集。Pig运行在MapReduce和HDFS的集群上。Hive一个分布式、按列存储的数据仓库。Hive管理HDFS中存储的数据,并提供基于SQL的查询语言(由运行时引擎翻译成MapReduce作业)用以查询数据。ZooKeeper是一种分布式、可用性高的协调服务。ZooKeeper提供分布式锁之类的基本服务用于构建分布式应用。Sqoop是在数据库和HDFS之间高效传输数据的工具。Common是一组分布式文件系统和通用I/O的组件与接口(序列化、javaRPC和持久化数据结构)。Avro是一种支持高效,跨语言的RPC以及永久存储数据的序列化系统。

Hadoop平台具有以下优点:

(1) 可扩展性:不论是存储的可扩展还是计算的可扩展都是Hadoop设计的根本。

(2) 经济:框架可以运行在任何普通的PC上。

(3) 可靠:分布式文件系统的备份恢复机制以及MapReduce的任务监控保证了分布式处理的可靠性。

(4) 高效:分布式分拣系统的高效数据交互实现以及MapReduce结合Local Data处理的模式,为高效处理海量的信息作了基础准备。

1.3.3 Spark平台

Spark是UC Berkeley AMP lab(加州大学伯克利分校的AMP实验室)所开源的类似Hadoop MapReduce的通用并行框架,Spark拥有Hadoop与MapReduce所具有的优点;但不同于MapReduce的是Job中间输出结果可以保存在内存中,从而不再需要读写HDFS,因此Spark能更好地适用于数据挖掘与机器学习等需要迭代的MapReduce的算法。

Spark是一种与Hadoop相似的开源集群计算环境,但是两者之间还存在一些不同之处,这些有用的不同之处使Spark在某些工作负载方面表现得更加优越,换句话说,Spark启用了内存分布数据集,除了能够提供交互式查询外,它还可以优化迭代工作负载。

Spark是在Scala语言中实现的,它将Scala用作其应用程序框架。与Hadoop不同,Spark和Scala能够紧密集成,其中的Scala可以像操作本地集合对象一样轻松地操作分布式数据集。

尽管创建Spark是为了支持分布式数据集上的迭代作业,但是实际上它是对Hadoop的补充,可以在Hadoop文件系统中并行运行。通过名为Mesos的第三方集群框架可以支持此行为。Spark由加州大学伯克利分校AMP实验室(algorithms, machines, and people lab)开发,可用来构建大型的、低延迟的数据分析应用程序。

Spark平台具有以下性能特点。

(1) 更快的速度:内存计算下,Spark比Hadoop快100倍。内存计算引擎,提供Cache机制来支持需要反复迭代计算或者多次数据共享,减少数据读取的I/O开销DAG引擎,减少多次计算之间将中间结果写到 HDFS 的开销；使用多线程池模型来减少 task 启动开销，shuffle 过程中避免不必要的 sort 操作以及减少磁盘 I/O 操作。

（2）易用性：Spark 提供了 80 多个高级运算符。提供了丰富的 API，支持 JAVA，Scala，Python 和 R 四种语言；代码量只有 MapReduce 的 $\frac{1}{2}$ ~ $\frac{1}{5}$。

（3）通用性：Spark 提供了大量的库，包括 SQL、DataFrames、MLlib、GraphX、Spark Streaming。开发者可以在同一个应用程序中无缝组合使用这些库。

（4）支持多种资源管理器：Spark 支持 Hadoop YARN，Apache Mesos 及其自带的独立集群管理器。

1.4　大数据的主要应用

1.4.1　大数据产业国内外现状

1. 国际产业现状

当前，许多国家的政府和国际组织都认识到了大数据的重要作用，纷纷将开发利用大数据作为夺取新一轮竞争制高点的重要抓手，实施大数据战略。

美国政府将大数据视为强化美国竞争力的关键因素之一，把大数据研究和生产计划提高到国家战略层面。2012 年 3 月 29 日，奥巴马政府宣布投资 2 亿美元启动《大数据研究和发展计划》，希望增强收集海量数据、分析萃取信息的能力。以美国白宫科学技术政策办公室（OSTP）为首，国土安全部、美国国家科学基金会、国防部、美国国家安全局、能源部等已经开始了与民间企业或大学开展多项大数据相关的各种研究开发。美国政府为之拨出超过 2 亿美元的研究开发预算。奥巴马指出，通过提高从大型复杂的数字数据集中提取知识和观点的能力，承诺帮助加快在科学与工程中的步伐，改变教学研究，加强国家安全。据悉，美国国防部已经在积极部署大数据行动，利用海量数据挖掘高价值情报，提高快速响应能力，实现决策自动化。而美国中央情报局通过利用大数据技术，将分析搜集的数据时间由 63 天缩减到 27 分钟。2012 年 5 月美国数字政府战略发布，更是提出要通过协调化的方式，所有部门共同提高收集、储存、保留、管理、分析和共享海量数据所需核心技术的先进性，并形成合力；扩大大数据技术开发和应用所需人才的供给。以信息和客户为中心，改变联邦政府工作方式，为美国民众提供更优公共服务。

英国商业、创新和技能部在 2013 年初宣布，将注资 6 亿英镑发展 8 类高新技术，其中对大数据的投资即达 1.89 亿英镑。负责科技事务的国务大臣戴维·威利茨说，政府将在计算基础设施方面投入巨资，加强数据采集和分析，这也将吸引企业在这一领域的投资，从而在数据革命中占得先机。英国在大数据方面的战略举措有：在本届议会期满前，开放有关交通运输、天气和健康方面的核心公共数据库，并在五年内投资 1 000 万英镑建立世界上首个“开放数据研究所”；政府将与出版行业等共同尽早实现对得到公共资助产生的科研成果的免费访问，英国皇家学会也在考虑如何改进科研数据在研究团体及其他用户间的共享和披露；英国研究理事会将投资 200 万英镑建立一个公众可通过网络检索的“科研门户”。通过大数据技术使用,优化政府部门的日常运行和刺激公共机构的生产力,可以为英国政府节省130亿至220亿英镑;减少福利系统中的诈骗行为和错误数量将为英国政府节省10亿至30亿英镑;有效地追收逃税漏税将为英国政府节省20亿至80亿英镑。通过合理、高效使用大数据技术,英国政府每年可节省约330亿英镑,相当于英国每人每年节省约500英镑。具体而言,通过数据使用,优化政府部门的日常运行和刺激公共机构的生产力,可以为英国政府节省130亿至220亿英镑;减少福利系统中的诈骗行为和错误数量将为英国政府节省10亿至30亿英镑;有效地追收逃税漏税将为英国政府节省20亿至80亿英镑。

法国政府为促进大数据领域的发展,将以培养新兴企业、软件制造商、工程师、信息系统设计师等为目标,开展一系列的投资计划。法国政府在其发布的《数字化路线图》中表示,将大力支持"大数据"在内的战略性高新技术,法国软件编辑联盟曾号召政府部门和私人企业共同合作,投入3亿欧元资金用于推动大数据领域的发展。法国时任生产振兴部部长Arnaud Montebourg、数字经济部副部长Fleur Pellerin和投资委员Louis Gallois在第二届巴黎大数据大会结束后的第二天共同宣布了将投入1 150万欧元用于支持7个未来投资项目。这足以证明法国政府对于大数据领域发展的重视。法国政府投资这些项目的目的在于"通过发展创新性解决方案,并将其用于实践,来促进法国在大数据领域的发展"。众所周知,法国在数学和统计学领域具有独一无二的优势。

日本为了提高信息通信领域的国际竞争力、培育新产业,同时应用信息通信技术应对抗灾救灾和核电站事故等社会性问题,日本总务省于2012年7月新发布"活跃ICT日本"新综合战略,此后,日本的ICT战略方向备受关注。其中最令人关注的是其大数据政策(从各种各样类型的数据中,快速获得有价值信息的能力),日本正在针对大数据推广的现状、发展动向、面临问题等进行探讨,以期对解决社会公共问题作出贡献。2013年6月,时任安倍内阁正式公布了新IT战略——"创建最尖端IT国家宣言",全面阐述了2013—2020年期间以发展开放公共数据和大数据为核心的日本新IT国家战略,提出要把日本建设成为一个具有"世界最高水准的广泛运用信息产业技术的社会"。

在重视发展科技的印度,大数据技术也已成为信息技术行业的"下一个大事件"。目前,不仅印度的小公司纷纷涉足大数据市场淘金,一些外包行业巨头也开始进军大数据市场,试图从中分得一杯羹。去年,印度全国软件与服务企业协会预计,印度大数据行业规模在3年内将达到12亿美元,是目前规模的6倍,同时还是全球大数据行业平均增长速度的两倍。印度毫无疑问是美国亦步亦趋的好学生。在2012年初,印度联邦内阁批准了国家数据共享和开放政策。在数据开放方面,印度效仿美国政府的做法,制定了一个一站式政府数据门户网站,把政府收集的所有非涉密数据集中起来,包括全国的人口、经济和社会信息。

2. 国内产业现状

争夺新一轮技术革命制高点的战役已经打响,中国政府在2012年也批复了"十二五国家政务信息化建设工程规划",总投资额估计在几百亿,专门有人口、法人、空间、宏观经济和文化等五大资源库的五大建设工程。我国的开放、共享和智能的大数据的时代已经来临。2012年8月份国务院制定了促进信息消费扩大内需的文件,推动商业企业加快信息基础设施演进升级,增强信息产品供给能力,形成行业联盟,制定行业标准,构建大数据产业链,促进创新链与产业链有效嫁接。同时,构建大数据研究平台,整合创新资源,实施"专项计划",突破关键技术,大力推进国家发改委和中科院基础研究大数据服务平台应用示范项目,广东率先启动大数据战略推动政府转型，北京正积极探索政府公布大数据供社会开发，上海也启动了大数据研发三年行动计划。

当前，在政府部门数据对外开放，由企业系统分析大数据进行投资经营方面，上海无疑是先行一步。2014 年 5 月 15 日，上海市自今年起推动各级政府部门将数据对外开放，并鼓励社会对其进行加工和运用。根据上海市经信委印发的《2014 年度上海市政府数据资源向社会开放工作计划》，目前已确定 190 项数据内容作为 2014 年重点开放领域，涵盖 28 个市级部门，涉及公共安全、公共服务、交通服务、教育科技、产业发展、金融服务、能源环境、健康卫生、文化娱乐等 11 个领域。其中市场监管类数据和交通数据资源的开放将成为重点，这些与市民息息相关的信息查询届时将完全开放。这意味着企业运用大数据在上海“掘金”的时代来临，企业投资和上海民生相关的产业如交通运输、餐饮等，可以不再“盲人摸象”。

国内三大互联网公司 BAT（百度、阿里巴巴、腾讯）先后宣布在大数据领域的“新动作”。

搜索巨头百度围绕数据而生。它对网页数据的搜取、网页内容的组织和解析，通过语义分析对搜索需求的精准理解进而从海量数据中找准结果，以及精准的搜索引擎关键字广告，实质上就是一个数据的获取、组织、分析和挖掘的过程。百度还利用大数据完成移动互联网进化。核心攻关技术便是深度学习。基于大数据的机器学习将改善多媒体搜索效果和智能搜索，如语音搜索、视觉搜索和自然语言搜索。这将催生移动互联网的革命性产品的出现。尽管百度已经出发，其在大数据上可做的事情还有很多。在数据收集方面，百度聚合更多高价值的交易、社交和实时数据。例如加强自己贴吧知道的社交能力、尽快让地图服务与 O2O 结合进而掌握交易数据，以及推进移动 App、穿戴式设备等数据收集系统。在数据处理技术上，百度成立深度学习研究院加强自己在人工智能领域的探索，在多媒体和中文自然语言处理领域已经有一些进展。

腾讯拥有社交大数据，在企鹅帝国完成数据的制造、流通、消费和挖掘。腾讯大数据目前释放价值更多的是改进产品。据腾讯 2014 年 Q1 财报，增值服务占总收入的 78.7%；电子商务业务占 14.1%；网络广告收入占 6.3%。从广告收入比例可以看出腾讯的大数据在精准营销领域暂时还未大量释放出价值。与其产品线对应的 GMAIL、Google+的 Google 以及社交巨头 Facebook 则通过广告赚得盆满钵满。总体来看，腾讯目前的大数据策略是先将产品补全，产品后台数据打通，形成稳定生态圈。本阶段先利用大数据挖掘改进自己的产品。后期有成熟的模式合适的产品，则利用自家的社交及关系数据时，开展对大数据的进一步挖掘。

阿里巴巴 B2B 出生在外贸蓬勃的大环境下，依靠服务中小企业发家。淘宝、支付宝等 CtoC 的产品出生前，阿里并不依赖也不擅长技术。业界普遍认为阿里没有技术基因。直到淘宝、支付宝以及天猫三个产品后，对海量用户大并发量交易、海量货架数据的管理、安全性等方面的严苛要求，阿里完成进化，在电商技术上取得不菲的成绩。在一段时期阿里仍然浪费了手里掌握的大量数据。这些数据还是“最值钱”的金数据。数据挖掘无非是从原始数据提取价值。阿里现有的数据产品例如数据魔方、量词统计、推荐系统、排行榜以及时光倒流相对来说是比较简单的 BI（商业智能），没到大数据的阶段。“大数据”浪潮袭来，阿里提出“数据、金融和平台”战略。前所未有地重视起对数据的收集、挖掘和共享。总体来看，阿里更多是在搭建数据的流通、收集和分享的底层架构。自己并不擅长似乎也不会着重来做数据挖掘的活儿，而是将自己擅长的“交易”生意扩展到数据。让天下没有难做的“数据生意”。

移动互联网浪潮下，现实世界正在加速数字化，每个人，每个物体、每件事情、每一个时间节点,都在向网上映射。空间和时间两个维度的联网,使得数字世界正在接近一步步模拟现实世界。历史、现在和未来都会映射到网上。对大数据的挖掘正是对世界的二次发现和感知。BAT 三巨头已经出发。

1.4.2 行业具体应用

1. 海洋行业

(1) 海洋渔业。预测捕捞高产区域做到未捕先知;渔船如何运输制定最佳线路和运输方式;明确运输多少海里合理规划带油量和作业时间;对作业区天气和环境预先知晓防止遭遇恶劣天气和危险海域对捕捞设备及人员财产造成损失。

(2) 海上交通。通过船舶数据与航路信息综合挖掘分析改善航道交通,挖掘事故多发区域原因,加强海上交通安全,提高交通效率;预知海洋环境结合船舶实际情况选择不同航线机制,分道通航制,单航路,多航路,或定线制等从而规避风险,节省带油量。

(3) 海洋金融。航运保险公司根据特定航路,不同客户群体,做到费率细分,为航运提供最佳航线降低货损,对船舶风险全程监控,防止恶意欺诈行为,监控海水性能变化及时通知调整航线或采取相应措施保证货物质量;养殖保险公司根据预测的海洋环境合理制定保险费率,通过对海水指标数据预测养殖风险及时预警降低赔偿风险。

(4) 智能港口。船舶实时监控数据以及电子海图,利用大数据分析中的感知技术对港口拥堵情况进行统计,可以推断出任意时间港口的拥堵情况,输出最合理的船舶在港时间;包括天气状况,道路情况,物流公司,甚至客户公司状态,海关动向等等,与港口内部采集的数据进行结合分析,并针对不同用户群体发送相关的预警警报。

(5) 其他应用。海况查询:点击地图上任意一点,快速获取所在位置气象预报和遥感海况信息;查看实况历史变化、预报发展趋势。海洋环境:货运商通过实时海水指标及预测趋势合理制定运输方案,防止货物因海水性能变化造成损失;分析赤潮发生原因,对优化海洋环境维持海洋生态平衡提供决策依据。海水垦殖:根据海水盐度,海洋气候变化状况对滨海滩涂区合理规划耐盐作物种植分布,为海洋农业户,海洋农业局提供信息支持。海上交易:结合多源数据打造海上交易平台,提供油、粮品、水等服务,海上船只通过平台发出请求平台智能匹配供给双方;解决传统海上交易寻找买卖双方难的问题,节省时间和油耗。海洋油气:优化管道运输环节,节省时间和成本;利用海洋大数据优化原油卸接进港策略。

2. 医疗行业

医疗行业很早就遇到了海量数据和非结构化数据的挑战。在互联网大框架的结构下,大圣众包威客平台为你解读,作为一个行业的流行语,互联网+医疗的个性化服务,能给医疗保健工作者和消费者带来哪些真正的福利呢?据相关专项研究指出,如果能排除体制障碍,大数据分析可以帮助美国医疗服务业一年创造 3 000 亿美元的附加价值,重点集中于医疗服务业 4 大领域:临床业务、付款定价、商业模式、公众健康,涵盖了十多项应用场景。

(1) 大数据分析,获取最佳性价比治疗方案。通过全面分析病人特征数据和疗效数据,然后比较多种干预措施的有效性,可以找到针对特定病人的最佳治疗途径。研究表明,对同一病人来说,医疗服务提供方不同,医疗护理方法和效果不同,成本上也存在很大差异。医疗护理系统实现 CER,将有可能减少过度治疗(比如避免那些副作用比疗效明显的治疗方式),以及治疗不足。分析临床试验数据和病人记录可以确定药品更多的适应症和发现副作用。在对临床试验数据和病人记录进行分析后,可以对药物进行重新定位,或者实现针对其他适应症的营销。实时或者近乎实时地收集不良反应报告可以促进药物警戒(药物警戒是上市药品的安全保障体系,对药物不良反应进行监测、评价和预防)。

(2) 临床决策支持,提高诊断准确性。临床决策支持系统可提高工作效率和诊疗质量。临床决策支持系统分析医生输入条目,比较其与医学指引不同地方,提醒医生防止潜在的错误,如药物不良反应。医疗服务提供方可以降低医疗事故率和索赔数,尤其是那些临床错误引起的医疗事故。大数据分析技术将使临床决策支持系统更智能,如可以使用图像分析和识别技术,识别医疗影像(X 光、CT、MRI)数据,或者挖掘医疗文献数据建立医疗专家数据库,从而给医生提出诊疗建议。远程病人监护系统包括家用心脏监测设备、血糖仪,甚至还包括芯片药片,芯片药片被患者摄入后,实时传送数据到电子病历数据库。更多的好处是,通过对远程监控系统产生的数据的分析,可以减少病人住院时间,减少急诊量,实现提高家庭护理比例和门诊医生预约量的目标。

(3) 预测建模,更低成本药物研发。医药公司在新药物的研发阶段,可以通过数据建模和分析,确定最有效率的投入产出比,从而配备最佳资源组合。模型基于药物临床试验阶段之前的数据集及早期临床阶段的数据集,尽可能及时地预测临床结果。评价因素包括产品的安全性、有效性、潜在的副作用和整体的试验结果。通过预测建模可以降低医药产品公司的研发成本。使用统计工具和算法,可以提高临床试验设计水平,并在临床试验阶段更容易地招募到患者。通过挖掘病人数据,评估招募患者是否符合试验条件,从而加快临床试验进程,提出更有效的临床试验设计建议,并能找出最合适的临床试验基地。

(4) 个性化治疗,精准的治疗效果。通过对大型数据集(例如基因组数据)的分析发展个性化治疗。个性化医学可以改善医疗保健效果,比如在患者发生疾病症状前,就提供早期的检测和诊断。很多情况下,病人用同样的诊疗方案但是疗效却不一样,部分原因是遗传变异。针对不同的患者采取不同的诊疗方案,或者根据患者的实际情况调整药物剂量,可以减少副作用。在病人档案方面应用高级分析可以确定哪些人是某类疾病的易感人群。举例说,应用高级分析可以帮助识别哪些病人有患糖尿病的高风险,使他们尽早接受预防性保健方案。这些方法也可以帮患者从已经存在的疾病管理方案中找到最好的治疗方案。

(5) 公众健康,预测疾病流行。大数据使用可改善公众健康监控。公共卫生部门可以通过覆盖全国的患者电子病历数据库,快速检测传染病,进行全面的疫情监测,并通过集成疾病监测和响应程序,快速进行响应。卫生部门可以更快地检测出新的传染病和疫情。通过提供准确和及时的公众健康咨询,将会大幅提高公众健康风险意识,同时也将降低传染病感染风险。所有的这些都将帮助人们创造更好生活。

3. 电子商务

随着网络和信息技术的不断普及,人类产生的数据量正在呈指数级增长,而云计算的诞生,更是直接把我们送进了大数据时代。“大数据”作为时下最时髦的词汇,开始向各行业渗透辐射,颠覆着很多特别是传统行业的管理和运营思维。在这一大背景下,大数据也触动着电商行业管理者的神经,搅动着电商行业管理者的思维;大数据在电商行业释放出的巨大价值吸引着诸多电商行业人士的兴趣和关注。探讨和学习如何借助大数据为电商行业经营管理服务也是当今该行业管理者面临的挑战。大数据应用，其真正的核心在于挖掘数据中蕴藏的情报价值，而不是简单的数据计算。那么，对于电商行业来说，以下四个方面整理总结了大数据在电商行业的创新性应用。

（1）大数据有助于精确电商行业市场定位。成功的品牌离不开精准的市场定位，可以这样说，一个成功的市场定位，能够使一个企业的品牌加倍快速成长，而基于大数据的市场数据分析和调研是企业进行品牌定位的第一步。电商行业企业要想在无硝烟的市场中分得一杯羹，需要架构大数据战略，拓宽电商行业调研数据的广度和深度，从大数据中了解电商行业市场构成、细分市场特征、消费者需求和竞争者状况等众多因素，在科学系统的信息数据收集、管理、分析的基础上，提出更好的解决问题的方案和建议，保证企业品牌市场定位独具个性化，提高企业品牌市场定位的行业接受度。

企业想进入或开拓某一区域电商行业市场，首先要进行项目评估和可行性分析，只有通过项目评估和可行性分析才能最终决定是否适合进入或者开拓这块市场。如果适合，那么这个区域人口是多少？消费水平怎么样？客户的消费习惯是什么？市场对产品的认知度怎么样？当前的市场供需情况怎么样？公众的消费喜好是什么等等，这些问题背后包含的海量信息构成了电商行业市场调研的大数据，对这些大数据的分析就是我们的市场定位过程。

企业开拓新市场，需要动用巨大的人力、物力和精力，如果市场定位不精准或者出现偏差，其给投资商和企业自身带来后期损失是巨大甚至有时是毁灭性的，由此看出市场定位对电商行业市场开拓的重要性。只有定位准确乃至精确，企业才能构建出满足市场需求地产品，使自己在竞争中立于不败之地。但是，要想做到这一点，就必须有足够量的信息数据来供电商行业研究人员分析和判断。在传统情况下，分析数据的收集主要来自统计年鉴、行业管理部门数据、相关行业报告、行业专家意见及属地市场调查等，这些数据多存在样本量不足，时间滞后和准确度低等缺陷，研究人员能够获得的信息量非常有限，使准确的市场定位存在着数据瓶颈。随着大数据时代的来临，借助数据挖掘和信息采集技术不仅能给研究人员提供足够的样本量和数据信息，还能够建立基于大数据数学模型对未来市场进行预测。当然，依靠传统的人工数据收集和统计显然难以满足大数据环境下的数据需求，这就需要依靠相关数据公司（如深圳乐思软件）自动化数据采集工具的帮助。

（2）大数据成为电商行业市场营销的利器。今天，从搜索引擎、社交网络的普及到人手一机的智能移动设备，互联网上的信息总量正以极快的速度不断暴涨。每天在 Facebook、Twitter、微博、微信、论坛、新闻评论、电商平台上分享各种文本、照片、视频、音频、数据等信息高达几百亿甚至几千亿条，这些信息涵盖着商家信息、个人信息、行业资讯、产品使用体验、商品浏览记录、商品成交记录、产品价格动态等等海量信息。这些数据通过聚类可以形成电商行业大数据，其背后隐藏的是电商行业的市场需求、竞争情报，闪现着巨大的财富价值。

在电商行业市场营销工作中，无论是产品、渠道、价格还是顾客，可以说每一项工作都与大数据的采集和分析息息相关，而以下两个方面又是电商行业市场营销工作中的重中之重。一是通过获取数据并加以统计分析来充分了解市场信息，掌握竞争者的商情和动态，知晓产品在竞争群中所处的市场地位，来达到“知彼知己，百战不殆”的目的；二是企业通过积累和挖掘电商行业消费者档案数据，有助于分析顾客的消费行为和价值趋向，便于更好地为消费者服务和发展忠诚顾客。

以电商行业在对顾客的消费行为和趣向分析方面为例，如果企业平时善于积累、收集和整理消费者的消费行为方面的信息数据，如：消费者购买产品的花费、选择的产品渠道、偏好产品的类型、产品使用周期、购买产品的目的、消费者家庭背景、工作和生活环境、个人消费观和价值观等。如果企业收集到了这些数据，建立消费者大数据库，便可通过统计和分析来掌握消费者的消费行为、兴趣偏好和产品的市场口碑现状，再根据这些总结出来的行为、兴趣爱好和产品口碑现状制定有针对性的营销方案和营销战略，投消费者所好，那么其带来的营销效应是可想而知的。因此，可以说大数据中蕴含着出奇制胜的力量，如果企业管理者善于在市场营销加以运用，将可使其成为电商行业市场竞争中立于不败之地的利器。

（3）大数据支撑电商行业收益管理。收益管理作为实现收益最大化的一门理论学科，近年来受到电商行业人士的普遍关注和推广运用。收益管理意在把合适的产品或服务，在合适的时间，以合适的价格，通过合适的销售渠道，出售给合适的顾客，最终实现企业收益最大化目标。要达到收益管理的目标，需求预测、细分市场和敏感度分析是此项工作的三个重要环节，而这三个环节推进的基础就是大数据。

需求预测是通过对建构的大数据统计与分析，采取科学的预测方法，通过建立数学模型，使企业管理者掌握和了解电商行业潜在的市场需求，未来一段时间每个细分市场的产品销售量和产品价格走势等，从而使企业能够通过价格的杠杆来调节市场的供需平衡，并针对不同的细分市场来实行动态定价和差别定价。需求预测的好处在于可提高企业管理者对电商行业市场判断的前瞻性，并在不同的市场波动周期以合适的产品和价格投放市场，获得潜在的收益。细分市场为企业预测销售量和实行差别定价提供了条件，其科学性体现在通过电商行业市场需求预测来制定和更新价格，最大化各个细分市场的收益。敏感度分析是通过需求价格弹性分析技术，对不同细分市场的价格进行优化，最大限度地挖掘市场潜在的收入。

大数据时代的来临，为企业收益管理工作的开展提供了更加广阔的空间。需求预测、细分市场和敏感度分析对数据需求量很大，而传统的数据分析大多采集的是企业自身的历史数据来进行预测和分析，容易忽视整个电商行业信息数据，因此难免使预测结果存在偏差。企业在实施收益管理过程中如果能在自有数据的基础上，依靠一些自动化信息采集软件来收集更多的电商行业数据，了解更多的电商行业市场信息，这将会对制订准确的收益策略，赢得更高的收益起到推进作用。

（4）大数据创新电商行业需求开发。随着论坛、博客、微博、微信、电商平台、点评网等媒介在PC端和移动端的创新和发展，公众分享信息变得更加便捷自由，而公众分享信息的主动性促使了“网络评论”这一新型舆论形式的发展。微博、微信、点评网、评论版上成千上万的网络评论形成了交互性大数据，其中蕴藏了巨大的电商行业需求开发价值，值得企业管理者重视。网络评论，最早源自互联网论坛，是供网友闲暇之余相互交流的网络社交平台。在微博、微信、论坛、评论版等平台随处可见网友使用某款产品优点点评、缺点的吐槽、功能需求点评、质量好坏与否点评、外形美观度点评、款式样式点评等信息，这些都构成了产品需求大数据。同时，消费者对企业服务及产品简单表扬与评批演变得更加的客观真实，消费者的评价内容也更趋于专业化和理性化，发布的渠道也更加广泛。作为电商行业企业，如果能对网上电商行业的评论数据进行收集，建立网评大数据库，然后再利用分词、聚类、情感分析了解消费者的消费行为、价值趣向、评论中体现的新消费需求和企业产品质量问题，以此来改进和创新产品，量化产品价值，制订合理的价格及提高服务质量，从中获取更大的收益。

大数据，并不是一个神秘的字眼，只要电商行业企业平时善于积累和运用自动化工具收集、挖掘、统计和分析这些数据为我所用，都会有效地帮助自己提高市场竞争力和收益能力，盈得良好的效益。

4. 电信行业

电信与媒体市场调研公司（Informa Telecoms & Media）在2013年的调查结果显示，全球120家运营商中约有48%的运营商正在实施大数据业务。该调研公司表示，大数据业务成本平均占到运营商总IT预算的10%，并且在未来五年内将升至23%左右，成为运营商的一项战略性优势。可见，由流量经营进入大数据运营已成为大势所趋。

电信运营商拥有多年的数据积累，拥有诸如财务收入、业务发展量等结构化数据，也会涉及图片、文本、音频、视频等非结构化数据。从数据来源看，电信运营商的数据来自涉及移动语音、固定电话、固网接入和无线上网等所有业务，也会涉及公众客户、政企客户和家庭客户，同时也会收集到实体渠道、电子渠道、直销渠道等所有类型渠道的接触信息。整体来看，电信运营商大数据发展仍处在探索阶段。

目前国内运营商运用大数据主要有五方面：

（1）网络管理和优化。此方向包括对基础设施建设的优化和网络运营管理及优化。利用大数据实现基站和热点的选址以及资源的分配。运营商可以通过分析话单和信令中用户的流量在时间周期和位置特征方面的分布，对2G、3G的高流量区域设计4G基站和WLAN热点；同时，运营商还可以对建立评估模型对已有基站的效率和成本进行评估，发现基站建设的资源浪费问题，如某些地区为了完成基站建设指标将基站建设在人迹罕至的地方等。在网络运营层面，运营商可以通过大数据分析网络的流量、流向变化趋势，及时调整资源配置，同时还可以分析网络日志，进行全网络优化，不断提升网络质量和网络利用率。

利用大数据技术实时采集处理网络信令数据，监控网络状况，识别价值小区和业务热点小区，更精准的指导网络优化，实现网络、应用和用户的智能指配。由于用户群的不同，不同小区对运营商的贡献也不同。运营商可以将小区的数据进行多维度数据综合分析，通过对小区VIP用户分布，收入分布，及相关的分布模型得到不同小区的价值，再和网络质量分析结合起来，两者叠加一起，就有可能发现某个小区价值高，但是网络覆盖需要进一步提升，进而先设定网络优化的优先级，提高投资效率。

德国电信建立预测城市里面的各区域无线资源占用模型，根据预测结果，灵活的提前配置无线资源，如在白天给CBD地区多分配无线资源，在晚上，则给酒吧地区多分配无线资源，使得无线网络的运行效率和利用率更高。法国电信通过分析发现某段网络上的掉话率持续过高，借助大数据手段诊断出通话中断产生的原因是网络负荷过重造成，并根据分析结果优化网络布局，为客户提供了更好的体验，获得了更多的客户以及业务增长。

（2）市场与精准营销。客户画像：运营商可以基于客户终端信息、位置信息、通话行为、手机上网行为轨迹等丰富的数据，为每个客户打上人口统计学特征、消费行为、上网行为和兴趣爱好标签，并借助数据挖掘技术（如分类、聚类、RFM等）进行客户分群，完善客户的360度画像，帮助运营商深入了解客户行为偏好和需求特征。

关系链研究：运营商可以通过分析客户通讯录、通话行为、网络社交行以及客户资料等数据,开展交往圈分析。尤其是利用各种联系记录形成社交网络来丰富对用户的洞察,并进一步利用图挖掘的方法来发现各种圈子,发现圈子中的关键人员,以及识别家庭和政企客户;或者分析社交圈子寻找营销机会。例如在一个行为同质化圈子里面,如果这个圈子大多数为高流量用户,并在这个圈子中发现异网的用户,我们可以推测该用户也是高流量的情况,便可以通过营销的活动把异网高流量的用户引导到自己的网络上,对其推广4G套餐,提升营销转化率。总之,我们可以利用社交圈子提高营销效率,改进服务,低成本扩大产品的影响力。

精准营销和实时营销:运营商在客户画像的基础上对客户特征的深入理解,建立客户与业务、资费套餐、终端类型、在用网络的精准匹配,并在推送渠道、推送时机、推送方式上满足客户的需求,实现精准营销。如我们可以利用大数据分析用户的终端偏好和消费能力,预测用户的换机时间尤其是合约机到期时间,并捕捉用户最近的特征事件,从而预测用户购买终端的真正需求,通过短信、呼叫中心、营业厅等多种渠道推送相关的营销信息到用户手中。个性化推荐:利用客户画像信息、客户终端信息、客户行为习惯偏好等,运营商可以为客户提供定制化的服务,优化产品、流量套餐和定价机制,实现个性化营销和服务,提升客户体验与感知;或者在应用商城实现个性化推荐,在电商平台实现个性化推荐,在社交网络推荐感兴趣的好友。

(3) 客户关系管理。客服中心优化:客服中心是运营商和客户接触较为频繁的通道,因此客服中心拥有大量的客户呼叫行为和需求数据。可以利用大数据技术可以深入分析客服热线呼入客户的行为特征、选择路径、等候时长,并关联客户历史接触信息、客户套餐消费情况、客户人口统计学特征、客户机型等数据,建立客服热线智能路径模型,预测下次客户呼入的需求、投诉风险以及相应的路径和节点,这样便可缩短客服呼入处理时间,识别投诉风险,有助于提升客服满意度;另外,也可以通过语义分析,对客服热线的问题进行分类,识别热点问题和客户情绪,对于发生量较大且严重的问题,要及时预警相关部门进行优化。

客户关怀与客户生命周期管理:包括新客户获取、客户成长、客户成熟、客户衰退和客户离开等五个阶段的管理。在客户获取阶段,我们可以通过算法挖掘和发现高潜客户;在客户成长阶段,通过关联规则等算法进行交叉销售,提升客户人均消费额;在客户成熟期,可以通过大数据方法进行客户分群(RFM、聚类等)并进行精准推荐,同时对不同客户实时忠诚计划;在客户衰退期,需要进行流失预警,提前发现高流失风险客户,并作相应的客户关怀;在客户离开阶段,我们可以通过大数据挖掘高潜回流客户。国内外运营商在客户生命周期管理方面应用的案例都比较多。如SK电讯新成立一家公司SK Planet,专门处理与大数据相关的业务,通过分析用户的使用行为,在用户做出离开决定之前,推出符合用户兴趣的业务,防止用户流失;而T-Mobile通过集成数据综合分析客户流失的原因,在一个季度内将流失率减半。

(4) 企业运营管理。业务运营监控:基于大数据分析从网络、业务、用户和业务量、业务质量、终端等多个维度为运营商监控管道和客户运营情况。构建灵活可定制的指标模块,构建QoE/KQI/KPI等指标体系,以及异动智能监控体系,从宏观到微观全方位快速准确地掌控运营及异动原因。

经营分析和市场监测:通过数据分析对业务和市场经营状况进行总结和分析,主要分为经营日报、周报、月报、季报以及专题分析等。过去,这些报告都是分析师来撰写。在大数据时代,这些经营报告和专题分析报告均可以自动化生成网页或者 APP 形式,通过机器来完成。数据来源则是企业内部的业务和用户数据,以及通过大数据手段采集的外部社交网络数据、技术和市场数据。分析师转变为报告产品经理,制定报告框架、分析和统计维度,剩下的工作交给机器来完成。

(5) 数据商业化。数据商业化指通过企业自身拥有的大数据资产进行对外商业化,获取收益。国内外运营商的数据商业化都处于探索阶段,但相对来说,国外运营商在这方面发展得更快一些。

对外提供营销洞察和精准广告投放。

营销洞察:美国电信运营商 Verizon 成立了精准营销部门(Precision Marketing Division)。该部门提供精准营销洞察(Precision Market Insights),提供商业数据分析服务。如在美国,棒球和篮球比赛是商家最为看中的营销场合,此前在超级碗和 NBA 的比赛中,Verizon 针对观众的来源地进行了精确数据分析,球队得以了解观众对赞助商的喜好等;美国电信运营商 Sprint 则利用大数据为行业客户提供消费者和市场洞察,包括人口特征、行为特征以及季节性分析等方面。

精准广告投放:Verizon 的精准营销部门基于营销洞察还提供精准广告投放服务;AT&T 提供 Alert 业务,当用户距离商家很近时,就有可能收到该商家提供的折扣很大的电子优惠券。

基于大数据监测和决策支撑服务。

客流和选址:西班牙电信于 2012 年 10 月成立了动态洞察部门(Dynamic Insights)开展大数据业务,为客户提供数据分析打包服务。该部门与市场研究机构 GFK 进行合作,在英国、巴西推出了首款产品名为智慧足迹(Smart Steps)。智慧足迹基于完全匿名和聚合的移动网络数据,帮助零售商分析顾客来源和各商铺、展位的人流情况以及消费者特征和消费能力,并将洞察结果面向政企客户提供客流分析和零售店选址服务。

公共事业服务:法国最大的运营商法国电信,其通信解决方案部门(Orange Business Services)承担了法国很多公共服务项目的 IT 系统建设,比如它承建了一个法国高速公路数据监测项目,每天都会产生几百万条记录,对这些记录进行分析就能为行驶于高速公路上的车辆提供准确及时的信息,有效提高道路通畅率。

总的来看,电信行业的大数据依然处于探索阶段,未来几年,无论是内部大数据应用还是外部大数据商业化都有很大的成长空间。但电信行业大数据最大的障碍是数据孤岛效应严重,由于国内运营商的区域化运营,电信企业的数据分别存储在各地区分公司,甚至分公司不同业务的数据都有可能没打通。而互联网和大数据则是没有边界。日本最大的移动通信运营商 NTT Docomo 2010 年以前就开始着手大数据运用的规划。NTT Docomo 相对国内运营商有一个很大的优势是全国统一的数据收集、整合形式。因此 NTT Docomo 可以很轻易拿到全国的系统数据。Docomo 不但着重搜集用户本身的年龄、性别、住址等信息,而且制作精细化的表格,要求用户办理业务填写更详细信息。对于国内电信运营商,要真正的利用大数据,数据的统一和整合是最为重要的一步。我们已经看到中国移动已经开始着手准备这方面的工作,相信未来几年,在互联网企业的竞争压力下,中国的电信行业大数据将发展得更快,变革会更彻底。

1.5　本章小结

大数据的多样性、规模性和高速性等特点，使得传统的数据获取、存储、管理以及数据分析技术已经无法满足大数据的处理要求。为了实现对大数据的高效存储管理和快速分析，云计算、内存计算、流计算等新兴技术不断涌现；同时，为了实现对不同类型数据的有效管理，产生了文档数据库、图数据库、列存储、键值数据库等不同的数据管理方法。自然科学、社会科学等不同学科的研究人员开始探讨本领域在大数据场景下所面临的挑战和机遇，并逐步尝试利用大数据思维将不同学科进行交叉、不同领域的数据进行集成管理和分析，以期得到新的重大发现。

1.6　习题

（1）什么是大数据？
（2）大数据的 4V 特征是什么？
（3）大数据的关键处理技术有哪些？
（4）大数据的主流平台有哪些？
（5）大数据的应用领域有哪些？

第2章　Spark 系统与编程简介

Spark 是目前最为流行的基于内存计算的大数据处理平台，本章将对 Spark 的相关基本概念进行介绍，通过这些介绍会对 Spark 有个初步认识；然后介绍 Spark 的基本工作原理，主要包括其系统架构和主要的几种工作模式，这对于后续的 Spark 编程会有所帮助；接下来介绍如何在 Linux 平台和 Windows 平台下安装 Spark 系统和 Spark 两种基本的编程途径。鉴于本书主要采用 Python 语言进行 Spark 编程，所以本章还介绍 Python 语言的一些基本知识。最后介绍 Spark 编程的核心概念 RDD 以及 Spark 编程的通用步骤。

2.1　Spark 概述

2.1.1　Spark 概念

Spark 是专为大规模数据处理而设计的快速通用的集群计算系统，也是近年来发展很快的分布式并行数据处理系统。Spark 由美国硅谷著名的加州大学伯克利 AMP（Algorithms Machines People〈算法机器人〉）实验室（UC Berkeley AMP lab）开发，开发语言为 Scala 语言（一种著名的面向对象、函数式编程语言），目前是 Apache 开源项目，受 Apache 软件基金会（Apache Software Foundation）的顶级支持。

如图 2-1 所示，Spark 提供了 Java、Scala、Python 和 R 四种高级语言的 APIs 和一个支持通用执行图（execution graph）的优化引擎 Core。它还支持一组丰富的高级工具，包括用于 SQL 和结构化数据处理的 Spark SQL、用于机器学习的 MLlib、用于图形处理的 GraphX 以及用于流数据处理的 Spark Streaming。

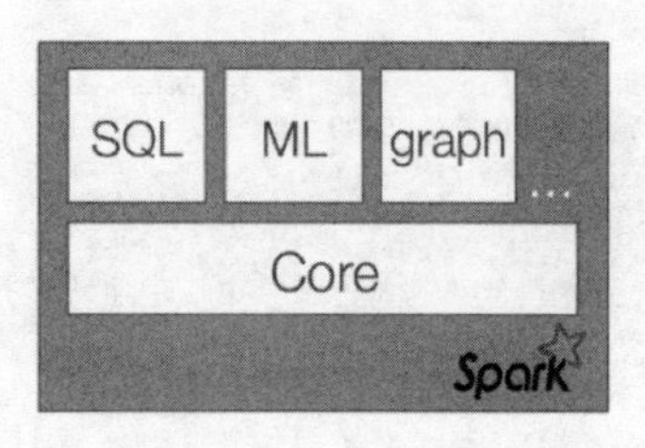

图 2-1　Spark 系统

Spark 是基于 MapReduce 算法实现的分布式计算，拥有 Hadoop MapReduce 所具有的优点，但不同于 MapReduce 的是作业（Job）的中间输出和结果可以保存在内存中，从而不再需要读写 HDFS，因此 Spark 能更好地适用于数据挖掘与机器学习等需要迭代的 MapReduce 的算法。

根据 Spark 官网[1]上的介绍,Spark 具有运行速度快、易用性好、通用性强和随处运行等特点。

(1) 运行速度快。Spark 拥有 DAG 执行引擎,支持在内存中对数据进行迭代计算。官方提供的数据表明,如果数据由磁盘读取,速度是 Hadoop MapReduce 的 10 倍以上,如果数据从内存中读取,速度可以高达 100 多倍。

(2) 易用性好。Spark 不仅支持 Scala 编写应用程序,而且支持 Java 和 Python 等语言进行编写,特别是 Scala 是一种高效、可拓展的语言,能够用简洁的代码处理较为复杂的处理工作。

(3) 通用性强。Spark 生态圈即 BDAS(伯克利数据分析栈)包含了 Spark Core、Spark SQL、Spark Streaming、MLLib 和 GraphX 等组件,这些组件分别处理 Spark Core 提供内存计算框架、SparkStreaming 的实时处理应用、Spark SQL 的即席查询、MLlib 或 MLbase 的机器学习和 GraphX 的图处理,它们都是由 AMP 实验室提供,能够无缝的集成并提供一站式解决平台。

(4) 随处运行。Spark 具有很强的适应性,能够读取 HDFS、Cassandra、HBase、S3 和 Techyon 为持久层读写原生数据,能够以 Mesos、YARN 和自身携带的 Standalone 作为资源管理器调度 job,来完成 Spark 应用程序的计算。

2.1.2 发展历史

在大数据处理领域,最初出现的是 Hadoop 系统,自 2008 年 Hadoop 成为 Apache 顶级项目后,经过多年的发展,Hadoop 已经成为大数据处理技术事实上的标配,目前 Hadoop 已经在很多大数据领域得到了广泛的应用。Hadoop 最核心的设计就是 HDFS 和 MapReduce。HDFS 为大数据提供了存储,则 MapReduce 为大数据提供了计算。

在 Hadoop 中,每个 MapReduce 任务都被初始化为一个 Job,每个 Job 又可以分为 map 阶段和 reduce 阶段。这两个阶段分别用两个函数表示,即 map 函数和 reduce 函数。但在 Hadoop 过分的追求解决批处理问题,而在面对需要迭代计算和流式处理的应用场景时存在很大的局限性,图 2-2 显示了传统 Hadoop 数据抽取运算模型,数据的抽取运算基于磁盘,中间结果也是存储在磁盘上,MapReduce 运算伴随着大量的磁盘 IO,执行效率低。

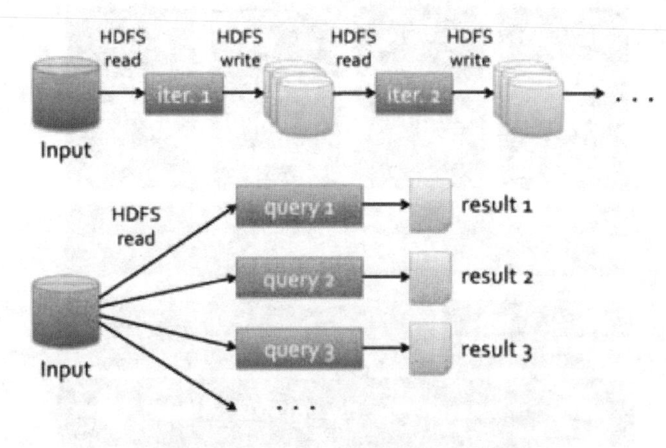

图 2-2 Hadoop 数据抽取运算模型

主要针对 Hadoop 编程模型过于简单(只有 map 和 reduce 函数)以及执行效率低的原因，2009 年，伯克利大学 AMP 实验室的 Lester Macke 博士和 Matei Zaharia 开始研究新一代的大数据处理框架，并设计出了 Spark 的第一个版本。图 2-3 显示了 Spark 的数据抽取运算模型，模型中 Spark 使用内存代替了传统 HDFS 存储中间结果，大大优化了程序的执行效率。

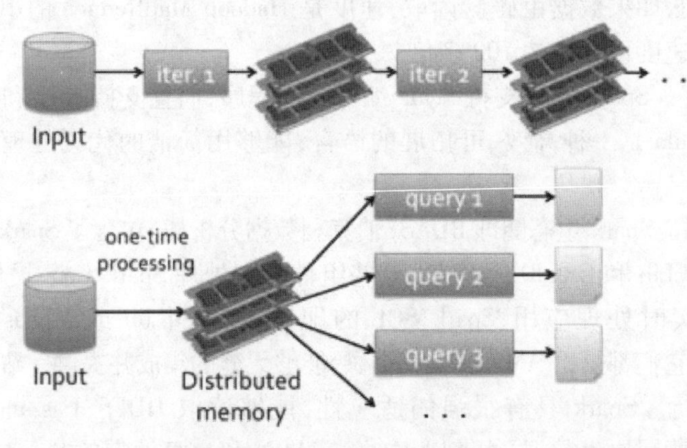

图 2-3　数据抽取运算模型

随着伯克利大学 AMP 实验室该 Spark 研究性项目的快推进，于 2010 年 Spark 正式开源，并于 2013 年成为了 Apache 基金项目，于 2014 年成为 Apache 基金的顶级项目，整个过程不到五年时间。对于一个具有相当技术门槛与复杂度的平台，Spark 从诞生到正式版本的成熟，经历的时间如此之短，让人感到惊诧。

Spark 在 2014 年 5 月 30 日发布了里程碑式的 1.0.0 版本，2016 年 6 月 26 日发布了 Spark 2.0.0 版本，从 2011 年至今已经发布了 17 个版本。目前，1.0.0 版本发展成为最终的 Spark 1.6.3 稳定版本(2016 年 11 月 7 日发布)，而 Spark 2.0.0 发展为最新的 Spark 2.2.1 稳定版本[2](2017 年 12 月 1 日发布)。

2.1.3　Spark 生态系统

伯克利将 Spark 的整个生态系统称为伯克利数据分析栈(BDAS)。图 2-4 显示了

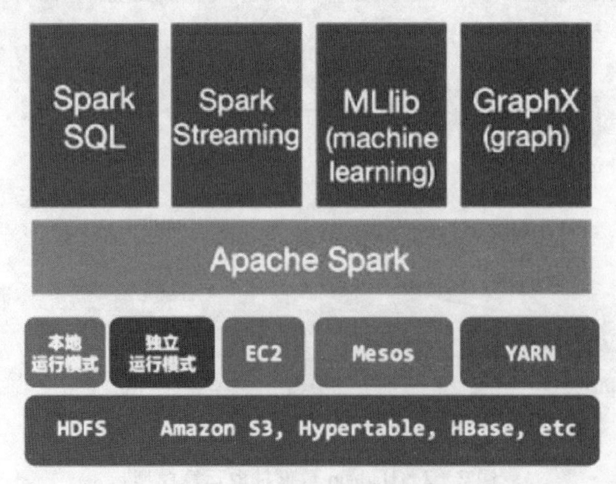

图 2-4　Spark 生态系统

BDAS 的分层情况。BDAS 的核心框架是 Spark，同时 BDAS 还包括支持结构化数据 SQL 查询与分析的查询引擎 Spark SQL、提供机器学习功能的系统 MLbase 及底层的分布式机器学习库 MLlib、并行图计算框架 GraphX，实时流处理框架（Spark Streaming）、采样近似计算查询引擎 BlinkDB、内存分布式文件系统 Tachyon 以及资源管理框架 Mesos 等子项目。这些子项目在 Spark 上层提供了更高层、更丰富的计算范式。

从图 2－4 可以看出，最底层是 Spark 系统可以访问的数据源，既包括常见的本地文件系统、分布式文件存储系统（像 HDFS，亚马逊的 S3 云存储等），也包括常见的分布式数据库（像 HBase、Cassandra 等），还可以通过相应的数据库访问接口访问常见的关系数据库（像 MySQL 等）。

在数据访问层的上面层显示了 Spark 的几种常见运行模式，即 Spark 可以运行在本地单台计算上，也可以运行在 Spark 的独立模式，以及运行在 Mesos、亚马逊弹性计算云平台或 Yarn 资源管理平台上。

Spark 核心层，即对应图中的 Apache Spark 部分，包含 Spark 的基本功能，尤其是定义 RDD 的 API、操作以及这两者上的动作。

在 Spark 核心层的上面，Spark 提供了几个典型的应用库，包括 Spark SQL、Spark Streaming、MLlib 和 GraphX。Spark SQL：提供通过 Apache Hive 的 SQL 变体 Hive 查询语言（HiveQL）与 Spark 进行交互的 API。每个数据库表被当作一个 RDD，Spark SQL 查询被转换为 Spark 操作。Spark Streaming：对实时数据流进行处理和控制。Spark Streaming 允许程序能够像普通 RDD 一样处理实时数据。MLlib：一个常用机器学习算法库，算法被实现为对 RDD 的 Spark 操作。这个库包含可扩展的学习算法，比如分类、回归等需要对大量数据集进行迭代的操作。GraphX：控制图、并行图操作和计算的一组算法和工具的集合。GraphX 扩展了 RDD API，包含控制图、创建子图、访问路径上所有顶点的操作。

2.1.4　Spark 的应用现状

Spark 是一个基于内存的用于集群计算的通用计算框架，因此 Spark 的适用面比较广泛且比较通用，目前 Spark 已被用于各种各样的应用程序。这些应用大致上可分为数据科学应用和数据处理应用两大类。

根据 Spark 的官方统计，目前参与 Spark 的贡献以及将 Spark 运用在商业项目的公司大约有 80 余家[3]。在国外有 Berkeley，Princeton，Klout，Foursquare，Conviva，Quantifind，Yahoo！Research & others，IBM，cloudera，Hortonworks，MAPA，Pivotal 等。在国内，使用 Spark 的公司主要包括阿里、百度、腾讯、网易、搜狐等。在 San Francisco 召开的 Spark Summit 2014 大会上，参会的演讲嘉宾分享了在音乐推荐、实时审计的数据分析、流在高速率分析中的运用、文本分析、客户智能实时推荐等诸多在应用层面的话题，这足以说明 Spark 的应用程度。

但是，整体而言，目前开始应用 Spark 的企业主要集中在互联网领域。制约传统企业采用 Spark 的因素主要包括三个方面。首先，取决于平台的成熟度。传统企业在技术选型上相对稳健，当然也可以说是保守。如果一门技术尤其是牵涉到主要平台的选择，会变得格外慎重。如果没有经过多方面的验证，并从业界获得成功经验，不会轻易选定。其次是对 SQL 的支持。传统企业的数据处理主要集中在关系型数据库，而且有大量的遗留系统存在。在这些遗留系统中，多数数据处理都是通过 SQL 甚至存储过程来完成。如果一个大数据平台不能很好地支持关系型数据库的SQL,就会导致迁移数据分析业务逻辑的成本太大。其三则是团队与技术的学习曲线。如果没有熟悉该平台以及该平台相关技术的团队成员,企业就会担心开发进度、成本以及可能的风险。

2.2 Spark 系统架构及运行模式

2.2.1 Spark 系统架构

Spark 系统架构采用了分布式计算中的 Master/Slave 模型,架构如图 2-5 所示。其中,Master 对应集群中的含有 Master 进程的节点,即集群管理节点(Cluster Manager),Slave 对应集群中含有 Worker 进程的节点。Master 作为整个集群的控制器,负责整个集群的正常运行。Worker 相当于是计算节点,接收 Master 节点的命令并与之进行状态汇报,在每个 Worker 中可包含一个以上 Executor(一般一个 Worker 上有一个 Excutor,也可以配置多个),每个 Executor 负责任务的执行。Client 作为用户的客户端负责提交应用,Driver 程序负责控制一个应用的执行。SparkContext 负责与 Cluster Manager 联系,申请程序运行需要的环境和资源以及进行必要的初始化工作。

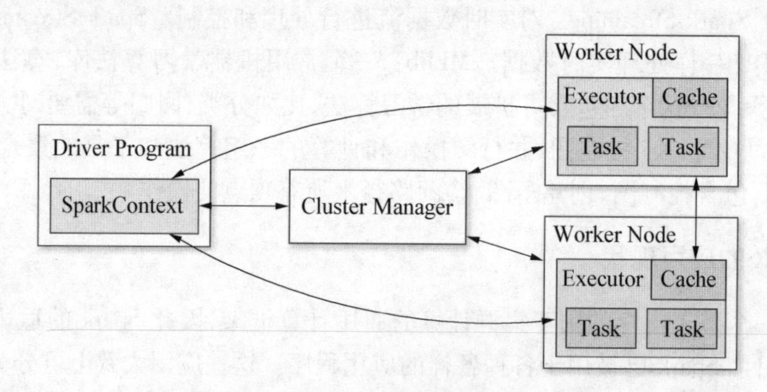

图 2-5 Spark 系统框架图

Spark 集群部署后,需要在主节点和从节点分别启动 Master 进程和 Worker 进程,对整个集群进行控制。在一个 Spark 应用的执行过程中,Driver 和 Worker 是两个重要角色。Driver 程序是应用逻辑执行的起点,负责作业的调度,即 Task 任务的分发,而多个 Worker 用来管理计算节点和创建 Executor 并行处理任务。在执行阶段,Driver 会将 Task 和 Task 所依赖的文件和 jar 序列化后传递给对应的 Worker 机器,同时 Executor 对相应数据分区的任务进行处理。

以下为架构中的涉及的几个主要概念。

(1) Application:在 Spark 上构建的用户程序,程序包含 Driver 程序和集群节点上的 Executors。

(2) Driver 程序:就是执行了一个 Spark Application 的 main 函数和创建 Spark Context 的进程,它包含了这个 Application 的全部代码。

(3) Executor：执行器，是为某个 Application 运行在 Worker 节点上的一个进程，由它运行 Task，将数据放在内存或硬盘上。每个应用有它的 Executors。

(4) Cluster Manager：典型的在 Spark Standalone 模式中即为 Master 主节点，在 Hadoop 的 YARN 集群模式中就是 ResourceManager，控制整个集群，监控 worker。在 YARN 模式中为资源管理器。

(5) Worker 节点：从节点，负责控制计算节点，启动 Executor 或者 Driver。

(6) Stage：每个 Job 会被分成多个相互依赖的 Stage，每个 Stage 由多个 Task 组成。

(7) Job：一个有多个 Task 组成的计算任务，由 Spark 的 Action 变换。

(8) Task：Task 是 Spark 中最小的工作单元，在一个 Executor 上完成一个特定的事情。

2.2.2 Spark 的运行模式

Spark 的运行模式是指 Spark 应用程序运行的模式，Spark 的运行模式与其部署方式有关，具有多种，可根据具体要求灵活选择。当 Spark 部署在单机上时，既可以用本地模式运行，也可以用伪分布式模式运行。当 Spark 以分布式集群的方式部署时，由于 Spark 是一个只包含计算逻辑的开发库，不包含任何资源管理和调度相关的实现，底层的资源调度既可以依赖于外部的资源调度框架（包括相对稳定的 Mesos 和还在持续开发更新中的 Hadoop Yarn），也可以使用 Spark Standalone 模式中内建的资源调度，这使得 Spark 可以灵活运行在目前比较主流的资源管理系统上。

总的来说，Spark 支持运行模式主要有 4 种，在实际应用中，Spark 的运行模式取决于传递给 SparkContext 的 master 环境变量的值。编程中可通过创建 SparkConf 时来指定，或在应用程序通过命令行（spark-submit）提交时指定。以下为 4 种模式的基本介绍和应用场合。

(1) 本地（Local）模式。Local 模式，是指提交的 Spark 应用程序在安装 Spark 的本地单台机器上（Spark 系统只部署在一台机器上）运行，这个是 Spark 默认的模式，即在不更改或添加任何配置时，Spark 程序的运行模式。当 Spark 在这种非分布的单个节点上运行时，Spark 会在此机器上创建所有的执行组件，包括 Driver、Executor 等。

本地模式运行方式非常方便，不需要集群的支持，无须配置，同时所有的代码都在本地进程中执行，所以该模式主要用来做快速程序测试，跟踪调试与演示的目的。

如果使用 Python 语言编程，可以用命令 pyspark（或 spark-shell，如果是使用 scala 语言编程，则使用 spark-shell 命令）进入本地模式。使用这些命令时，还可以在后面给定相关参数。例如先进入 Spark 的安装目录，然后在命令行环境下运行 bin/pyspark（在 windows 系统下，使用 bin\pyspark）。具体例子见 3.4 节。

(2) Standalone 模式。Standalone 模式需要运行在 Spark 集群（集群上的每台机器上需要部署 Spark 系统）上，该集群由 Master 节点和 Worker 节点构成（通过运行 Spark 系统时指明是 Master 还是 Work 节点），Worker 可以有一个或者多个，可以和 Master 在同一主机上也可不在同一机器上，Master 负责管理集群，用户程序通过与 Master 节点交互，申请所需要的资源，Worker 节点负责具体 Executor 的启动运行。这个 Spark 集群需要手动启动，在 Spark 中提供了相关的脚本可以使用。例如，想要让一个机器作为 Master 节点，可在进入 Spark 安装目录后运行 sbin/start-master. sh 命令（目前，在 Windows 系统暂不提供这样启动脚本，可以使用 bin\spark-class. cmd org. apache. spark. deploy. master. Master 来启动）。

```
$ sbin/start-master. sh
starting org. apache. spark. deploy. master. Master, logging to /usr/local/cloud/spark-2. 2. 0-bin-hadoop2. 7/logs/spark-Spark-org. apache. spark. deploy. master. Master-1-SparkMac. local. out
```

启动完成后,脚本会在输出信息中打印出 Master 的主机 URL 和端口 PORT 信息(在本例子中,这些信息在.out 文件中),这个信息供 Worker 节点连接使用。

```
17/06/12 10:41:54 INFO Utils: Successfully started service 'sparkMaster' on port 7077.
17/06/12 10:41:54 INFO Master: Starting Spark master at spark://SparkMac.local: 7077
```

此外,在命令窗口下通过命令 jps 可以查看 Master 进程是否起来。

```
$ jps
11834 Jps
11644 Master
```

还可以通过网页上查看主机和端口的信息,网页默认地址为 http://MaseterURL:8080,具体内容见 3.5 节。

同样,想让机器成为 Worker 节点,可使用 sbin/start-slave. sh spark://MasterURL:PORT 命令(在 Windows 系统中可以使用 bin\spark-class. cmd org. apache. spark. deploy. worker. Worker spark://MasterURL:PORT 来启动)。其中 MasterURL 为启动 Master 节点时显示的主机 URL 信息,PORT 为 Master 节点的端口。

```
$ sbin/start-slave. sh spark://SparkMac. local: 7077
starting org. apache. spark. deploy. worker. Worker, logging to /usr/local/cloud/spark-2. 2. 0-bin-hadoop2. 7/logs/spark-Spark-org. apache. spark. deploy. worker. Worker-1-SparkMac. local. out

$ jps
11922 Jps
11880 Worker
11644 Master
```

(3) Mesos 模式。Mesos 模式即 Spark On Mesos 模式。Mesos 是 Apache 下的开源分布式资源管理框架,采用 Master/Slave 结构,其中,Master 是一个全局资源调度器,协调全部的 Slave,并确定每个节点的可用资源,聚合计算跨节点的所有可用资源的报告,而 Slave 向 Master 汇报自己的空闲资源和任务的状态,负责管理本节点上的各个 Mesos 任务。

要将 Spark 集群运行在 Mesos 模式下,首先需要部署 Mesos 的集群环境,具体部署方法在这里不做详细介绍,可以参考 Mesos 的相关文档 http://mesos. apache. org/getting-started。

这是很多公司采用的模式,官方推荐这种模式(当然,原因之一是血缘关系)。正是由于Spark开发之初就考虑到支持Mesos,因此,就目前而言,Spark运行在Mesos上会比运行在Yarn上更加灵活,更加自然。

为了使Spark运行在Mesos上,需要将编译好的Spark二进制文件包存放在Mesos能够访问的地方,然后对Spark驱动程序进行设置来连接Mesos。或者将Spark安装在所有的Mesos客户机上,并配置Spark的环境变量spark.mesos.executor.home的值,使其指向Spark的安装目录。

在Spark On Mesos环境中,用户可选择两种调度模式之一运行自己的应用程序。

① 粗粒度模式(Coarse-grained Mode)。每个应用程序的运行环境由一个Dirver和若干个Executor组成,其中,每个Executor占用若干资源,内部可运行多个任务。应用程序的各个任务正式运行之前,需要将运行环境中的资源全部申请好,且运行过程中要一直占用这些资源(即使不用),程序运行结束后,回收这些资源。

② 细粒度模式(Fine-grained Mode)。鉴于粗粒度模式会造成大量资源浪费,Spark On Mesos还提供了另外一种细粒度模式,这种模式类似于现在的云计算,思想是按需分配。与粗粒度模式一样,应用程序启动时,先会启动Executor,但每个Executor占用资源是动态变化的,Mesos会为每个Executor动态分配资源供一个新任务的运行,这个任务运行完之后就马上释放对应的资源。每个任务会汇报状态给Mesos Slave和Mesos Master,便于更加细粒度管理和容错。

(4) Yarn模式。Yarn模式即Spark On Yarn模式。Yarn是Hadoop推出整个分布式集群的资源管理器,负责资源的管理和分配,基于Yarn可以在同一个大数据集群上同时运行多个计算框架,例如Spark,Hadoop的MapReduce、Storm等。

Yarn主要包含三大模块:ResourceManager(RM)、NodeManager(NM)和ApplicationMaster(AM)。其中,ResourceManager负责所有资源的监控、分配和管理;ApplicationMaster负责每一个具体应用程序的调度和协调;NodeManager负责每一个节点的维护。对于所有的应用(Application),RM拥有绝对的控制权和对资源的分配权。而每个AM则会和RM协商资源,同时和NodeManager通信来对任务(Task)进行执行和监控。

要将Spark集群运行在Yarn模式下,首先需要部署Yarn的集群环境,具体部署方法在这里不做详细介绍,可以参考Hadoop的相关文档http://hadoop.apache.org/docs/current/hadoop-project-dist/hadoop-common/ClusterSetup.html。Yarn的集群环境部署好后,还需要对Spark进行配置,进入到Spark的安装目录,然后进入conf子目录,修改spark-env.sh文件,设置HADOOP_CONF_DIR,使其值为Hadoop系统的配置文件所在目录,一般为Hadoop安装目录下的etc/hadoop目录。例如export HADOOP_CONF_DIR=/usr/local/cloud/hadoop/etc/hadoop(假定hadoop安装目录为/usr/local/cloud/hadoop)。

这是一种最有前景的部署模式,但限于Yarn自身的发展,目前仅支持粗粒度模式(Coarse-grained Mode)。这是由于Yarn上的Container(容器,Container是Yarn中的资源抽象,它封装了某个节点上的多维度资源,如内存、CPU、磁盘、网络等)资源是不可以动态伸缩的,一旦Container启动之后,可使用的资源不能再发生变化。

Spark On Yarn模式又分为yarn-cluster和yarn-client两种运行模式。在介绍yarn-cluster和yarn-client的深层次的区别之前,先介绍一个Application Master概念,在Yarn中,每个

Application 实例都有一个 Application Master 进程，它是 Application 启动的第一个容器(Container)。它负责和 ResourceManager 打交道，并请求资源获取资源之后告诉 NodeManager 为其启动 Container。从深层次的含义讲，yarn-cluster 和 yarn-client 模式的区别其实就是 Application Master 进程的区别，yarn-cluster 模式下，driver 运行在 Application Master 中，它负责向 Yarn 申请资源，并监督作业的运行状况。当用户提交了作业之后，就可以关掉 Client，作业会继续在 Yarn 上运行，然而 yarn-cluster 模式不适合运行交互类型的作业。而 yarn-client 模式下，Application Master 仅仅向 Yarn 请求 executor，driver 运行在 client 中，client 会和请求的 container 通信来调度他们工作，也就是说 Client 不能离开。图 2-6 显示了 yarn-cluster 模式和 yarn-client 模式的区别。

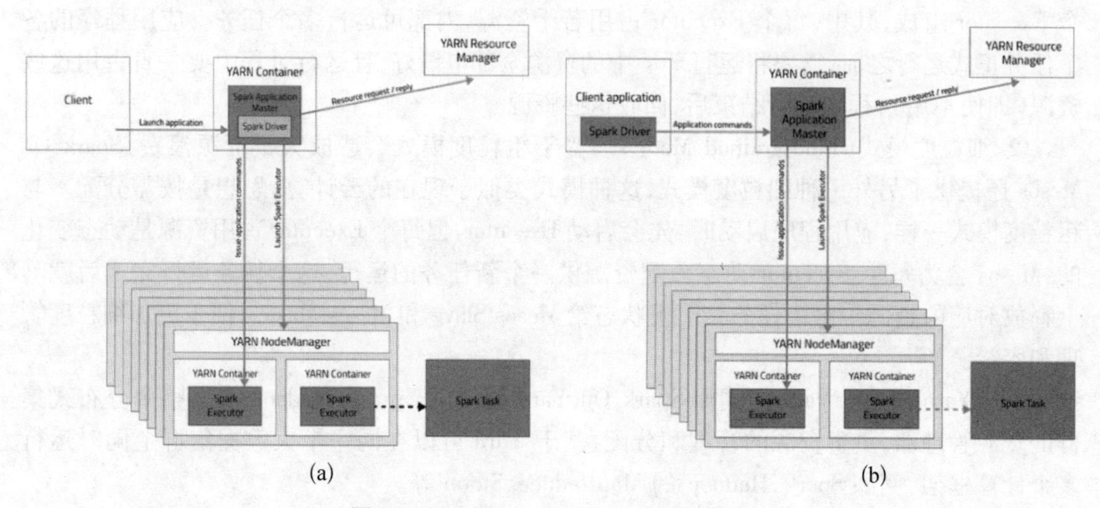

图 2-6 Spark on Yarn 的两种运行模式

(a) yarn-cluster 运行模式　(b) yarn-client 运行模式

2.3 Spark 系统安装

根据节 2.2 可知，Spark 具有多种运行模式，选择不同 Spark 的运行模式，Spark 的安装配置过程也会不同。为了简化安装过程，本书主要介绍如何搭建最简单的 Spark 运行环境，即在单台计算机上安装 Spark 系统，能够实现 Spark 的本地运行模式，并且能实现 Spark 上的 Python 语言编程。对于其他的运行环境的搭建，可查阅官方网站的相关材料。Spark 采用 Scala 语言开发，运行在 JVM 上，所以 Spark 系统可以安装在不同的操作系统上。本节首先介绍 Spark 在 Linux 系统的安装步骤，然后介绍 Spark 在 Windows 系统的安装步骤。

2.3.1 在 Linux 上安装

Linux 的安装过程，需要安装的环境：

① Java JDK 1.7 版本以上；

② Anaconda 3.0 版本以上；

③ Spark 2.0 版本以上。

1. 安装 JDK

Spark 运行需要 Java 环境即需要有 JRE,如果还想使用 Spark 的 Java API 编程,则需要安装 JDK 环境。所以,建议最好安装 JDK。如果系统已经安装了 JDK,则可省略该步,但需要注意的是 JDK 版本问题,安装的 JDK 需要满足 Spark 和 Hadoop 运行的版本要求,例如 Spark 2.0 后要求 Java 1.8 以后的版本。以下为在 Linux 系统(本书以较为流行的 Ubuntu 16.04 系统为例)中安装 JDK 和配置过程。

(1) 检查是否安装了 JDK 及版本是否符合要求。在命令行下运行 java-version 命令,使用该命令后,如果已经安装了 Java 则会显示 Java 的版本信息,如果没有安装则会显示找不到 Java 的相关信息。若已安装了 Java 环境,只是版本太低,则建议先卸载原版本,再安装新版本。若未安装或已卸载,则安装满足条件的新版本。

(2) 使用 apt-get 命令安装 Java。先使用 apt-cache search openJDK * 命令查询服务器上可用的 JDK 版本。例如:

```
ubuntu@ubuntu-VirtualBox: ~ $ apt-cache search openjdk *
…
openjdk-8-doc - OpenJDK Development Kit (JDK) documentation
openjdk-8-jdk - OpenJDK Development Kit (JDK)
openjdk-8-jdk-headless - OpenJDK Development Kit (JDK) (headless)
openjdk-8-jre - OpenJDK Java runtime, using Hotspot JIT
openjdk-8-jre-headless - OpenJDK Java runtime, using Hotspot JIT (headless)
openjdk-8-source - OpenJDK Development Kit (JDK) source files
```

查到有 openJDK-8-jdk 版本,则可使用 sudo apt-get install openJDK-8-jdk,安装 JDK。也可以到 Orcale 官网上直接下载 JDK,下载地址为 http://www.oracle.com/technetwork/java/javase/downloads/jdk8-downloads-2133151.html。下载后,解压到一个目录下即可。例如下载的 JDK 版本为 jdk-8u121-linux-x64.tar.gz,则将其拷贝到需要安装的目录下,用解压命令tar -xvf jdk-8u121-linux-x64.tar.gz 解压即可。

(3) 为 Java 配置环境变量。使用编辑器 vim(或 nano, gedit)打开 /etc/profile 文件,可直接在命令行窗口下运行如下命令:

```
$ vim /etc/profile
```

然后,在文件最后加入以下内容:

export JAVA_HOME= JDK 的安装目录

```
export PATH= $ PATH: $ JAVA_HOME/bin: $ JAVA_HOME/jre/bin
export CLASSPATH=.: $ JAVA_HOME/lib/dt.jar: $ JAVA_HOME/lib/tools.jar
```

修改后关闭并保存 profile 文件,再输入命令 source /etc/profile 使配置生效。

注：如果安装方式为 apt-get intall 方式，则 JDK 安装目录为/usr/lib/jvm/java-1. 8. 0-openjdk-amd64，如果安装方式为直接下载方式，则 JDK 的安装目录为下载的压缩文件解压后的目录。

2. 安装 Python 及相关模块

由于后续的 Spark 程序设计是基于 Python 语言的，所以需要有 Python 的编译环境以及开发中需要使用的 Python 模块，Python 具体安装及模块管理方法见第 2 章。

3. 安装 Spark

到 Spark 的官方下载网站 http://spark. apache. org/downloads. html 下载 Spark，图 2－7 中箭头所指为需要下载的 Spark 系统。

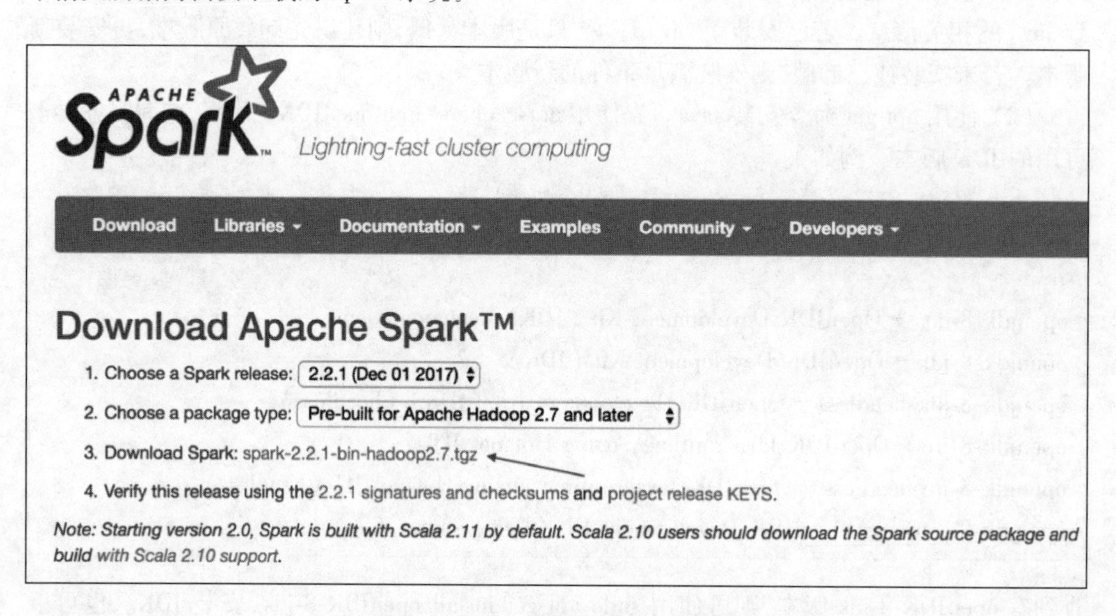

图 2－7　Spark 系统的官方下载界面

下载后直接解压缩到一个目录下面即可。例如下载的 Spark 文件为 spark-2. 2. 1-bin-hadoop2. 7. tgz，则解压命令为 tar-xvf spark-2. 2. 1-bin-hadoop2. 7. tgz 命令。

进入 Spark 的安装目录，命令行下运行 bin/pyspark，看是否能正确运行 Spark，如果没问题则会如图 2－8 所示：

```
SparkNew:spark spark$ bin/pyspark
Python 3.6.3 |Anaconda custom (64-bit)| (default, Oct  6 2017, 12:04:38)
[GCC 4.2.1 Compatible Clang 4.0.1 (tags/RELEASE_401/final)] on darwin
Type "help", "copyright", "credits" or "license" for more information.
Using Spark's default log4j profile: org/apache/spark/log4j-defaults.properties
Setting default log level to "WARN".
To adjust logging level use sc.setLogLevel(newLevel). For SparkR, use setLogLevel(newLevel).
18/01/13 09:13:31 WARN NativeCodeLoader: Unable to load native-hadoop library for your platform... using builtin-java classes where applicable
18/01/13 09:13:38 WARN ObjectStore: Failed to get database global_temp, returning NoSuchObjectException
Welcome to
      ____              __
     / __/__  ___ _____/ /__
    _\ \/ _ \/ _ `/ __/  '_/
   /__ / .__/\_,_/_/ /_/\_\   version 2.2.1
      /_/

Using Python version 3.6.3 (default, Oct  6 2017 12:04:38)
SparkSession available as 'spark'.
>>>
```

图 2－8　pyspark 运行界面

在>>>下可以直接输入 Python 的代码后换行就会有代码的执行结果。要退出 pyspark 命令行模式，在>>>后输入 quit( ) 然后回车即可。

如果需要在任意目录下都能运行 Spark 相关的命令，则可打开/etc/profile 文件，在该文件末尾加入如下内容：

export SPARK_HOME= Spark 的安装目录

```
export PATH= $ PATH: $ SPARK_HOME/bin
```

例如假定 Spark 的安装目录为/home/ubuntu/cloud/spark-2. 1. 1-bin-hadoop2. 7，则有：

```
export SPARK_HOME= /home/ubuntu/cloud/spark-2. 1. 1-bin-hadoop2. 7
```

2.3.2　在 Windows 上安装

本安装过程，需要安装的环境：① Java JDK 1. 7 版本以上；② Spark 2. 0 版本以上；③ Anaconda 3. 0 版本以上；④ Hadoop 2. 7. 5 版本。

1. 安装 JDK

在 Windows 系统要运行 Spark，与在 Linux 系统下一样，也需要安装 Java 环境，安装过程与 Linux 系统下的安装步骤一样，只是安装方法存在一定的差别。

(1) 检查是否安装了 JDK 及版本是否符合要求。在命令行窗口中，运行 java-version，查看 JDK 是否安装，或安装的版本信息，如果满足要求则可以省略安装 JDK 的以下步骤。

(2) 下载 JDK。JDK 可从 Orcale 官网上直接下载，下载地址为：http://www. oracle. com/technetwork/java/javase/downloads/jdk8-downloads-2133151. html。下载网页如图 2 - 9 所示。

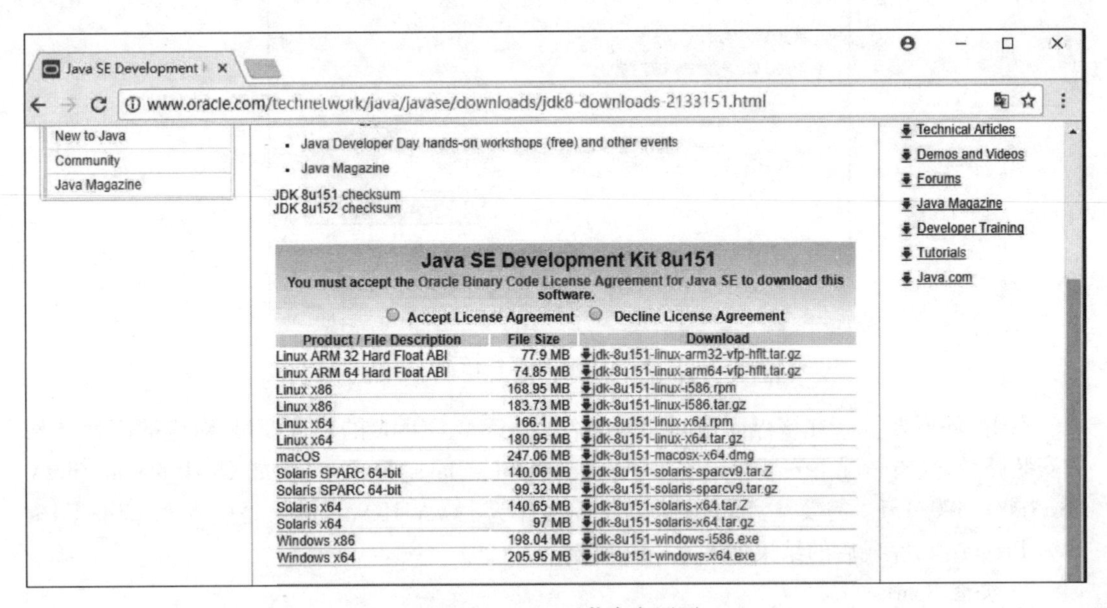

图 2 - 9　Java 下载官方网页

下载后解压得到一个可执行的安装程序,运行这个安装程序完成 JDK 的安装。

(3) 检查是否成功安装。在命令行窗口中,运行 java-version,看是否已成功安装,如图 2-10 所示,系统已经成功安装了 Java 1.8 版本。

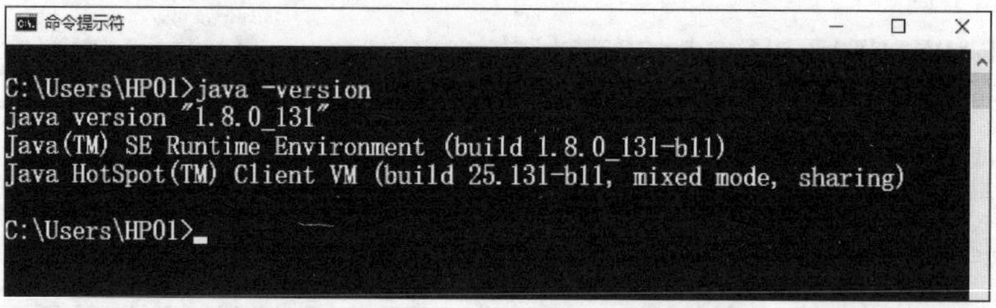

```
命令提示符
C:\Users\HP01>java -version
java version "1.8.0_131"
Java(TM) SE Runtime Environment (build 1.8.0_131-b11)
Java HotSpot(TM) Client VM (build 25.131-b11, mixed mode, sharing)

C:\Users\HP01>_
```

图 2-10 查看 Java 的版本信息

(4) 设置环境变量 JAVA_HOME。到“我的电脑”属性,然后“高级系统设置”,如图 2-11 所示。

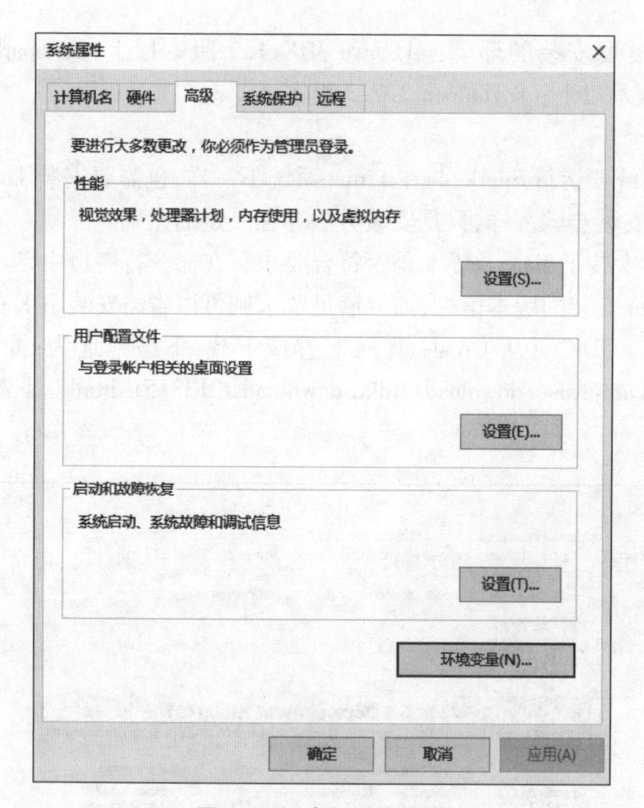

图 2-11 高级系统设置

点击“环境变量”,在该界面中新增一个名为 JAVA_HOME 的环境变量,对应的值为 JDK 的安装路径,缺省情况下安装目录在 C:\Program Files\Java\目录下,例如 C:\Program Files\Java\jdk1.8.0_131。需要注意的是,当将该路径作为 JAVA_HOME 的值是应将 Program Files 写为 Progra~1,完成后的结果如图 2-12 所示。

2. 安装 Spark

与在 Linux 系统下安装 Spark 一样,在 Windows 系统安装 Spark,只需到官方网站 http://

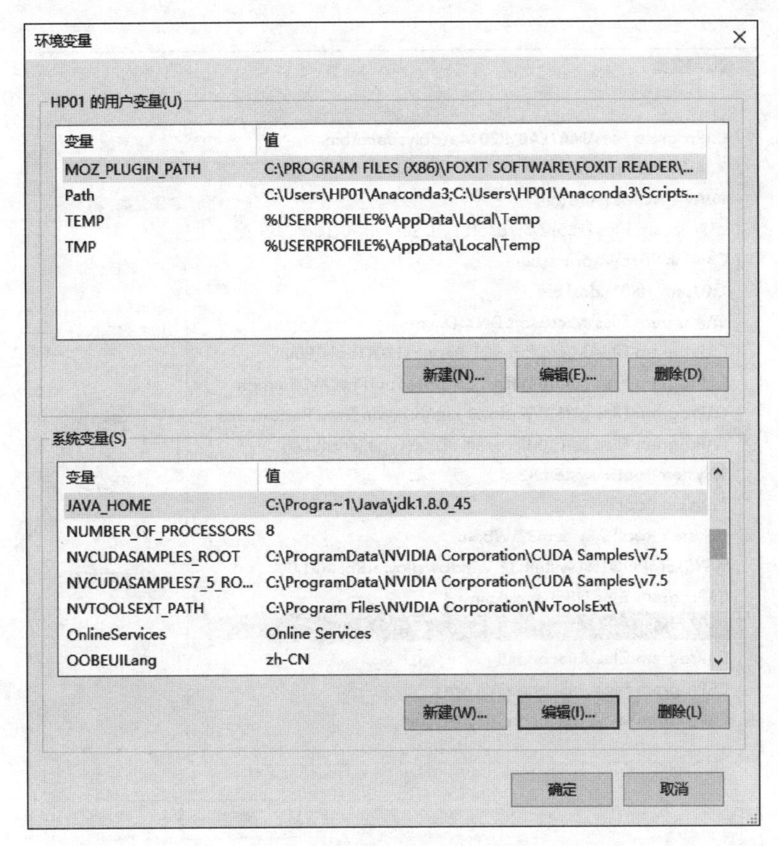

图 2-12　JAVA_HOME 环境变量的设置

spark. apache. org/downloads. html 下载并解压到一文件夹下即可。安装后,同样需要为其设置环境 SPARK_HOME。设置环境 SPARK_HOME,与设置 JAVA_HOME 环境变量方法一样。为了方便在任意目录下运行 Spark,可将 Spark 安装目录下的 bin 路径填到系统 Path 中,添加方法为选择“我的电脑”属性,然后选择“高级系统设置”,在如图 2-12 所示的界面下,选中“系统变量(S)”中 Path 变量,然后点击“编辑”按钮,出现如图 2-13 所示的窗口。

在该界面下点击“新建”,并输入%SPARK_HOME%\bin,然后单击“确定”。

3. 安装 Anaconda

在 Widows 系统下安装 Anaconda,与 Linux 系统下安装此软件一样,先通过查看操作系统的版本信息: 计算机>>右键“属性”>>查看版本信息,看是 32 位还是 64 位的。可到 Anaconda 官网 https://www. continuum. io/downloads 下载与操作系统匹配的版本的可执行安装文件(同样也有 Pyhton 2. 7 和 Python 3. 6 两个版本可供选择)。目前,Anaconda 内部封装的为 Python3. 6,也可根据需要下载封装其他版本 Python 的 Anaconda3。下载后运行该文件完成安装,具体安装见第二章。

4. 安装 Hadoop

由于在 Windows 系统中,Spark 系统运行时需要使用 Hadoop 的内容,所以需要安装 Hadoop。可到 Hadoop 的官网(http://hadoop. apache. org/releases. html),那里有多个版本可供下载,下载其中的 Hadoop 2. 7. 5 版本的编译好的文件。如图 2-14 中箭头所示。

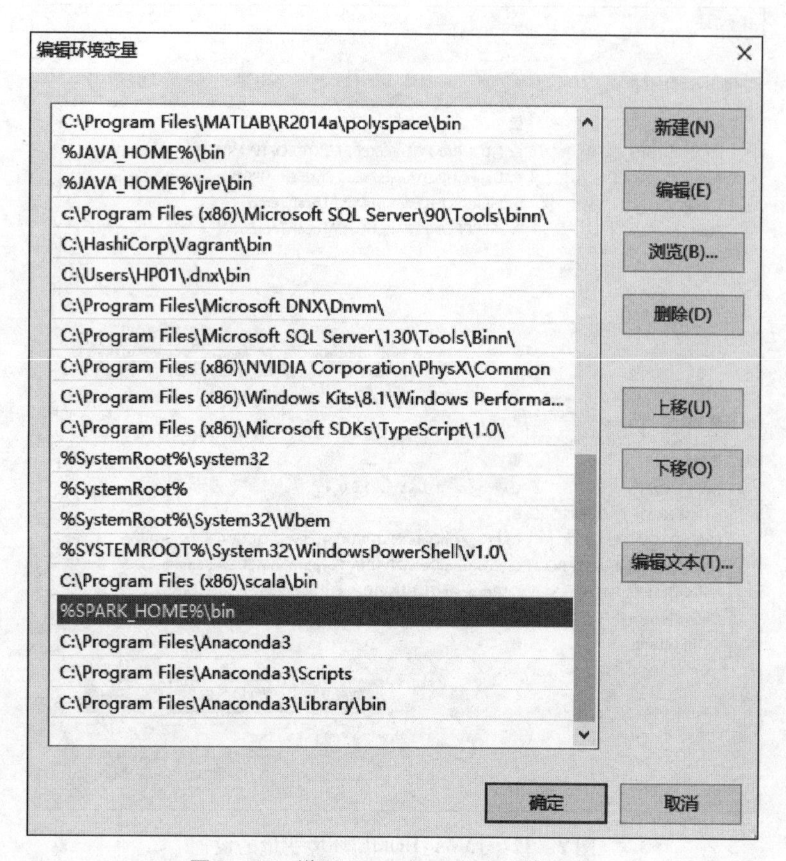

图 2－13 设置 SPARK_HOME 环境变量

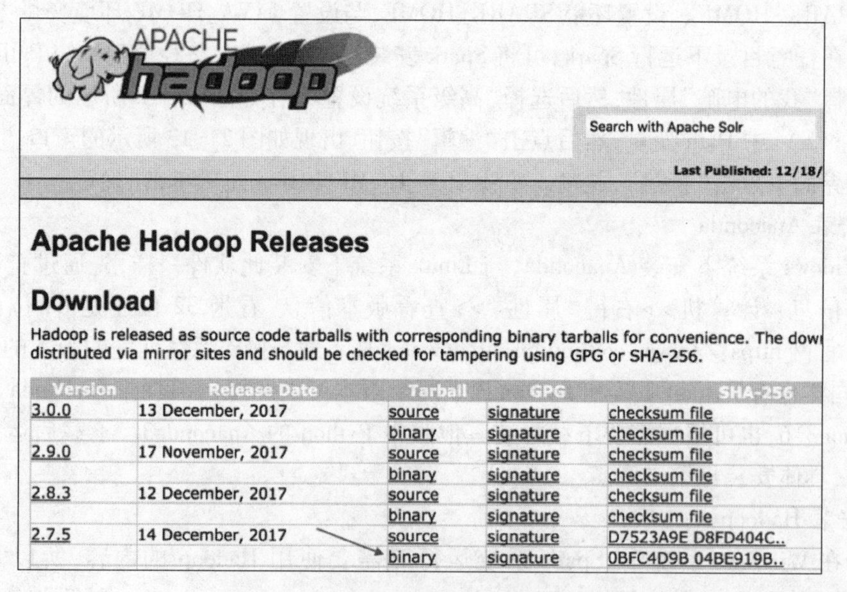

图 2－14 Hadoop 系统官方下载界面

下载好后，将下载的压缩文件拷贝到需要安装的文件夹下，解压缩（需要以管理员运行解压软件）完成安装。安装完成后，需要在系统中设置环境变量 HADOOP_HOME，设置方法与前面介绍的设置环境变量的方法一样，环境变量的值为 Hadoop 的安装目录路径。同样，可将 Hadoop 安装目录下的 bin 路径填到系统 Path 中。方法同上面所叙述的一样。

（1）下载 Hadoop 支持模块。先下载 winutils. exe 文件，64 位的 winutils. exe 的下载地址为 https://github. com/steveloughran/winutils 或 https://github. com/LemenChao/Introduction-to-Data-Science/blob/master/Hadoop/hadoop. dll-and-winutils. exe-for-hadoop2. 7. 3-on-windows_X64-master. zip。32 位的下载地址为 https://code. google. com/archive/p/rrd-hadoop-win32/source/default/source。选择合适版本，下载后拷贝到 hadoop 安装目录的 bin 子目录中。

（2）创建与配置 hive 目录。创建 c:/tmp/hive 目录，在 cmd 命令窗口中，cd 到 winutils 的位置，并运行 winutils. exe chmod 777 /tmp/hive，改变 hive 目录的属性。

（3）测试是否成功。在命令行下运行 pyspark 命令，如果成功应该出现如图 2－15 所示的 pyspark 运行的界面。

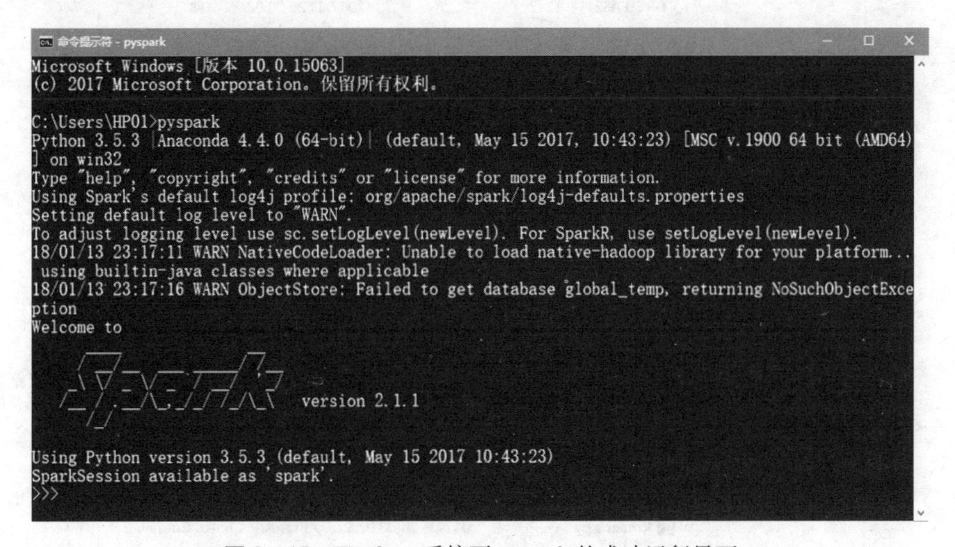

图 2－15　Windows 系统下 pyspark 的成功运行界面

2.3.3　Spark 的目录与配置

Spark 安装后，会在安装目录中产生一系列的子目录，图 2－16 为在 Windows 10 系统下安装后的目录结构，其他系统安装后具有一样的目录结构。

比较重要的子目录有：

（1）bin 目录，bin 目录中存放了运行 Spark 的一些常用的执行命令程序，例如进行 Spark 命令交互环境使用的 spark-shell，用于提交作业程序的 spark-submit 等。

（2）sbin 目录，sbin 目录中存放了对集群进行管理的相关命令。

（3）data 目录，data 目录存放了机器学习库例子需要的相关测试数据文件。

（4）examples 目录。examples 目录下存放了 Spark 系统提供的示例，包括示例的源代码和生成好的 jar 包，源代码中有 Scala、Java、Python 和 R 的源码。图 2－17 显示了 Pyhton 语言的示例代码的情况。

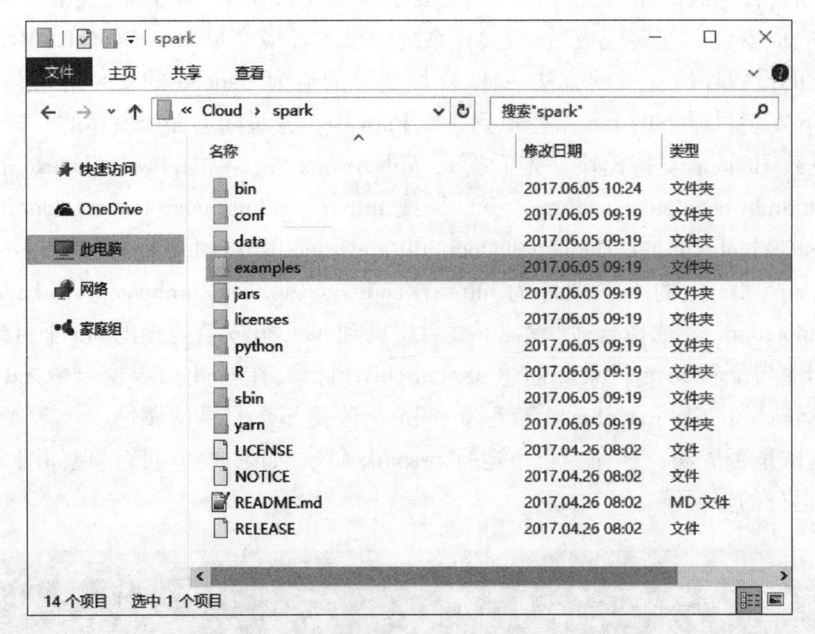

图 2-16 spark 安装后的目录结构

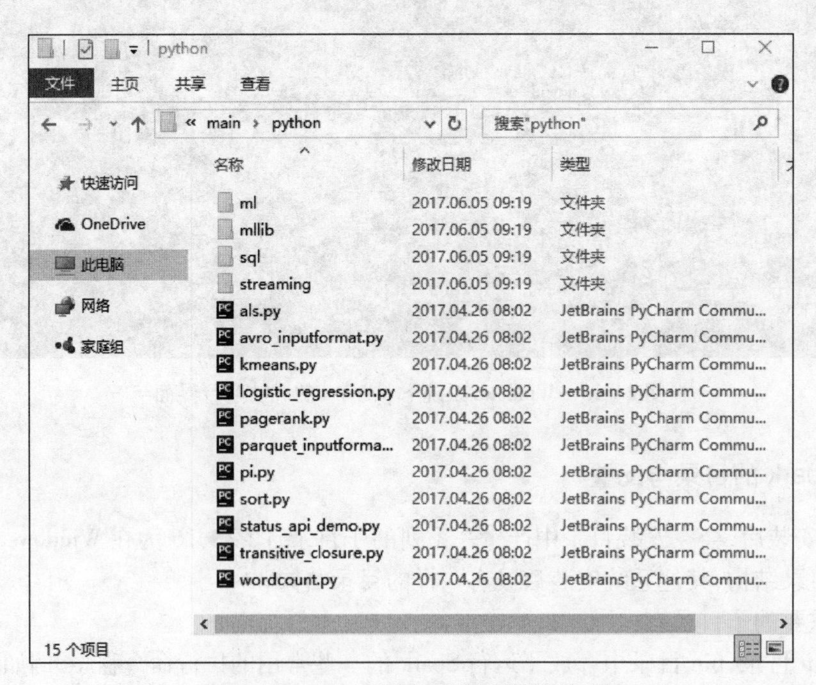

图 2-17 pyhton 语言的示例代码的情况

（5）jar 目录。jar 目录存放了 Spark 系统运行需要的各种 jar 包。

（6）conf 目录。该目录下存放了 Spark 运行时的配置文件。

（7）python 目录。该目录存放了使用 Python 相关的一些资源。

（8）lib 目录。存放 spark 使用的一些库，开发 Spark 应用程序时也将用到这些库。

2.4　Python 编程基础

Spark 支持 Scala、Java、Python 和 R 语言的编程开发，由于本书将使用 Python 为 Spark 编程语言，所以本节将主要介绍 Python 的基本编程知识。

Python 是一种解释型、交互式、面向对象的脚本语言，Python 也是一种非常适合初学者的编程语言，它支持广泛的应用程序开发，从简单的文字处理到 WWW 浏览器再到游戏等。Python 的最大的优势之一是具有丰富的跨平台的库包。

2.4.1　Python 环境搭建

可先通过终端窗口输入“python”命令来查看本地是否已经安装 Python 以及版本信息。如需要安装 Python 环境，可直接到 Python 的官方网站(https://www.python.org/)下载安装程序并安装。但对于初学者来说，推荐使用软件 Anaconda 来安装和管理 Python 及相关模块或库包。

Anaconda 软件有多个操作系统平台下的版本。在 Linux 平台下，Anaconda 安装程序可到 https://www.continuum.io/downloads 下载。目前，有两种 Python 版本可以选择，一个是 Python 3.0 系列版本，另一个是 Python 2.0 系列版本，如图 2-18 所示。

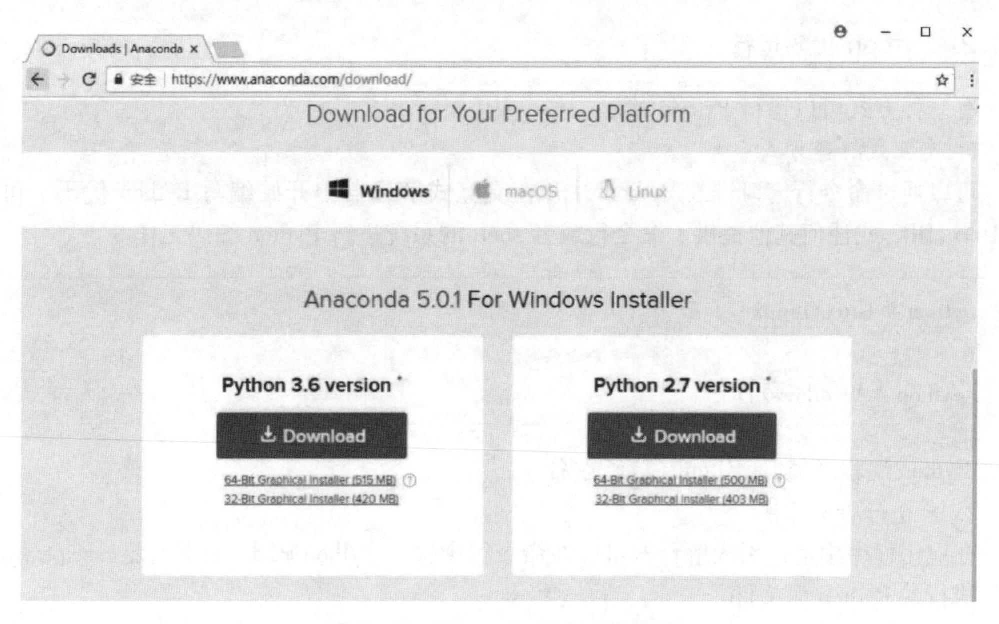

图 2-18　Anaconda 官方下载界面

下载后可通过命令 bash 安装。例如下载的文件为 Anaconda3-4.3.1-Linux-x86_64.sh，则安装命令为：

```
$ bash Anaconda3-4.3.1-Linux-x86_64.sh
```

安装好 Anaconda 软件后，后续如果需要安装一个库包，则可以使用“conda install 库包”的命

令来安装。例如需要安装 python 的 numpy 包,则可使用

```
$ conda install numpy
```

命令来安装。删除一个包可用 conda remove 命令。

使用 conda list 命令可查看安装了哪些库包。具体的 conda 命令可采用 conda --help 命令查看,或参阅 Anaconda 的官方网站。

此外,conda 还可以很方便地创建 Python 虚拟环境。例如使用"conda create -n your_env_name python=X. X(2.7、3.6 等)"命令可创建 Python 版本为 X. X,名字为 your_env_name 的虚拟环境。your_env_name 文件可以在 Anaconda 安装目录 envs 文件下找到。进入到创建的虚拟环境可用 source activate your_env_name(虚拟环境名称)命令。

安装 Anaconda 后,可在命令行环境下运行"python -version"命令,查看是否安装成功,如果成功则会显示正确的版本信息。例如:

```
$ python --version
Python 3.6.3:: Anaconda custom (64-bit)
```

在 Windows 平台下,安装与在 Linux 类似,直接到官网下载合适版本的 exe 安装文件,并运行即可。

2.4.2 Python 代码运行

有三种方式可以运行 Python 代码。

1. *交互式解释方式*

可以通过命令行窗口进入 Python 并开在交互式解释器中开始编写 Python 代码。可以在 Unix,DOS 或任何其他提供了命令行或者 shell 的系统进行 Python 编码工作。

```
$ python # Unix/Linux
或者
C:>python # Windows/DOS
```

退出 Python 编程环境,使用 quit( )函数命令。

2. *命令行脚本方法*

在应用程序中通过引入解释器可以在命令行中执行 Python 脚本,如下所示,script. py 为需要执行的 Python 源文件。

```
$ python script. py # Unix/Linux
```

或者

```
C:> python script. py # Windows/DOS
```

注意:在执行脚本时,请检查脚本是否有可执行权限。

3. 集成开发环境(IDE: Integrated Development Environment)方式

用于编写Python代码的集成开发环境有很多,目前比较流行的IDE是PyCharm,它是由JetBrains开发的一款Python IDE,支持macOS、Windows和Linux系统,其下载地址为: https://www.jetbrains.com/pycharm/download/。

2.4.3 Python基础语法

1. Python标识符

在Python中,标识符的命名规则与大多数语言的规则基本一样,具体为:

(1) 由英文、数字和下划线组成,但不能以数字开头;

(2) 标识符是区分大小写的;

(3) 以下划线开头的标识符有特殊意义。以单下划线开头的_foo代表不能直接访问的类属性,需通过类提供的接口进行访问,不能用from xxx import * 而导入;以双下划线开头的__foo代表类的私有成员;以双下划线开头和结尾的__foo__代表Python里特殊方法专用的标识,如__init__()代表类的构造函数;

(4) 标识符不能与保留字符冲突。

2. Python行和缩进

Python假定每个物理行都对应着一个逻辑行。Python希望每行只有一个语句,这样看起来更加易读。如果想要在一个物理行中使用多于一个逻辑行,那么需要使用分号";"来特别地标明。分号表示一个逻辑行/语句的结束。如下所示。

```
count = 5  # 一个语句一行时,后面可以不要分号
print (count)
count = 5; print (count); # 或写在一行上,这行与上面两行等价
```

Python中,可以使用斜杠"\"将一行的语句分为多行显示,如下所示。

```
total = item_one + \
        item_two + \
        item_three
```

语句中包含[ ],{ }或( )括号就不需要使用多行连接符,例:

```
days = ["Monday", "Tuesday", "Wednesday",
        "Thursday", "Friday"]
```

在Python中,用缩进来标明成块的代码。缩进的空白数量是可变的,但是所有代码块语句必须包含相同的缩进空白数量。如下所示。

```
if x>0:
    print("True")
    print("Hello,word")
```

通过缩进,Python 识别出这两个 print 语句是隶属于 if 语句的。

3. Python 注释

Python 中单行注释采用#开头。

```
# 第一个注释
print(" Hello, Python!") # 第二个注释
```

Python 中,多行注释使用三个单引号“'''”或三个双引号“"""”。

```
'''
这是多行注释,使用单引号。
'''
"""
这是多行注释,使用双引号。
"""
```

4. Python 变量

变量是计算机内存中的一块区域,变量可以存储规定范围内的值,而且值在程序运行过程中可以改变。基于变量的数据类型,解释器会分配指定内存,并决定什么数据可以被存储在内存中。

(1) 变量赋值。Python 中的变量赋值不需要类型声明。每个变量在使用前都必须赋值,变量赋值以后该变量才会被创建。等号“=”用来给变量赋值,等号“=”左边是一个变量名,右边是存储在变量中的值。例如:

```
counter = 100   # 赋值给整型变量 counter
miles = 1000.0 # 赋值给浮点型变量 miles
name = "John"# 赋值给字符串变量 name
print(counter)  # 输出变量 counter 的值
print(miles)  # 输出变量 miles 的值
print(name)   # 输出变量 counter 的值
```

(2) 多个变量赋值。Python 允许同时为多个变量赋值,例:

```
a = b = c = 1
```

以上实例创建了三个整型变量,均赋值为 1。也可以用以下的形式创建多个变量,并分别赋值不同的值,例:

```
a, b, c = 1, 2, "john"
```

以上实例,两个整型 1 和 2 的分别给变量 a 和 b,字符串" john"赋给变量 c。

5. Python 标准数据类型

Python 定义了一些标准数据类型,用于存储各种类型的数据。Python 有 Numbers(数字)、String(字符串)、List(列表)、Tuple(元组)、Sets(集合)和 Dictionary(字典)6 种标准的数据类型。

(1) Numbers 数字。数字数据类型用于存储数值。Python 支持 int(有符号整型)、long(长整型[也可以代表八进制和十六进制])、float(浮点型)、complex(复数)四种不同的数字类型。

(2) String 字符串。字符串或串(string)是由数字、字母、下划线组成的一串字符。Python 可以使用引号、双引号、三引号('''或""")来表示字符串,引号的开始与结束必须是相同类型。三引号让程序员从引号和特殊字符串的泥潭里面解脱出来,自始至终保持一小块字符串的格式是所谓的 WYSIWYG(所见即所得)格式的。

```
word = 'word'
sentence = "这是一个句子。"
paragraph = """这是一个段落。
包含了多个语句"""
```

如果要实现从字符串中获取一段子字符串的话,可以使用变量[头下标:尾下标],就可以截取相应的字符串。另外,加号(+)是字符串连接运算符,星号(*)是重复操作,例如:

```
string=" abcdefg"
print(string)
print(string[0])
print(string[0:-1]) # 从头到尾
print(string[2:])  # 从下标 2 开始到尾
print(string[2:4])  # 从下标 2 到 n-1  [m,n)
print(string * 2)   # 输出 2 次 string 的值
print(string+' Hello!')
```

如果在引号前加上一个小写的"u",则表示这里创建的是一个 Unicode 字符串。如果想加入一个特殊字符,可以使用 Python 的 Unicode-Escape 编码。例如 str1 = u' Hello \u0020World !',其中编码值为 0x0020 为空格的 Unicode。

(3) List 列表。列表用[ ]标识,是 Python 中使用最为频繁的数据类型,列表可以完成大多数集合类的数据结构实现。它支持字符,数字,字符串甚至可以包含列表(即嵌套)。类似对字符串操作一样,列表中值的切割也可以用[头下标:尾下标],就可以截取相应的列表,例如:

```
listDemo=[" aa",1," bb",2]
print(listDemo) # 输出所有列表中的元素
```

```
print(listDemo[0]) # 输出下标 0 的元素,即“aa”
print(listDemo[2:]) # 输出 d 从下标 2 开始到尾的元素
print(listDemo[1:3]) # 输出从下标 1 到 3 的元素即 1,“bb”,2
print(listDemo * 2) # 输出 2 次 listDemo 的值
print (listDemo + ["Hello,","World!"]) # 打印组合的列表
```

（4）Tuple 元组。元组类似于 List,用( )标识,内部元素用逗号隔开,以下为相关实例。

```
tupleDemo=("aa",1,"bb",2)
print(tupleDemo)
print(tupleDemo[0]) # 输出下标 0
print(tupleDemo[2:]) # 从下标 2 开始到尾
print(tupleDemo[1:3]) # 从下标 2 到 n-1  [m,n)
print(tupleDemo * 2) # 输出 2 次
tupleDemo=( ) # 赋值为空元组
tupleDemo=(a,) # 赋值一个元素
print(tupleDemo)
```

（5）Set 集合。集合表示一个无序不可重复的序列,用{ }标识,内部元素用逗号隔开,以下为相关实例。

```
setDemo={"a","b","c"}
print("集合 A ",setDemo)
#集合可以做 交集并集差集
setDemo2={"a","b"}
print("集合 B ",setDemo2)
print(" AB 的差集 ",setDemo-setDemo2)
print(" AB 的并集 ",setDemo|setDemo2)
print(" AB 的交集 ",setDemo&setDemo2)
print(" AB 的不同时存在的 ",setDemo^setDemo2)
```

（6）Dictionary 字典。字典是无序的对象集合,字典当中的元素是通过键来存取的,而不是通过偏移存取。字典用{ }标识,字典由键(key)和它对应的值(value)组成。以下为相关实例。

```
dict = { }
dict['one'] = "This is one"
dict[2] = "This is two"
tinydict = {'name':'john','code':6734, 'dept':'sales'}
print(dict['one']) # 输出键为'one'的值
```

```
print(dict[2]) # 输出键为 2 的值
print(tinydict) # 输出完整的字典
print(tinydict.keys()) # 输出所有键
print(tinydict.values()) # 输出所有值
```

Python 中的数据类型转换，只需要将数据类型作为函数名即可。例如 int(x)将 x 转换为一个整数，str(x)将 x 转换为字符串等。

6. Python 运算符

Python 语言支持算术运算符、比较(关系)运算符、赋值运算符、逻辑运算符、位运算符、成员运算符和身份运算符。

(1) Python 算术运算符。除了常见的+、-、*、/运算符外，Python 还提供取余运算符%，和幂运算符 * *，以及取整运算符//。例如，5%2 结果为 1，2 * *3 表示为 2 的 3 次方，9//2 的取整的结果为 4。

(2) Python 比较运算符。Python 提供的比较运算符有等于= =，不等于！ =，大于>，小于<，大于等于>=，小于等于<=。两个对象进行比较的返回值要么真 True，要么 False。

(3) Python 赋值运算符。Python 提供了简单的赋值运算符和复合赋值运算符，例如简单赋值运算 c=a+b，复合赋值运算 a+=c(等价为 a=a+c)，a//=b(等价 a=a//b)。

(4) Python 位运算符。按位运算符是把数字看作二进制来进行计算的。Python 中提供按位运算有按位与 &、按位或 |、按位异或^、按位求反 ~、向左移位<<和向右移位>>。

(5) Python 逻辑运算符。Python 语言提供的逻辑运算符有逻辑与 and、逻辑或 or、逻辑非 not，例如 2>1 and 3>2 的结果为 True，not (3>2)的结果为 False。

(6) 成员运算符。除了以上的一些运算符之外，Python 还支持成员运算符 in 和 not in，测试元素是否包含在某个数据集中，数据集包括字符串、列表、集合、字典或元组。

(7) Python 身份运算符。Python 还提供身份运算符用于比较两个对象是否为同一对象(实际判断两个对象的内存地址是否相同)。而之前比较运算符中的"= ="则是用来比较两个对象的值是否相等。例如：

```
a = [1, 2, 3]
b = [1, 2, 3]
print(a == b)
print(a is b)
```

这段代码输出的结果是 true 和 false，因为变量 a 和变量 b 的值是一样的，所以用"= ="运算符比较的变量的值，所以返回 true。但是用 is 的时候，比较的是内存地址，a 和 b 的内存地址不一样(内存地址可以用 id( )函数获取)。

2.4.4 Python 语句

1. 基本输入输出语句

(1) 输出语句。Python 有两种基本的输出值的方式，即表达式语句(只在交互式编程中使用)和 print( )函数。如果希望输出的形式更加多样,可以使用 format( )函数或 str. format( )函数来格式化输出值。例如:

```
print (format(12.3456,'6.6f')) # 输出小数点后 6 位
print (str.format("{0}和{1}",1,2)) # 输出的结果为"1 和 2"
```

(2) 输入语句。Python 提供了 input( )置函数从标准输入读入一行文本,默认的标准输入是键盘。input( )可以接收一个 Python 表达式作为输入,并将运算结果返回。

```
str = input("请输入:");
print ("你输入的内容是:", str)
```

如果运行时输入的是 123,则显示结果为"你输入的内容是:123"。

2. 条件语句

Python 条件语句是通过一条或多条语句的执行结果(True 或者 False)来决定执行的代码块。Python 程序语言指定任何非 0 和非空(null)值为 true,0 或者 null 为 false。Python 中 if 语句用于控制程序的执行,基本形式为:

```
if 判断条件:
    执行语句
else:
    执行语句
```

其中"判断条件"成立时(非零),则执行后面的语句,而执行内容可以多行,以缩进来区分表示同一范围。else 为可选语句,当需要在条件不成立时执行内容则可以执行相关语句。if 语句的判断条件可以用>(大于)、<(小于)、==(等于)、>=(大于等于)、<=(小于等于)来表示其关系。当判断条件为多个值时,可以使用以下形式:

```
if 判断条件 1:
    执行语句 1
elif 判断条件 2:
    执行语句 2
elif 判断条件 3:
    执行语句 3
else:
    执行语句 4
```

在 Python 中,没有提供 switch 语句,所以多个条件的判断,只能用 if 语句来实现。

3. 循环语句

Python 提供了 for 循环和 while 循环两种循环语句(但没有 do..while 循环)。Python 还

提供了循环控制语句 break，continue 和 pass 语句，通过这些语句可以改变循环语句的执行顺序。

（1）while 循环语句。while 语句可根据判断条件循环执行某段程序，以处理需要重复处理的相同任务，其基本形式为：

```
while 判断条件：
    执行语句
```

执行语句可以是单条语句或一个语句块（多条语句组成）。判断条件可以是任何表达式，只要表达式的值为非零或非空则认为条件为真（true）。当判断条件为真时运行执行语句，当判断条件为假（false）时，循环结束。

while 语句时还有另外两个重要的命令 continue，break 来跳过循环，continue 用于跳过该次循环，break 则是用于退出循环，此外“判断条件”还可以是个常值，表示循环必定成立，具体用法如下。

```
# continue 和 break 用法
i = 1
while i < 10：
    i += 1
    if i%2 > 0：# 非双数时跳过输出
        continue
    print i # 输出双数 2、4、6、8、10
i = 1
while 1：# 循环条件为 1 必定成立
    print i # 输出 1~10
    i += 1
    if i > 10：# 当 i 大于 10 时跳出循环
        break
```

（2）for 循环语句。Python 的 for 循环可以遍历任何序列的项目，如一个列表或者一个字符串。for 循环的语法格式如下：

```
for var in sequence：
    执行语句
```

基本含义是当元素 var 在序列 sequence 中时运行执行语句，例如：

```
for letter in 'Python'：# 输出字符串' Pyhton'中的每个字符
        print('当前字母：', letter)
fruits = ['banana', 'apple', 'mango']
```

```
for fruit in fruits：# 输出列表 fruits 中的每个元素
    print('当前水果：',fruit)
```

（3）Python 循环嵌套。Python 语言和其他语言一样，允许在一个循环体里面嵌入另一个循环。for 循环里面嵌套 for 循环的基本语法为：

```
for var1 in sequence1：
    for var2 in sequence2：
        statements(s)
```

while 循环里面嵌套 while 循环的基本语法为：

```
while expression：
    while expression：
        statement(s)
```

当然，在循环体也可以内嵌其他的循环体，如在 while 循环中可以嵌入 for 循环，反之，也可以在 for 循环中嵌入 while 循环，循环还可以多层嵌套。

（4）break 与 continue 语句。break 语句用来终止循环语句，即循环条件没有 False 条件或者还没被完全循环完，也会停止执行循环语句。break 语句用在 while 和 for 循环中。如果您使用嵌套循环，break 语句将停止执行最深层的循环，并开始执行下一行代码。break 语句的使用实例如下。

```
for letter in 'Python'：
    if letter == 'h'：# 当 letter 的值为字符' h'时，退出循环
        break
    print('当前字母：', letter) #
```

以上代码的执行结果：

```
当期字母：P
当期字母：y
当期字母：t
```

continue 语句用来跳过当前循环的剩余语句，然后继续进行下一轮循环。continue 语句用在 while 和 for 循环中。continue 语句使用实例如下：

```
for letter in 'Python'：# 第一个实例
    if letter == 'h'：
        continue
    print('当前字母：', letter)
```

以上代码执行结果：

```
当前字母：P
当前字母：y
当前字母：t
当前字母：o
当前字母：n
```

（5）pass 语句。pass 是空语句,是为了保持程序结构的完整性。pass 不做任何事情,一般用做占位语句。pass 语句使用实例如下：

```
for letter in 'Python': # 输出 Python 的每个字母
    if letter == 'h':
        pass
        print('这是 pass 块')
    print('当前字母:', letter)
```

以上实例执行结果：

```
当前字母：P
当前字母：y
当前字母：t
这是 pass 块
当前字母：h
当前字母：o
当前字母：n
```

2.4.5　Python 函数

基本上所有的高级语言都支持函数,Python 也不例外。Python 不但能非常灵活地定义函数(称为用户自定义函数),而且本身内置了很多有用的函数(称为系统函数),可以直接调用。

1. 定义函数

语法格式：

```
def 函数名( 参数列表):
    """函数_文档字符串"""
    实现函数功能的语句
    return [表达式]
```

说明：

（1）函数代码块以 def 关键词开头，后接函数名称和圆括号（ ）。

（2）圆括号之间用于定义传入的参数。

（3）函数内容以冒号起始，并且缩进。

（4）函数的第一行语句可以有选择性地使用文档字符串，用于对函数的说明。

（5）return［表达式］结束函数，并返回一个值给调用方，如不带表达式的 return 相当于返回 None。

以下为函数定义示例：

```
def print_str( str1 ):
    """打印传入的字符串到标准显示设备上"""# 对函数的说明
    print(str1)
    return
```

2. 调用函数

定义一个函数只给了函数一个名称，指定了函数里包含的参数，和代码块结构。这个函数的基本结构完成以后，可以通过另一个函数调用执行，也可以直接从 Python 提示符执行。如下实例调用了 print_str( ) 函数：

```
print_str("调用用户自定义函数 print_str")
print_str("再次调用同一函数 print_str")
```

3. 匿名函数

匿名函数顾名思义就是指一类无须定义标识符（函数名）的函数或子程序。Python 使用 lambda 关键字来创建匿名函数。

语法格式为：lambda 参数：表达式

开头为关键字 lambda，然后是参数，可以有多个，用逗号隔开，接下来是冒号，冒号后边为表达式，需要注意的是只能有一个表达式。由于 lambda 返回的是函数对象（构建的是一个函数对象），所以需要定义一个变量去接收。

以下为实例。

```
# 通过 lambda 构建匿名函数，并将匿名函数赋给变量 sum
sum = lambda arg1, arg2: arg1 + arg2;
# 调用 sum 函数
print("相加后的值为：",sum(10, 20))
```

以上实例输出结果：

```
相加后的值为：30
```

4. 变量的作用域

变量的作用域决定了在哪一部分程序可以访问哪个特定的变量名称。Python 和其他高级语言一样根据变量作用域可将变量分为全局变量和局部变量。在源代码中变量名被赋值的位置决定了该变量能被访问的范围,定义在函数内部的变量拥有一个局部作用域,定义在函数外的拥有全局作用域。局部变量只能在其被声明的函数内部访问,而全局变量可以在整个程序范围内访问。调用函数时,所有在函数内声明的变量名称都将被加入到作用域中。实例如下:

```
total = 0 # 这是一个全局变量
# 可写函数说明
def sum( arg1, arg2 ):
    """返回 2 个参数的和"""
    total = arg1 + arg2 # total 在这里是局部变量.
    print("函数内是局部变量: ", total)
    return total
#调用 sum 函数
sum( 10, 20 );
print("函数外是全局变量: ", total)
```

以上实例输出结果:

```
函数内是局部变量: 30
函数外是全局变量: 0
```

全局变量想作用于函数内,需加 global。

```
globvar = 0
def set_globvar_to_one( ):
    global globvar    # 使用 global 声明全局变量
    globvar = 1
def print_globvar( ):
    print( globvar)    # 没有使用 global
set_globvar_to_one( )
print( globvar)        # 输出 1
print_globvar( )       # 输出 1,函数内的 globvar 已经是全局变量
```

2.4.6 Python 模块

Python 模块(Module),是一个 Python 文件,以. py 结尾,包含了 Python 对象定义和 Python 语句。模块能够有逻辑地组织 Python 代码段。把相关的代码分配到一个模块里能让

代码更好用,更易懂。模块能定义函数、类和变量,模块里也能包含可执行的代码。下例是个简单的模块 support. py:

```
def print_func( par ):
    print(" Hello:", par)
    return
```

模块的引入,模块定义好后,可以使用 import 语句来引入模块,一次可引入多个模块,模块之间以逗号分隔,语法如下:

```
import module1[, module2[,... moduleN]
```

当解释器遇到 import 语句时,如果模块在当前的搜索路径上就会被导入。搜索路径是一个解释器会先进行搜索的所有目录的列表。如想要导入模块 support. py,需要把 import 语句放在代码的顶端。下面是实例 test. py 文件代码。

```
# 导入模块
import support # 现在可以调用模块里包含的函数了
support. print_func(" Runoob")
```

以上实例输出结果:

```
Hello: Runoob
```

一个模块只会被导入一次,不管执行了多少次 import。这样可以防止导入模块被一遍又一遍地执行。

Python 的 from 语句从模块中导入一个指定的部分到当前命名空间中。语法如下。

```
from modname import name1[, name2[, ... nameN]]
```

例如,要导入模块 fib 的 fibonacci 函数,使用如下语句。

```
from fib import fibonacci
```

这个声明不会把整个 fib 模块导入到当前的命名空间中,它只会将 fib 里的 fibonacci 单个引入到执行这个声明的模块的全局符号表。把一个模块的所有内容全都导入到当前的命名空间也是可行的,只需使用如下声明:

```
from modname import * # 将 modname 模块的所有内容都导入
```

当导入一个模块,Python 解析器对模块位置的搜索顺序是:

（1）当前目录；

（2）如果不在当前目录，Python 则搜索在 shell 变量 PYTHONPATH 下的每个目录；

（3）如果都找不到，Python 会察看默认路径。UNIX 下，默认路径一般为/usr/local/lib/Python/。

模块搜索路径存储在 system 模块的 sys.path 变量中。变量里包含当前目录，PYTHONPATH 和由安装过程决定的默认目录。PYTHONPATH 变量，作为环境变量，PYTHONPATH 由装在一个列表里的许多目录组成。PYTHONPATH 的语法和 shell 变量 PATH 的一样。在 Windows 系统，典型的 PYTHONPATH 如下。

```
set PYTHONPATH=c:\Python27\lib;
```

在 UNIX 系统，典型的 PYTHONPATH 如下。

```
set PYTHONPATH=/usr/local/lib/Python
```

2.4.7　Python 文件读写

Python 提供了必要的函数和方法进行默认情况下的文件基本操作。可以用 file 对象做大部分的文件操作。包括文件的打开、读写和关闭等。

文件打开使用 Python 内置的 open()函数，该函数返回一个 file 对象。语法：

```
file object = open(file_name [, access_mode][, buffering])
```

各个参数的细节如下：

（1）file_name 变量是一个包含了要访问的文件名称的字符串值；

（2）access_mode 决定了打开文件的模式：只读(r)，写入(w)，追加(+)等；这个参数是非强制的，默认文件访问模式为只读(r)；

（3）buffering：如果 buffering 的值被设为 0，就不会有寄存；如果 buffering 的值取 1，访问文件时会寄存行；如果将 buffering 的值设为大于 1 的整数，表明了这就是其寄存区的缓冲大小；如果取负值，寄存区的缓冲大小则为系统默认。

文件关闭可使用 file 对象的 close()方法，该方法刷新缓冲区里任何还没写入的信息，并关闭该文件，这之后便不能再进行写入。当一个文件对象的引用被重新指定给另一个文件时，Python 会关闭之前的文件。

读写文件可使用 file 对象提供的 read()和 write()方法来读取和写入文件。write()方法可将任何字符串写入一个打开的文件。需要重点注意的是，Python 字符串可以是二进制数据，而不是仅仅为文字。write( )方法不会在字符串的结尾添加换行符('\n')：

文件定位，tell()方法告诉文件内的当前位置，下一次的读写会发生在文件当前位置之后。seek(offset [,from])方法改变当前文件的位置。offset 变量表示要移动的字节数。from 变量指定开始移动字节的参考位置。如果 from 被设为 0，这意味着将文件的开头作为移动字节的参考位置。如果设为 1，则使用当前的位置作为参考位置。如果它被设为 2，那么该文件的末尾将作为参考位置。

Python 的 os 模块提供了帮执行文件处理操作的方法,比如重命名、删除文件等。要使用这个模块,必须先导入它,然后才可以调用相关的各种功能。

总的来说,file 对象提供了操作文件的一系列方法。os 对象提供了处理文件及目录的一系列方法。

2.4.8 Python 面向对象

如果以前没有接触过面向对象的编程语言,可能需要先了解一些面向对象语言的一些基本特征,在头脑里形成一个基本的面向对象的概念,这样有助于更容易地学习 Python 的面向对象编程。

Python 使用 class 语句来创建一个新类,class 之后为类的名称并以冒号结尾,如下实例:

```
class 类名:
   """类的帮助信息"""   # 类文档字符串
   class_suite   #类体
```

1. Python 实例

以下是一个简单的 Python 类实例:

```
class Employee:    # 定义员工类
   empCount = 0
   def __init__(self, name, salary):
       self. name = name
       self. salary = salary
   Employee. empCount += 1
   def displayCount(self):
     print(" Total Employee =", Employee. empCount)
   def displayEmployee(self):
     print(" Name: ", self. name, ", Salary: ", self. salary)
```

(1) empCount 变量是一个类变量,它的值将在这个类的所有实例之间共享。可以在内部类或外部类使用 Employee. empCount 访问。

(2) 第一种方法__init__()方法是一种特殊的方法,被称为类的构造函数或初始化方法,当创建了这个类的实例时就会调用该方法。

(3) self 代表类的实例,self 在定义类的方法时是必须有的,虽然在调用时不必传入相应的参数。

self 代表类的实例,而非类,类的方法与普通的函数只有一个特别的区别,即它们必须有一个额外的第一个参数名称,按照惯例它的名称是 self。

创建实例对象,实例化类其他编程语言中一般用关键字 new,但是在 Python 中并没有这个关键字,类的实例化类似函数调用方式。以下使用类的名称 Employee 来实例化,并通过

__init__ 方法接受参数。

```
emp1 = Employee("Zara", 2000) # 创建 Employee 类的第一个对象
emp2 = Employee("Manni", 5000) # 创建 Employee 类的第二个对象
```

访问属性,可以使用点“.”来访问对象的属性。使用如下类的名称访问类变量。

```
emp1.displayEmployee()
emp2.displayEmployee()
print("Total Employee=", Employee.empCount)
```

可以添加,删除,修改类的属性,如下所示:

```
emp1.age = 7   # 添加一个 'age'属性
emp1.age = 8   # 修改 'age'属性
del emp1.age   # 删除 'age'属性
```

2. 用函数方式访问属性

可以使用以下函数的方式来访问属性:

(1) getattr(obj, name[, default]):访问对象的属性;

(2) hasattr(obj,name):检查是否存在一个属性;

(3) setattr(obj,name,value):设置一个属性。如果属性不存在,会创建一个新属性;

(4) delattr(obj, name):删除属性。

```
hasattr(emp1, 'age') # 如果存在 'age'属性返回 True。
getattr(emp1, 'age') # 返回 'age'属性的值
setattr(emp1, 'age', 8) # 添加属性 'age'值为 8
delattr(empl, 'age') # 删除属性 'age'
```

3. Python 内置类属性

(1) __dict__:类的属性(包含一个字典,由类的数据属性组成);

(2) __doc__:类的文档字符串;

(3) __name__:类名;

(4) __module__:类定义所在的模块(类的全名是'__main__.className',如果类位于一个导入模块 mymod 中,那么 className.__module__ 等于 mymod);

(5) __bases__:类的所有父类构成元素(包含了一个由所有父类组成的元组)。

析构函数 __del__ ,__del__在对象销毁的时候被调用,当对象不再被使用时,__del__方法运行。

4. 类的继承

面向对象的编程带来的主要好处之一是代码的重用,实现这种重用的方法之一是通过

继承机制。继承完全可以理解成类之间的类型和子类型关系。

继承语法为：

class 派生类名(基类名)：# 基类名写在括号里，基本类是在类定义的时候，在元组之中指明的。

在 Python 中继承的一些特点：

(1) 在继承中基类的构造(__init__( )方法)不会被自动调用，它需要在其派生类的构造中亲自专门调用；

(2) 在调用基类的方法时，需要加上基类的类名前缀，且需要带上 self 参数变量，区别于在类中调用普通函数时并不需要带上 self 参数；

(3) Python 总是首先查找对应类型的方法，如果它不能在派生类中找到对应的方法，它才开始到基类中逐个查找(先在本类中查找调用的方法，找不到才去基类中找)。

如果在继承元组中列了一个以上的类，那么它就被称作"多重继承"。类的继承实例如下。

```
class Parent：# 定义父类
    parentAttr = 100
    def __init__(self)：
        print("调用父类构造函数")
    def parentMethod(self)：
        print('调用父类方法')
    def setAttr(self, attr)：
    Parent.parentAttr = attr
    def getAttr(self)：
        print("父类属性：", Parent.parentAttr)
class Child(Parent)：# 定义子类
    def __init__(self)：
        print("调用子类构造方法")
    def childMethod(self)：
        print('调用子类方法')
c = Child( )  # 实例化子类
c.childMethod( )  # 调用子类的方法
c.parentMethod( )  # 调用父类方法
c.setAttr(200)  # 再次调用父类的方法
c.getAttr( )  # 再次调用父类的方法
```

也可以继承多个类。

```
class A：        # 定义类 A
.....
class B：        # 定义类 B
```

```
......
class C(A, B): # 继承类 A 和 B
......
```

可以使用 issubclass( )或者 isinstance( )方法来检测。

方法重写,如果父类方法的功能不能满足需求,可以在子类重写父类的方法, Python 同样支持运算符重载。

2.5　Spark 的编程方式

Spark 代码的编写可以直接在命令窗口中以命令行形式进行代码的编写,也可以在搭建好的集成开发环境中编写。命令行方式主要适合交互式程序运行、编写的代码比较少或做简单开发测试的情况下。当编写的代码量大和实际的工程应用编程时,就需要搭建 Spark 的集成开发环境。本节先介绍使用命令行 pyspark 的编程方式,然后介绍如何利用 PyCharm 搭建使用 Python 语言进行 Spark 编程的集成开发环境。需要强调的是,以下的介绍采用的是 Spark 本地运行模式。

2.5.1　命令行 pyspark 方式

学习 Spark 程序开发,建议首先通过 pyspark 交互式学习,以加深 Spark 程序开发的理解。在安装好 Spark 的情况下(包括设置好的环境变量,见 2.3 节),进入到操作系统的命令窗口,然后通过命令 pyspark 进入 Spark 的交互式编程环境(如果要使用 scala 语言则运行 spark-shell 命令,使用 R 语言则运行 sparkR 命令)。图 2-15 显示了在 Windows 系统中成功运行 pyspark 命令后的结果图。图 2-19 显示了 ubuntu 系统中成功运行 pyspark 命令后的结果图。

```
Terminal File Edit View Search Terminal Help
ubuntu@ubuntu-VirtualBox:~$ pyspark
Python 2.7.12 (default, Nov 20 2017, 18:23:56)
[GCC 5.4.0 20160609] on linux2
Type "help", "copyright", "credits" or "license" for more information.
18/01/14 10:45:38 WARN NativeCodeLoader: Unable to load native-hadoop library fo
r your platform... using builtin-java classes where applicable
18/01/14 10:45:38 WARN Utils: Your hostname, ubuntu-VirtualBox resolves to a loo
pback address: 127.0.1.1; using 10.0.2.15 instead (on interface enp0s3)
18/01/14 10:45:38 WARN Utils: Set SPARK_LOCAL_IP if you need to bind to another
address
Welcome to
      ____              __
     / __/__  ___ _____/ /__
    _\ \/ _ \/ _ `/ __/  '_/
   /__ / .__/\_,_/_/ /_/\_\   version 1.6.2
      /_/

Using Python version 2.7.12 (default, Nov 20 2017 18:23:56)
SparkContext available as sc, HiveContext available as sqlContext.
>>>
```

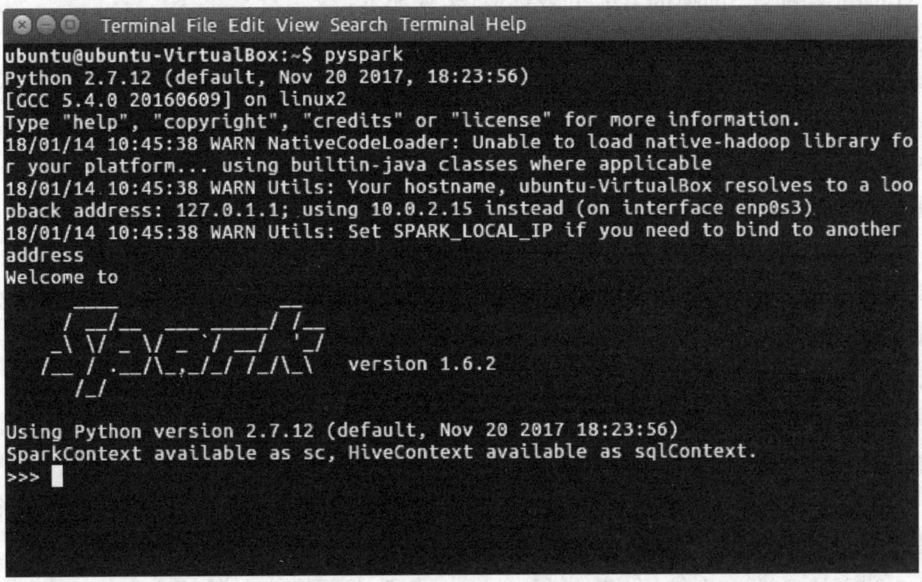

图 2-19　ubuntu 系统下运行 pyspark 命令的界面

运行 pyspark 命令后，一个特殊的集成在解释器里的 SparkContext 变量（SparkContext 是开发 Spark 应用的入口，它负责和整个集群的交互，包括创建 RDD 等）已经建立好了，变量名叫作 sc。另一个特殊的 SparkSession 也已经创建，名字为 spark，这两个变量在后续的代码中可直接使用。在>>>符号后面可以输入代码进行交互式的编程，一行一行地输入 Python 写的程序，也可以一次贴入多行代码，以下为 Python 写的一小段 Spark 程序代码。

```
>>>data = [1, 2, 3, 4, 5] # 给变量 data 赋值为列表[1, 2, 3, 4, 5]
>>>distData = sc.parallelize(data) # 利用内建变量 sc 将 data 并行化为一 RDD
>>>rdd1 = distData.map(lambda x: x+1) # 将 RDD distData 进行 map 操作，让每个元素
加 1
>>>sum = rdd1.reduce(lambda x,y: x+y) # 将 rdd1 进行 reduce 操作，求所有元素的和
>>>print(sum) # 输出 sum 的值
20

需要退出 pyspark 环境命令行模式，可在>>> 后输入 quit( )。
```

2.5.2 PyCharm 方式

交互式命令行方式只适合不太长代码的情况，或用于开发调试。当开发代码量大的时候，使用 IDE 会更方便。针对不同的开发语言有不同的 IDE，例如 scala 开发语言，比较有名的开发 IDE 有 JetBrains 公司开发的 Intellij IDEA 和开源的 Eclipse。本文主要介绍 Python 语言的开发 IDE，比较有名的是 JetBrains 公司的 PyCharm，PyCharm 的一种专用跨平台的 Python IDE，带有一整套可以帮助用户在使用 Python 语言开发时提高其效率的工具，比如调试、语法高亮、Project 管理、代码跳转、智能提示、自动完成、单元测试、版本控制等。以下为安装 PyCharm 和配置 Spark 的 IDE 开发环境，步骤如下：

1. 安装 PyCharm

PyCharm 的下载地址为 http://www.jetbrains.com/pycharm/download/。

图 2-20 为 PyCharm 官网的下载界面，从中可以看出，PyCharm 目前有两个版本可供下载使用，一个是专业（Professional）版，这个是收费的，但对于在校的学生和老师能以教育信箱申请免费使用，每次使用一年，期满后可续期再使用；另一个版本为社区（Community）版，这个是完全免费的，但有些功能不能使用，例如 Web 开发、Python Web 框架、Python 的探查、数据库和 SQL 的支持等，但对于一般的使用，社区版应该够用了。下载后，直接运行安装程序完成安装。

2. PyCharm 相关配置

PyCharm 安装后，在 PyCharm 中进行 Spark 程序的开发，还需要进行相关环境变量的配置，目的是让在程序代码中可以使用 Spark 的 pyspark。具体过程如下：

(1) 打开 PyCharm，创建一个 Project。在 File 菜单中创建一个项目，然后选择这个项目右键选择新建一个 Python 文件（假设为 test01.py），如图 2-21 所示。

选中建立的 Python 文件，右键，选择 run "test01"，如图 2-22 所示。

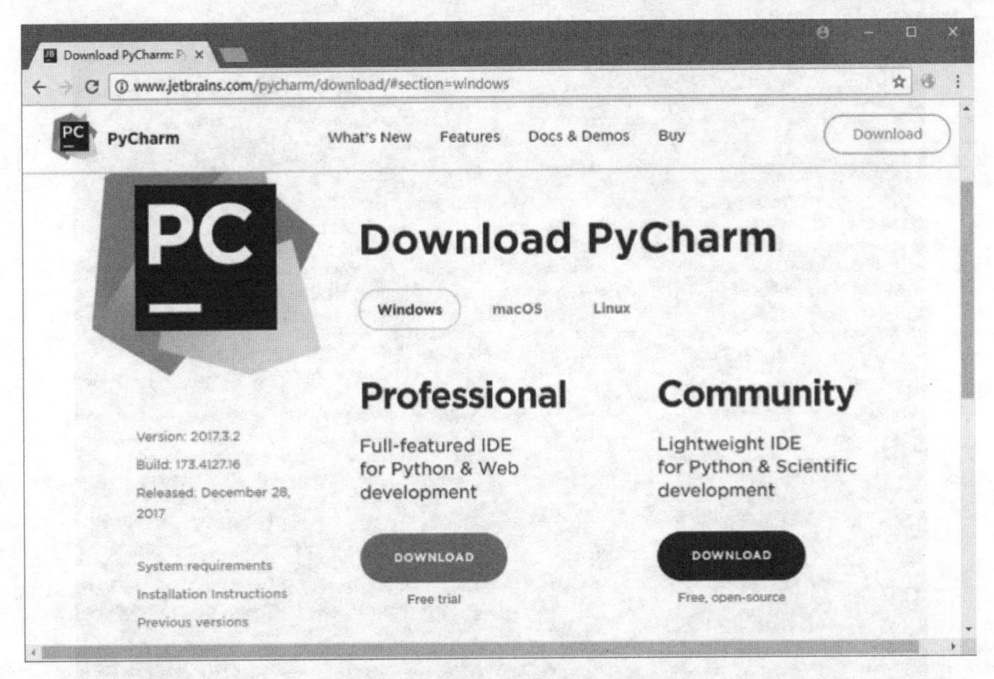

图 2－20　PyCharm 官网的下载界面

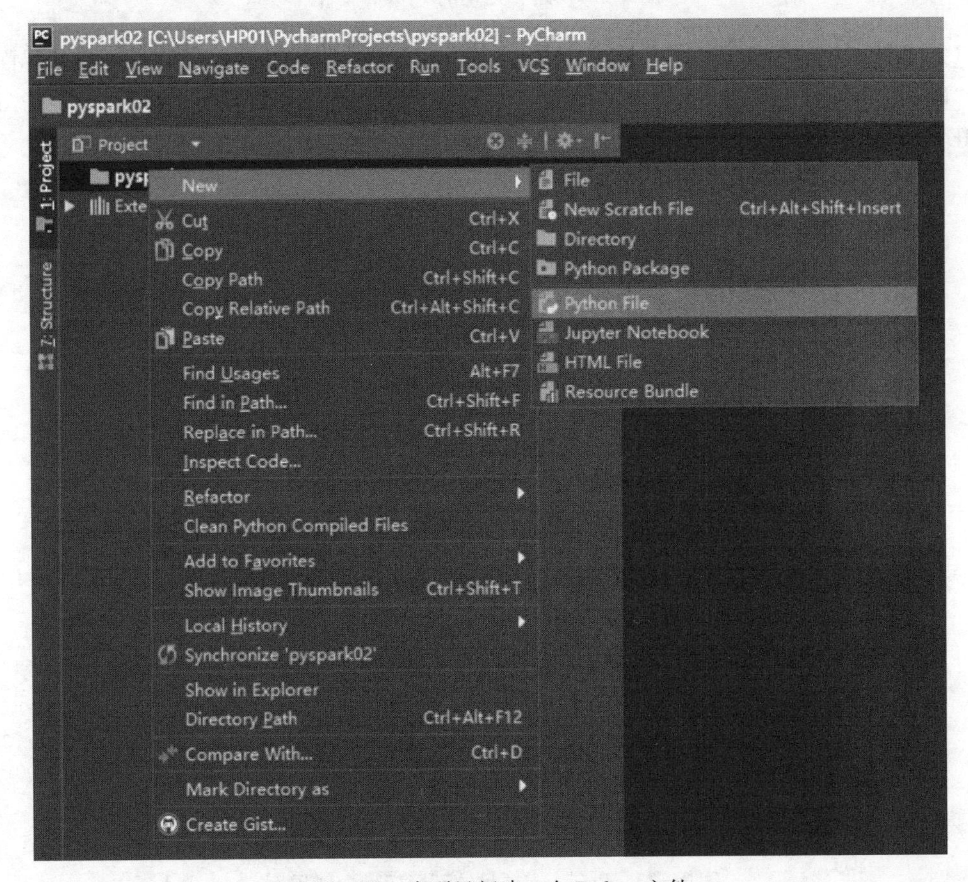

图 2－21　为项目新建一个 Python 文件

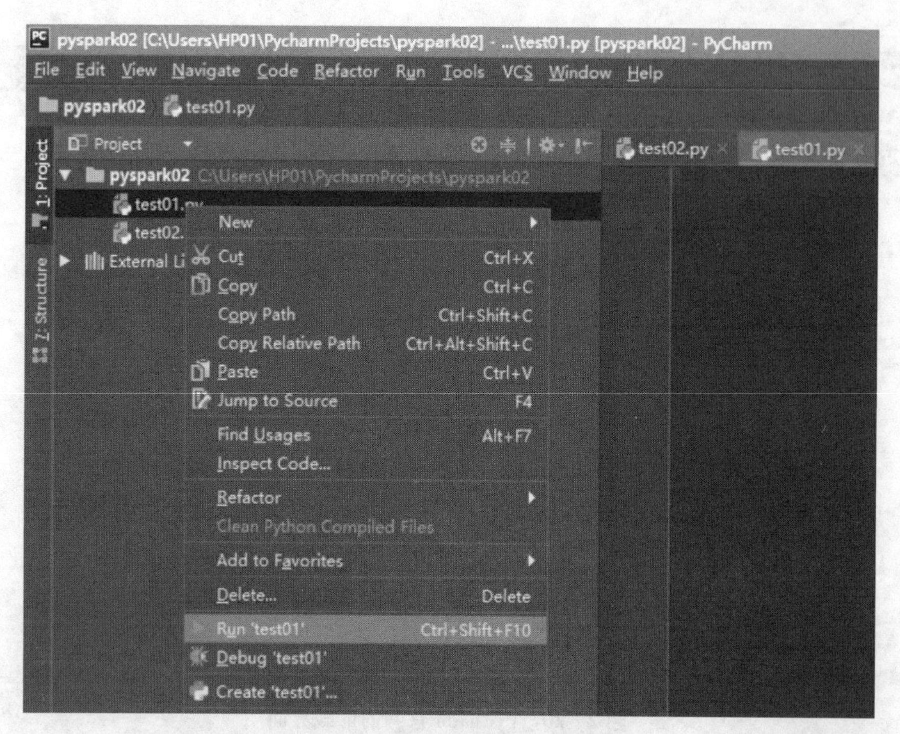

图 2-22 运行建立的 Python 文件

(2) 菜单中选择"Run" ->"Edit Configurations"。出现的界面如图 2-23 所示,在此界面中,选择"Environment variables"可增加环境变量。如果在前面的 Spark 安装中没有设置 SPARK_HOME 环境变量,则需添加环境变量 SPARK_HOME,如果已经有该环境变量则不需要添加。

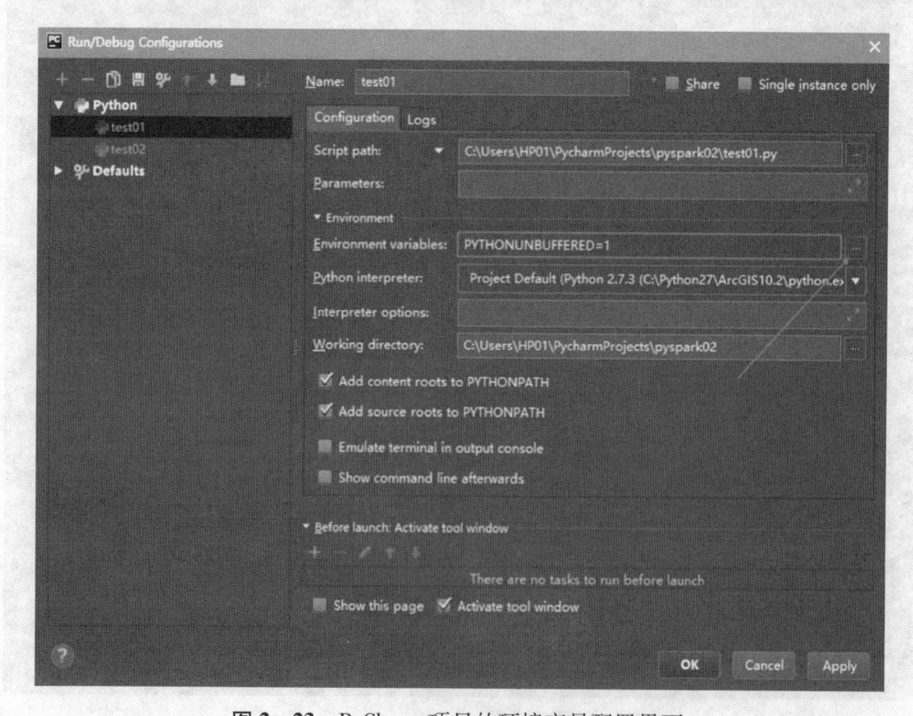

图 2-23 PyCharm 项目的环境变量配置界面

添加环境变量 PYTHONPATH(也可以在系统中添加该环境变量,这样每个项目就都不用再添加该环境变量),让程序能找到 pyspark,值为“Spark 的安装目录\python”(这里是 Windows 系统。如果是 Linux 系统,则路径中的“\”换成“/”,以下同)

(3) 添加 py4j。py4j 允许用 Python 编译的 Python 项目可以动态使用 Java 虚拟机中的 Java 对象,并让 Java 虚拟机返回 Python 对象。为了使编写的代码能找到和使用 py4j,需要在(2)步所建项环境变量 PYTHONPATH 的后面添加“spark 安装目录\python\lib\py4j-0. 10. 4-src. zip”,中间以“;”为分割(这里是 Windows 系统,如果是 Linux 系统,则“;”换成“:”)。环境变量配置好后的结果如图 2 - 24 所示。

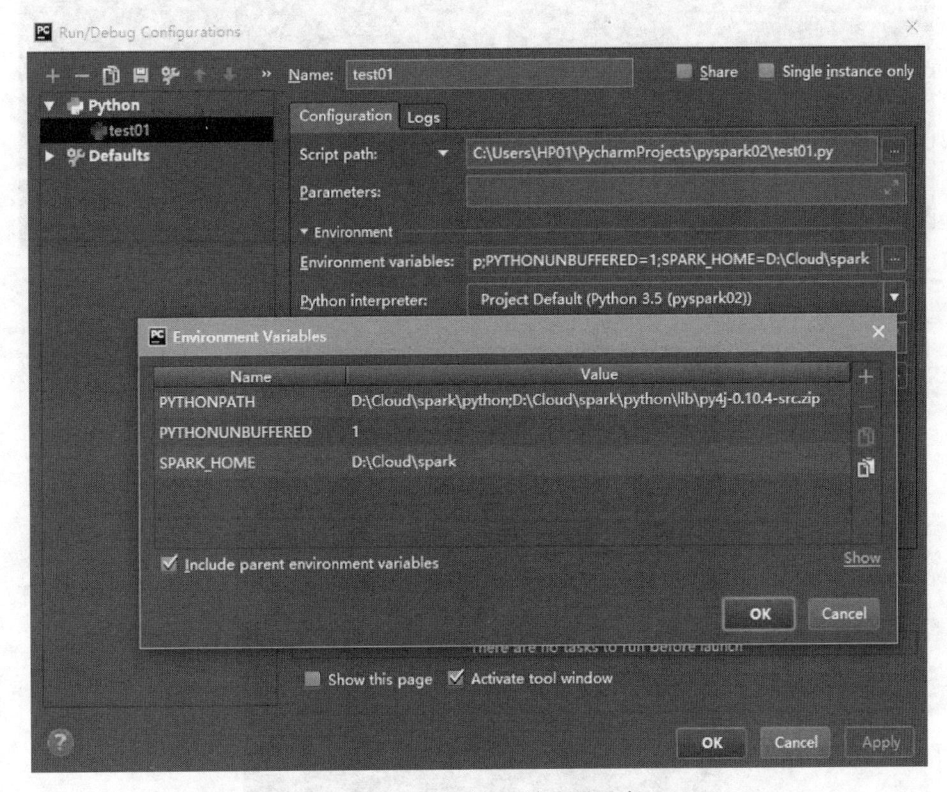

图 2 - 24　设置的环境变量示意

(4) 增加 pyspark 代码的自动补全。该步是可选的,只是方便编写 Spark 程序。在 PyCharm 中选 File -> Settings,出现图 2 - 25 界面,在 Project Structure 中,点击“+ Add Content Root”,在出现图 2 - 26 界面时,在列表框中找到“Spark 安装路径\python”,如图 2 - 26 所示。

(5) 代码测试。在(1)步中建好的 python 文件中输入以下代码。

```
1. from pyspark import SparkContext

2. if __name__ == '__main__':
3.     inputFile = "D:\Cloud\spark\README. md"
```

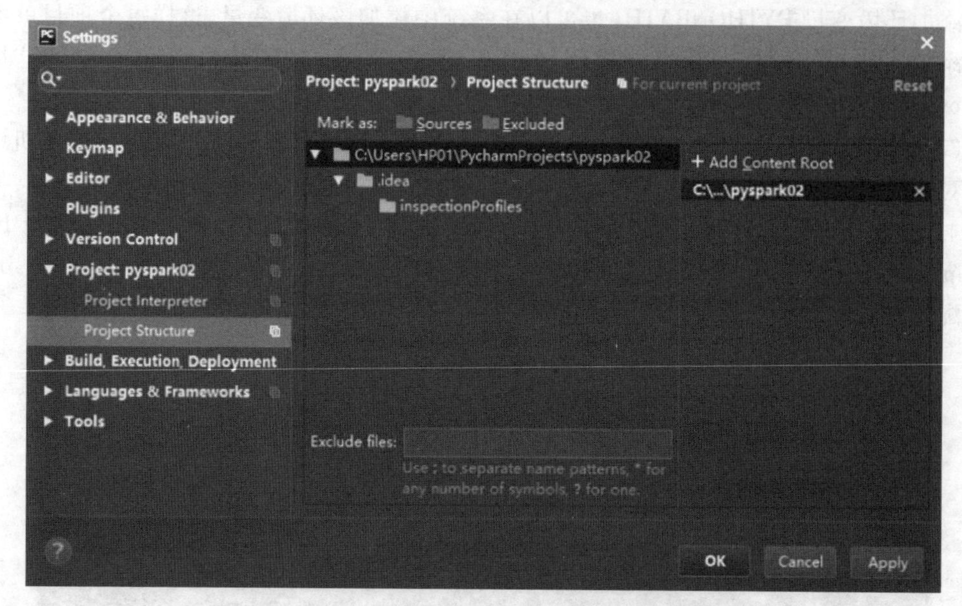

图 2-25　设置 Project Structure 项

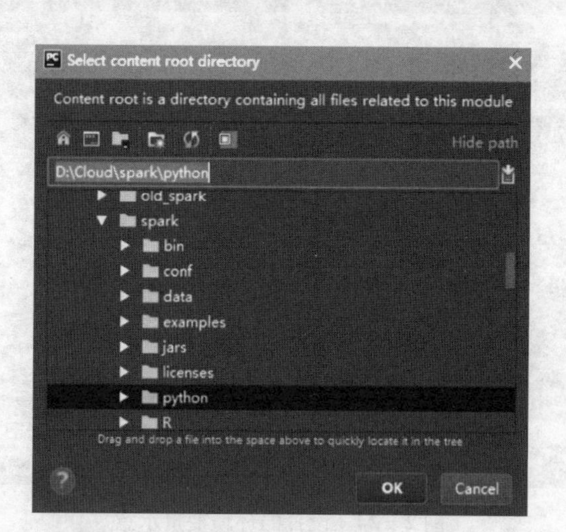

图 2-26　选择 spark 下的 python 目录

```
4.      sc = SparkContext("local","Simple App")
5.      logData = sc.textFile(inputFile).cache()
6.      numAs = logData.filter(lambda s: 'a' in s).count()
7.      numBs = logData.filter(lambda s: 'b' in s).count()
8.      print("Lines with a: %i, lines with b: %i"%(numAs, numBs))
```

然后选中这个文件，选择运行该文件，出现的结果应为：

```
Lines with a: 61, lines with b: 30
```

附：如果不想对工程设置以上的环境变量，也可以在代码中设置这些变量（代码中的第 4、6、7 行），见如下代码。

```
1. import sys
2. import os

3. # Path for spark source folder
4. os.environ['SPARK_HOME'] = "D:\Cloud\spark"

5. # Append pyspark to Python Path
6. sys.path.append("D:\Cloud\spark\python")
7. sys.path.append("D:\Cloud\spark\python\lib\py4j-0.10.4-src.zip")

8. from pyspark import SparkContext
9. if __name__ == '__main__':
10.        inputFile = "D:\Cloud\spark\README.md"
11.        sc = SparkContext("local","Simple App")
12.        logData = sc.textFile(inputFile).cache()
13.        numAs = logData.filter(lambda s: 'a' in s).count()
14.        numBs = logData.filter(lambda s: 'b' in s).count()
15.        print("Lines with a: %i, lines with b: %i"%(numAs, numBs))
```

2.6　Spark 的监控管理

监控 Spark 应用运行情况有 Web UI, metrics 以及外部工具等多种方式。本节主要介绍 Spark 自带的 Spark Web UI，通过提供的 Web UI 可以查看建好的集群运行情况，以及 Spark 作业提交后 Spark 系统在运行的作业状态情况。

2.6.1　集群监控

对于 Spark Standalnone 模式，当集群启动后（启动模式见 2.2.2 节），可以通过访问 http://MasterURL: 8080 地址，可以查看所有启动的集群的相关信息，包括的目前集群中 Worker 的数目，每个 Worker 的 ID、地址、CPU 的核数、目前是否存活以及分配的内存情况等，如图 2-27 所示。

附：如果使用的是 Hadoop Yarn 集群，也可以用 Web 界面来查看运行状态，缺省访问地址为 http://ResourceManagerURL:8088，具体可查看文献[7]。

2.6.2　应用程序监控

Spark 程序运行时，会创建一个 SparkContext，程序通过这个 SparkContext 来负责和整个

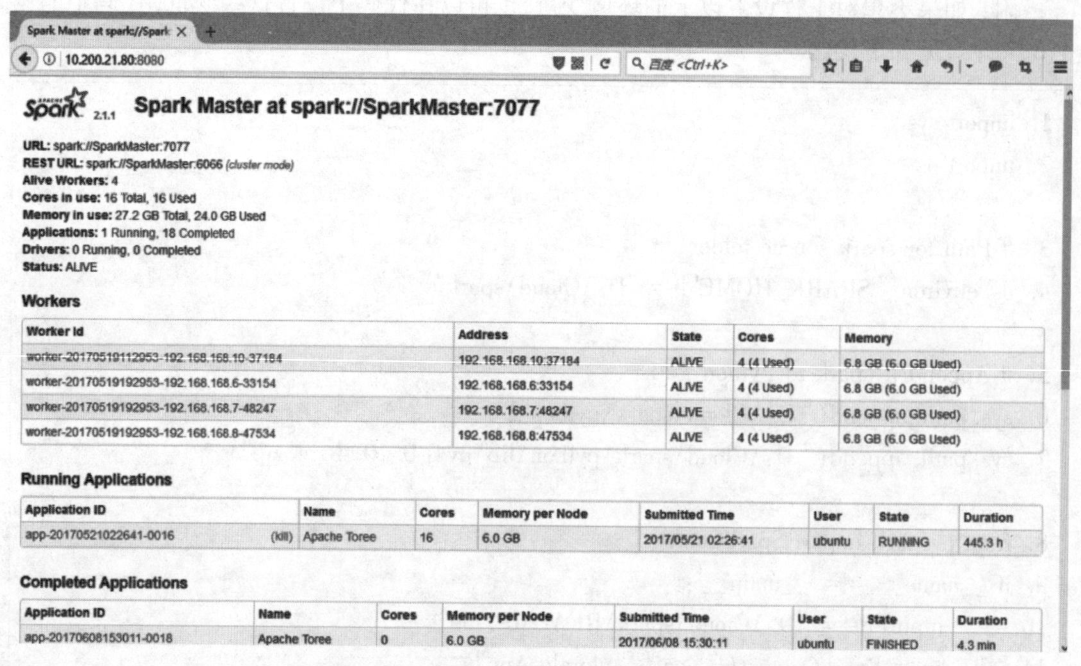

Worker Id	Address	State	Cores	Memory
worker-20170519112953-192.168.168.10-37184	192.168.168.10:37184	ALIVE	4 (4 Used)	6.8 GB (6.0 GB Used)
worker-20170519192953-192.168.168.6-33154	192.168.168.6:33154	ALIVE	4 (4 Used)	6.8 GB (6.0 GB Used)
worker-20170519192953-192.168.168.7-48247	192.168.168.7:48247	ALIVE	4 (4 Used)	6.8 GB (6.0 GB Used)
worker-20170519192953-192.168.168.8-47534	192.168.168.8:47534	ALIVE	4 (4 Used)	6.8 GB (6.0 GB Used)

Application ID	Name	Cores	Memory per Node	Submitted Time	User	State	Duration
app-20170521022641-0016 (kill)	Apache Toree	16	6.0 GB	2017/05/21 02:26:41	ubuntu	RUNNING	445.3 h

Application ID	Name	Cores	Memory per Node	Submitted Time	User	State	Duration
app-20170608153011-0018	Apache Toree	0	6.0 GB	2017/06/08 15:30:11	ubuntu	FINISHED	4.3 min

图 2-27 Spark Standalone 集群的监控界面

集群的交互,包括申请集群资源、创建 RDD、accumulators 及广播变量等。从本质上来说,SparkContext 是 Spark 的对外接口,负责向调用者提供 Spark 的各种功能。

每个 SparkContext 都会启动一个 Web UI,其默认端口为 4040,并且这个 Web UI 能展示很多有用的 Spark 应用相关信息。主要包括:

① 一个 stage 和 task 的调度列表;

② 一个关于 RDD 大小以及内存占用的概览;

③ 运行环境相关信息;

④ 运行中的执行器相关信息。

只需打开浏览器,输入 http://MasterURL:4040 即可访问该 Web 界面(端口号可以通过 spark.ui.port 参数修改)。如果有多个 SparkContext 在同时运行中,那么它们会从 4040 开始,按顺序依次绑定端口(4041,4042,…,等)。图 2-28 为运行状态显示的例子。

注意,在默认情况下,这些信息只有在 Spark 应用运行期内才可用。如果需要在 Spark 应用退出后仍然能在 Web UI 上查看这些信息,则需要在应用启动前,将 spark.eventLog.enabled 设为 true。这项配置将会把 Spark 事件日志都记录到持久化存储中。

此外,以下是几个可以用以分析 Spark 性能的外部工具。

① 集群整体监控工具,如:Ganglia,可以提供集群整体的使用率和资源瓶颈视图。比如,Ganglia 的仪表盘可以迅速揭示出整个集群的工作负载是否达到磁盘、网络或 CPU 限制。

② 操作系统分析工具。如:dstat,iostat,以及 iotop,可以提供单个节点上细粒度的分析剖面。

③ JVM 工具可以帮助你分析 JVM 虚拟机,如:jstack 可以提供调用栈信息,jmap 可以转储堆内存数据,jstat 可以汇报时序统计信息,jconsole 可以直观地探索各种 JVM 属性,这对于熟悉 JVM 内部机制非常有用。

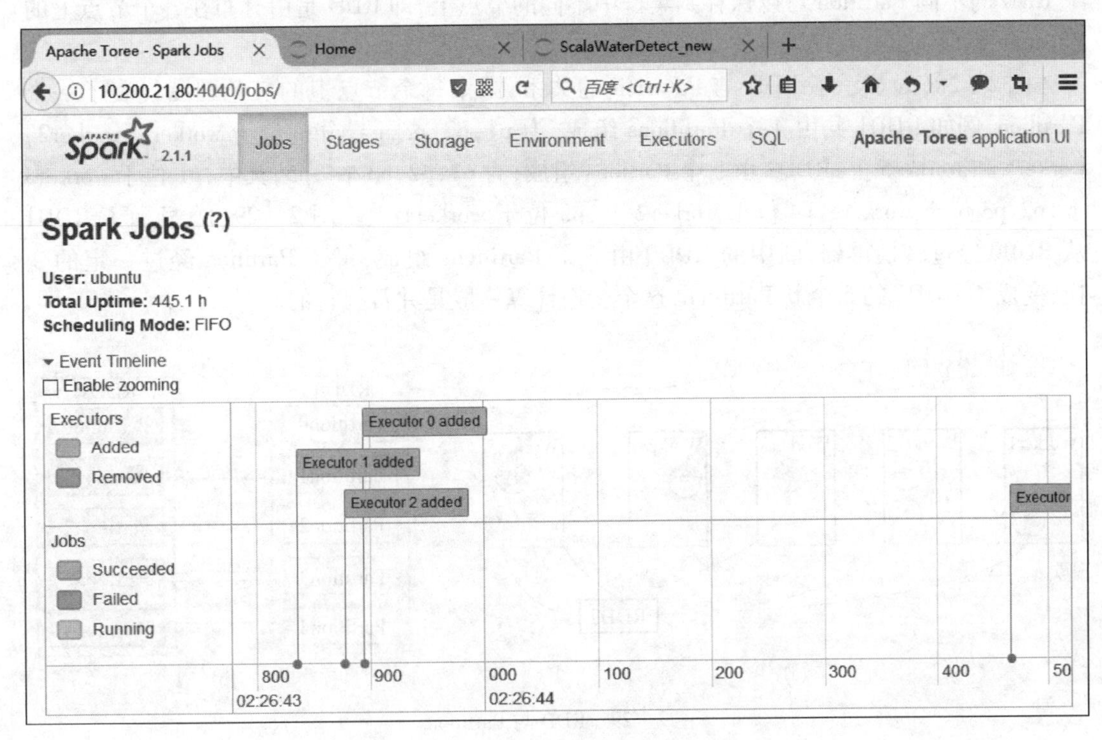

图 2-28　Spark 应用的运行监控界面

2.7　Spark RDD

2.7.1　RDD 概念

RDD(resilient distributed dataset,弹性分布式数据集)是 Spark 中最核心的概念,是 Spark 中对数据和计算的抽象,RDD 内部可以封装任意类型的数据,有了统一抽象的 RDD,Spark 可以用一致的方式处理不同的大数据应用场景,包括 MapReduce、Streaming、SQL、Machine Learning 以及 Graph 等。为了分布式并行地处理数据,Spark 将需要处理的数据转化为 RDD,然后在 RDD 上进行一系列的运算,从而得到最后的结果。

RDD 是一种只读的、有容错机制的分布式数据集合,数据集合分布存储在集群多台节点的内存或磁盘上,并提供了丰富的 API,如 map,flatMap,filter,reduce 等来并行操作数据。RDD 的弹性体现在在计算过程中内存不够时它会和磁盘进行数据交换。RDD 的只读指 RDD 不能直接修改,只能从数据集合来创建或从其他的 RDD 上执行转换操作来创建新的 RDD。RDD 中所包含的数据可以为 Python、Java、R,或 Scala 的任意数据对象,也可为用户自定义的类型数据。RDD 的生成方式只有两种:一是从数据源读入生成,另一种就是从其他 RDD 通过转换操作生成。

在 Spark 中,分区(Partition)是 RDD 的最小数据单元,RDD 本质上是一个只读的 Partition 记录集合,每个 RDD 可以分成多个 Partition,每个 Partition 就是数据集片段,并且一个 RDD 的不同 Partition 可以保存到集群中不同的节点上,即 RDD 是由分布在各个节点上的 Partition 组成的。

图 2-29(a)显示了 RDD 与 Partition 的关系,图中每个节点上的灰色圆圈代表了一个 Partition,例如 RDD1 共由 4 个 Partitions 组成,为 p1,p2,p3,p4,分别位于 worker1,worker2,worker4 和 worker5 上;RDD2 由 5 个 Partions 组成,为 p1,p2,p3,p4,p5,其中,p1 位于 worker3 上,p2,p3 位于 worker5,p4 位于 worker2 上,p5 位于 worker1 上。图 2-29(b)显示了 RDD1 从 RDD0 经过转换得到,图中的 RDD0 由 5 个 Partitions 组成,每个 Partition 经过一定的变换,变成了 RDD1 的 5 个新 Partition,这个变换计算一般是并行执行的。

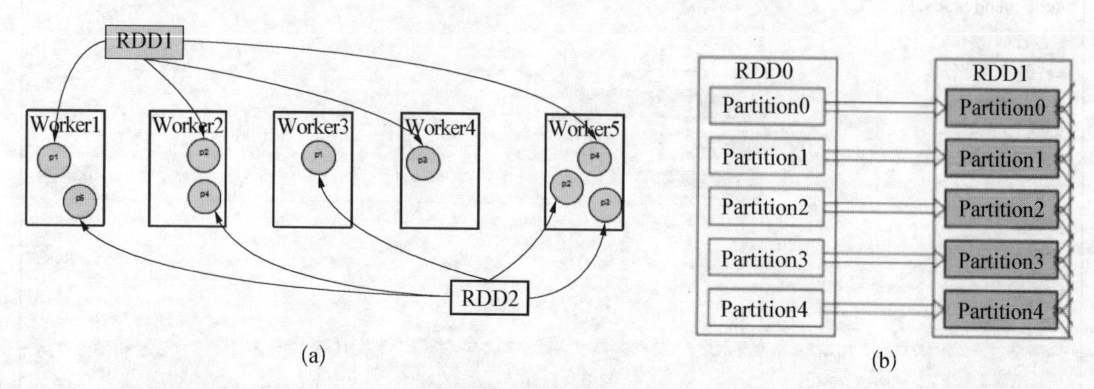

图 2-29 RDD 与 Partition

每个 RDD 都可以用下面 5 个特性来表示,其中后两个为可选。

(1) 组成 RDD 的分片列表。RDD 是被分区的,每个分区(Partition)都会由一个计算任务(Task)来处理,分区的数量决定了并行计算的数量,也决定了对 RDD 进行并行计算的并行度。在产生 RDD 时候可以指定其分区数,如果不指定分区数,则采用默认值,系统默认的分区数是这个程序所分配到的资源的 CPU 核(CPU Core)的数目。如果是从 HDFS 文件创建,则默认一个 HDFS 上的块(Block)就对应了一个 RDD 的 Partition。

(2) 为每个分片计算的函数。每个 RDD 都会有计算函数,Spark 的 RDD 计算函数是以 Partition 为基本单位的,每个 RDD 都会实现计算函数来对 Partition 进行计算,由于 Partition 是并行的,所以这个计算也是分布式并行的。

(3) 对父 RDD 的依赖列表。一个 RDD 通过转换会生成新的 RDD,这样 RDD 之间会形成 RDD 的前后依赖关系,新生成的 RDD 称为子 RDD,原来的 RDD 称为父 RDD。子 RDD 有了对父 RDD 的依赖列表,就能够回溯到父 RDD,为容错等提供支持。RDD 的依赖分为两种窄依赖(narrow dependency)和宽依赖(wide dependency)。

(4) 对键值对(key-value)类型的 RDD 的分区器(Partitioner)(该项为可选)。每个键值对形式的 RDD 都有分区器(Partitioner),在 Spark 中分区器直接决定了 RDD 如何分区,包括 RDD 中分区的个数,RDD 中每条数据经过 Shuffle 过程属于哪个分区和 Reduce 的个数。这三点看起来是不同的方面的,但其深层的含义是一致的。只有键值对类型的 RDD 才有分区器,非键值对类型的 RDD 分区的值是 None。Partitioner 共有两种实现,分别是 HashPartitioner 和 RangePartitioner。

(5) 每一分片的优先计算位置,比如 HDFS 的 block 的所在位置应该是优先计算的位置。一个列表,存储存取每个 Partition 的优先位置(preferred location)。对于一个 HDFS 文件来说,这个列表保存的就是每个 Partition 所在的块的位置。按照“移动数据不如移动计算”的理念,Spark 在进行任务调度的时候,会尽可能地将计算任务分配到其所要处理数据块的存储位置。

虽然 Spark 是基于内存的计算,但 RDD 不光可以存储在内存中,根据 useDisk、useMemory、useOffHeap、deserialized 和 replication 五个参数的组合 Spark 提供了 12 种存储级别。

一个典型的 Spark 程序就是通过 Spark 上下文环境(SparkContext)生成一个或多个 RDD,在这些 RDD 上通过一系列的 transformation 操作生成最终的 RDD,最后通过调用最终 RDD 的 action 方法输出结果。

2.7.2　RDD 依赖

RDD 提供了许多转换操作,由于 RDD 是粗粒度的操作数据集,每个转换操作会生成新的 RDD,这样新的 RDD 就会依赖于原有的 RDD,这种 RDD 之间的依赖关系最终可形成有向无环图 DAG(Directed Acyclic Graph)。有了 DAG 图,DAGSchedular 就可以根据 RDD 之间的依赖关系,划分出 Stage。然后将 Stage 中的 taskSet 提交给 TaskSchedular,TaskSchedular 会将这些任务分发到 Worker 节点进行计算。

RDD 之间的依赖关系分为两种,分别是窄依赖(Narrow Dependency)和宽依赖(Wide Dependency)。宽依赖从子 RDD 的角度来说是子 RDD 的每个 Partition 都依赖于父 RDD 的所有 Partition,从父 RDD 的角度来说是一个父 RDD 的 Partition 会被多个子 RDD 的 Partition 所使用;窄依赖从子 RDD 的角度来说是子 RDD 只依赖父 RDD 的部分 Partition,从父 RDD 的角度来说一个父 RDD 的 Patition 最多只能被多个子 RDD 的一个 Partition 所使用。图 2-30 是 RDD 的宽依赖和窄依赖的示意图。

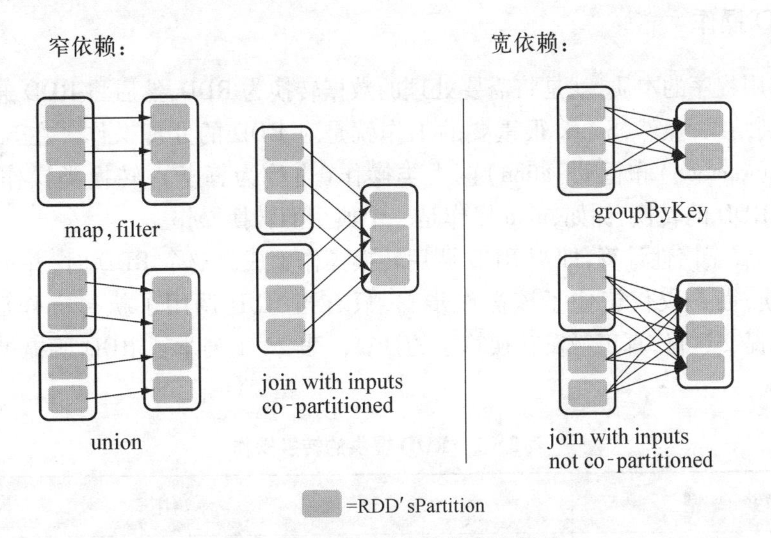

图 2-30　RDD 的宽依赖和窄依赖

总之,如果父 RDD 的一个 Partition 被一个子 RDD 的 Partition 所使用就是窄依赖,否则的话就是宽依赖。

有了 RDD 的依赖关系，Spark 就可以生成 DAG 图，并以此图来划分 Stage，其整体思路是从后往前推，遇到宽依赖就断开，划分为一个 Stage；遇到窄依赖就将这个 RDD 加入该 Stage 中。图 2－31 是一个 Spark 中的 Stage 划分示意图，共有三个 Stages。图 2－31 中整个过程分为三步，首先是从 HDFS 中读入数据生成 3 个不同的 RDD，然后通过一系列 Transformation 操作，最后通过 Action 操作将计算结果保存回 HDFS。根据依赖的定义，可知图 2－31 中的 DAG 中只有 join 操作是一个宽依赖，Spark 内核会以此为边界将其前后划分成不同的 Stage。在图 2－31 中 Stage2 中，从 map 到 union 都是窄依赖，这两步操作可以形成一个流水线操作，通过 map 操作生成的 Partition 可以不用等待整个 RDD 计算结束，而是继续进行 union 操作，这样大大提高了计算的效率。

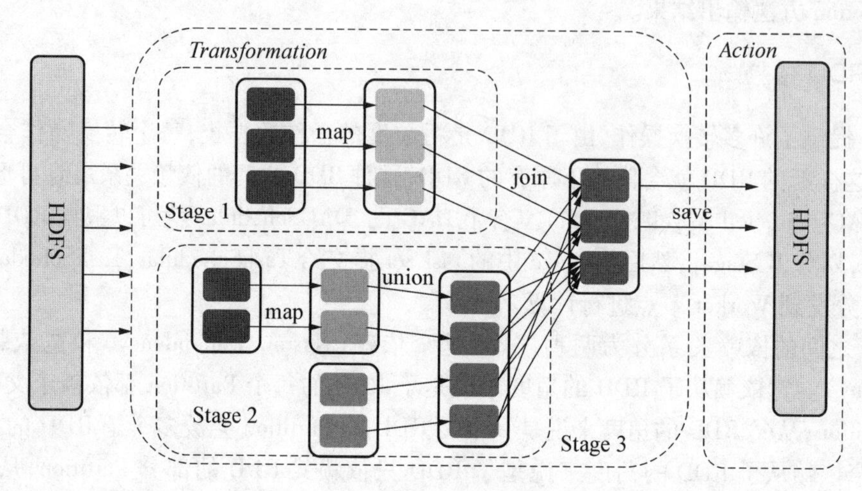

图 2－31　Spark 中的划分

2.7.3　RDD 操作

Spark 应用程序的本质，就是将需要处理的数据转换为 RDD，然后将 RDD 通过一系列操作处理后得到结果，显然，Spark 很重要的工作就是对 RDD 的处理操作。在 Spark 中，RDD 有转换（transformation）和行动（ation）两大类操作（也称为算子），转换类操作完成从一个 RDD 到另一 RDD 的转换，例如，map 操作是一个典型的转换操作。

转换操作属于惰性计算，即当 RDD 调用转换操作生成另一个 RDD 时，并不是调用后就立即进行转换，而是仅仅记住了该操作步骤，只有当 RDD 调用了执行操作后，才会进行 Spark 作业的提交运行，真正触发转换算子的计算。表 2－1 列举了 RDD 所提供的所有转换操作及其含义。

表 2－1　RDD 提供的转换操作

函数原型	作　　用
map(func)	新 RDD 中的数据由原 RDD 中的每个数据通过函数 func 得到
filter(func)	新 RDD 中的数据由原 RDD 中每个能使函数 func 返回 true 值的数据组成

续　表

函数原型	作　　用
flatMap(func)	类似于 map 转换,但 func 的返回值是一个 Seq 对象,Seq 中的元素个数可以是 0 或者多个
mapPartitions(func)	类似于 map 转换,但 func 的输入不是一个数据项,则是一个分区,若 RDD 内数据类型为 T,则 func 必须是 Iterator<T> => Iterator<U>类型
mapPartitionsWithIndex(func)	类似于 mapPartitions 转换,但 func 的数据还多了一个分区索引,即 func 类型是(Int, Iterator<T> => Iterator<U>)
sample(withReplacement, fraction, seed)	对 fraction 中的数据进行采样,可以选择是否要进行替换,需要提供一个随机数种子
union(otherDataset)	新 RDD 中数据是原 RDD 与 RDD otherDataset 中数据的并集
Intersection(otherDataset)	新 RDD 中数据是原 RDD 与 RDD otherDataset 中数据的交集
distinct([numTasks])	新 RDD 中数据是原 RDD 中数据去重的结果
groupByKey([numTasks])	原 RDD 中数据类型为(K, V)对,新 RDD 中数据类型为(K, Iterator(V))对,即将相同 K 的所有 V 放到一个迭代器中
reduceByKey(func, [numTasks])	原 RDD 和新 RDD 数据的类型都为(K, V)对,让原 RDD 相同 K 的所有 V 依次经过函数 func,得到的最终值作为 K 的 V
aggregateByKey (zeroValue)(seqOp, combOp, [numTasks])	原 RDD 数据的类型为(K, V),新 RDD 数据的类型为(K, U),类似于 groupbyKey 函数,但聚合函数由用户指定。键值对的值的类型可以与原 RDD 不同
sortByKey([ascending], [numTasks])	原 RDD 和新 RDD 数据的类型为(K, V)键值对,新 RDD 的数据根据 ascending 的指定顺序或者逆序排序
join(otherDataset, [numTasks])	原 RDD 数据的类型为(K, V),otherDataset 数据的类型为(K, W),对于相同的 K,返回所有的(K, (V, W))
cogroup(otherDataset, [numTasks])	原 RDD 数据的类型为(K, V),otherDataset 数据的类型为(K, W),对于相同的 K,返回所有的(K, Iterator<V>, Iterator<W>)
catesian(otherDataset)	原 RDD 数据的类型为 T,otherDataset 数据的类型为 U,返回所有的(T, U)
pipe(command, [envValue])	令原 RDD 中的每个数据以管道的方式依次通过命令 command,返回得到的标准输出
coalesce(numPartitions)	减少原 RDD 中分区的数目至指定值 numPartitions
repartition(numPartitions)	修改原 RDD 中分区的数目至指定值 numPartitions

相对于转换操作,行动操作的作用是向驱动(driver)程序返回结果值或者将结果值写入到外部存储系统当中。例如典型的 reduce 行动操作会使用一个指定函数让 RDD 中的所有数据做一次聚合,使运算的结果返回。表 2-2 展示了 RDD 所提供的所有动作操作及其含义。

表 2-2 RDD 提供的动作操作

函数原型	作用
reduce(func)	令原 RDD 中的每个值依次经过函数 func,func 的类型为(T, T) = > T,返回最终结果
collect()	将原 RDD 中的数据打包成数组并返回
count()	返回原 RDD 中数据的个数
first()	返回原 RDD 中的第一个数据项
take(n)	返回原 RDD 中前 n 个数据项,返回结果为数组
takeSample (withReplacement, num, [seed])	对原 RDD 中的数据进行采样,返回 num 个数据项
saveAsTextFile(path)	将原 RDD 中的数据写入到文本文件当中
saveAsSequenceFile (path) (Java and Scala)	将原 RDD 中的数据写入到序列文件当中
savaAsObjectFile(path)(Java and Scala)	将原 RDD 中的数据序列化并写入到文件当中。可以通过 SparkContext. objectFile()方法加载
countByKey()	原 RDD 数据的类型为(K, V),返回 hashMap(K, Int),用于统计 K 出现的次数
foreach(func)	对于原 RDD 中的每个数据执行函数 func,返回数组

2.7.4 广播变量与累加器

分布式编程与传统编程有着很大的区别,不可能像传统编程一样,直接在程序中声明一个全局变量,然后在分布式编程中直接使用。因为在分布式编程环境下代码会被分发到多台机器(在默认情况下,一个 Spark 程序也会被拆分为多个任务以分布式的方式运行在集群上的多个节点上),导致全局变量失效。

在 Spark 中,当向 RDD 操作(例如转换操作 map,reduce)传递一个函数时(这个函数用来对 RDD 中的元素进行处理),这个函数会在集群的多个节点上执行。如果函数中使用到在驱动程序中定义的变量,那么这些变量的值会被拷贝到每个任务中,即每个任务得到了这些变量的一份新副本,这些变量副本在每个节点上的所有更新都不会影响驱动程序中对应的变量。所以,如果多个任务想要共享某个变量,显然这种方式是做不到的。但在实际的应用编程时,有时需要在任务间共享的全局变量,针对这种需求,Spark 提供了两种共享变量,一种是 broadcast variable(广播变量),另一种是 accumulator(累加变量)。

(1) 广播变量。广播变量允许程序员将一个只读的变量发送到每个 Slave 节点上,供节点的任务使用,而不用在任务之间传递变量。如果要在分布式计算里面分发大对象,例如字典,集合,黑白名单等,这个都会用驱动程序进行分发,一般来讲,如果这个变量不是广播变量,那么每个任务就会分发一份,这在任务数目十分多的情况下驱动端的带宽会成为系统的瓶颈,如果将这个变量声明为广播变量,那么只向每个工作节点发送一份,节点上的任务会共享这个变量,节省了通信的成本。图2-32给出了不使用广播变量和使用广播变量的区别,左边是没有使用广播变量的情景,右边是使用了广播变量的情景。

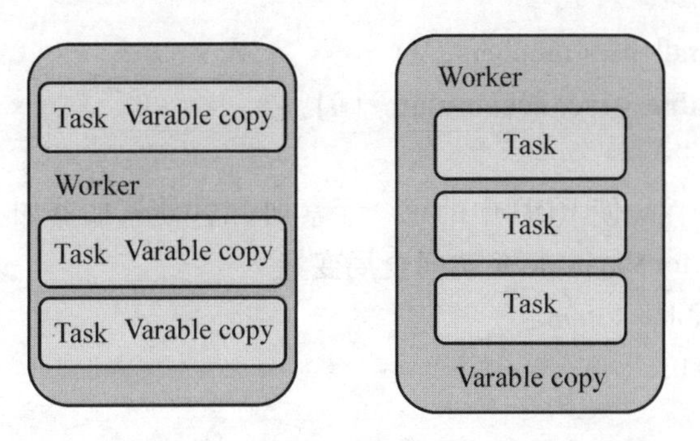

图2-32　不使用广播变量和使用广播变量的对比

Spark编程中,通过在一个变量v上调用SparkContext. broadcast(v)可以创建广播变量。广播变量是围绕着v的封装,可以通过value方法访问这个变量。广播变量的基本使用举例如下。

```
1. factor=2
2. sc = SparkContext(" local"," Broadcast Test App")
3. brodacastvalue = sc. broadcast(factor)
4. list = [1, 2, 3, 4, 5, 6, 7, 8, 9]
5. listRDD = sc. parallelize(list,2)
6. listmap = listRDD. map(lambda s: s * brodacastvalue. value)
7. print(listmap. collect())
```

运行结果为:

```
[2, 4, 6, 8, 10, 12, 14, 16, 18]
```

(2)累加器。Spark提供的累加器(Accumulator),主要用于多个节点对一个变量进行共享性的操作。累加器只提供了累加的功能,实现多个任务(Task)对一个变量并行操作的功能。但是任务只能对累加器进行累加操作,不能读取它的值。只有驱动程序可以读取累加器的值。

在Spark应用程序中,经常会有这样的需求,如异常监控,调试,记录符合某特性的数据的数目,这种需求都需要用到计数器,如果一个变量不被声明为一个累加器,那么它将在被改变时不会在驱动端进行全局汇总,即在分布式运行时每个任务运行的知识原始变量的一个副本,并不能改变原始变量的值,但是当这个变量被声明为累加器后,该变量就会有分布式计数的功能。

累加器通过对一个初始化了的变量v调用SparkContext. accumulator(v)来创建。在集群上运行的任务可以通过add或者"+="方法在累加器上进行累加操作,驱动程序通过累加器的value方法读取它的值。广播变量的基本使用举例如下。

```
1. sc = SparkContext(" local"," Accumulator Test App")
2. numbers = [1, 2, 4, 5, 7, 9]
3. numRDD = sc. parallelize( numbers, 2)
4. accumulatorVariable = sc. accumulator(0)

5. def test_add( item) #   使 RDD 中的每个元素加 1,并使累加器加上元素的值
    global accumulatorVariable # 访问全局变量
    accumulatorVariable+=item
    new_item=item+1
    return new_item

6. testRDD = numRDD. map( test_add)
7. print( testRDD. collect ( ))
8. print( accumulatorVariable. value)
```

运行结果为:

```
[2, 3, 5, 6, 8, 10]
28
```

2.8 编程的基本步骤

Spark 编程的基本步骤主要包括创建 Spark 上下文(SparkContext)、创建 RDD、对 RDD 进行各种运算操作和最后的运算结果输出。

2.8.1 创建 Spark 上下文

在 Spark 中数据的操作不外乎创建 RDD、转化已有的 RDD 以及调用 RDD 操作进行求值,为了创建 RDD 需要首先建立 SparkContext 即 Spark 上下文,有了 Spark 上下文后就可以创建 RDD。在 Spark 的早期版本,SparkContext 是进入 Spark 的切入点。而对于 RDD 之外的其他东西,需要使用其他的 Context,比如对于流处理来说,需要使用 StreamingContext;对于 SQL 得使用 sqlContext;而对于 hive 得使用 HiveContext。

在 Spark 2. 0,引入了 SparkSession,作为一个新的切入点并且包含了 SQLContext 和 HiveContext 的功能。SparkSession 实质上是 SQLContext 和 HiveContext 的组合(未来可能还会加上其他的 Contex),所以在 SQLContext 和 HiveContext 上可用的 API 在 SparkSession 上同样是可以使用的。Spark 的设计是向后兼容的,所有 SQLContext 和 HiveContext 相关的 API 在 Spark 2. 0 还是可以使用的,但官方建议尽量在 Spark 2. 0 中使用它。SparkSession 内部还封装了 SparkContext,所以计算实际上是由 SparkContext 完成的。下面代码显示了如何创建

SparkSession。

from pyspark. sql import SparkSession #　使用 SparkSession 需要导入模块

```
sparkSession1 = SparkSession\
    . builder. master(" local") \
    . appName(" spark session example") \
    . getOrCreate( )
```

以下代码为利用创建好的 SparkSession 对象 sparkSession1 读取位于“Spark 安装目录/examples/src/main/resources”目录下的 people. json 文件的内容构建一个 Spark 的 DataFrame，并显示。

```
df = sparkSession1. read. json(" spark 安装目录
/examples/src/main/resources/people. json")
df. show( )
```

2.8.2　构建 RDD

Spark 需要将处理的数据变成 Spark 的 RDD，创建 RDD 是使用 Spark 处理和分析数据的第一步。在 Spark 中，有两种创建 RDD 的方法：一种是在驱动程序中将一个集合类型数据（例如 list、set 等数据类型）进行并行化，分布到集群中生成 RDD；另外一种是通过加载外部数据源（例如本地文件系统、HDFS 或数据库等）生成 RDD。这两种方式都是通过 SparkContext 的接口函数来提供。

1. 基于集合类型数据创建 RDD

创建时主要用到 SparkContext 的 parallelize 和 makeRDD 两个函数接口（但对 Python 语言 makeRDD 接口函数不可用），下面只是以 parallelize 方法为例介绍，这种生成 RDD 的方法在学习 Spark 时非常有用，它可以在 shell 中快速地创建出 RDD。

Python 中 parallelize( ) 函数的原型为：parallelize(c, numSlices=None)。

功能为：从一个集合类型数据 c 创建 RDD。其中，参数 c 为集合类数据，如 Pyhton 中的 list，truple，dict，set，range 等数据类型，这个参数调用必须有；参数 numSlices 为将数据划分的分区数，默认为该应用程序分配到的资源的 CPU 核数。

命令行环境下，创建 RDD 的代码示例如下。

```
>>>data = [1, 2, 3, 4, 5]  # 定义一个 list 类数据 data
>>>rdd01 = sc. parallelize(data)  # 从 data 创建 rdd01，分区数为默认分配到的 CPU
核数
>>>rdd02 = sc. parallelize(['dog', 'cat', 'bird', 'pig'], 2)  # 直接从['dog', 'cat', 'bird',
'pig']创建 rdd02，分区数为 2
>>>rdd03 = sc. parallelize(range(100))  # 直接从 range(100)创建 rdd3，分区数为默认
分配到的 CPU 核数
```

2. 基于外部数据源创建 RDD

在实际的 Spark 应用程序开发中,最常见的是需要从外部存储的数据源中读取数据来创建 RDD。Spark 支持很多的外部数据源,常见的三类外边数据源包括文件系统、Spark SQL 中的结构化数据和外部数据库。

(1) 文件系统。Spark 支持文件格式也比较多,包括常见的文件格式：文本文件、JSON 文件、CSV 文件、SequenceFiles、Protocol buffers 和对象文件等。Spark 既可以读取本地文件系统上的文件,也可以读取分布式文件系统上的文件。读本地文件系统中的文件时,要求文件在集群中的所有节点的相同路径下都可以找到。读非本地文件系统的文件时,可根据不同系统的访问路径来访问,例如,如果 Spark 需读取位于 Amazon S3 的文件,则访问路径将是一个以 s3n://开头的路径,例如 s3n://bucket/test_files/test. txt。当然,要从 S3 上读文件,需要有相应的访问权限。如果读取 HDFS 上的文本文件,则访问路径将是一个以 hdfs://开头的路径,具体形式为：hdfs://masterURL：port/path/filename. txt。

① 文本文件读取。通过 SparkContext 读取本地文本文件,示例代码如下,其中,sc 为一个 SparkContext 对象。

input1 = sc. textFile("file:///Users/spark/Cloud/spark/README. txt") # 读位于 Spark 安装目录下的文本文件 README. txt

② JSON 文件读取。Spark 读 JSON 文件可以用 textFile 函数与读普通文件方式一样读,这种方式读后生成的 RDD 里面的元素为文件中的一行数据。除此方法读 JSON 文件外,Spark 还提供了使用 SparkSession 对象读取 JSON 文件的方法。但这种方法读取 JSON 文件后返回的是一个 DataFrame。以下为读取本地 JSON 文件的代码示例,其中 sparkSession 为一个 SparkSession 对象。

```
df = sparkSession. read. json ("/Users/spark/Cloud/spark/
examples/src/main/resources/ people. json") # 读 people. json 文件
df. show( ) # 以表的形式显示读入的内容
```

③ CSV 文件读取。Spark 读 CSV 文件与读 JSON 文件一样。

④ SequenceFile 文件读取。SequenceFile 是由没有相对关系结构的键值对文件组成的常用 Hadoop 格式。SequenceFile 文件有同步标记,Spark 可以用它来定位到文件中的某个点,然后再与记录的边界对齐。这可以让 Spark 使用多个节点高效地并行读取 SequenceFile 文件。SequenceFile 也是 Hadoop MapReduce 作业中常用的输入输出格式,所以如果在使用一个已有的 Hadoop 系统,数据很有可能是以 SequenceFile 的格式供使用的。

在 Spark 中可使用 SparkContext 对象的 sequenceFile (path, keyClass, valueClass, minPartions) 函数来读取,其中 keyClass 和 valueClass 参数都必须使用正确的 Writable 类。例如要从一个文件读取一个字符串和整数的键值对数据,则 keyClass 就是 Text 类型,valueClass 就是 IntWritable 或 VIntWrtable 类型。代码示例为：

```
data = sc. sequenceFile( inFile, "org. apache. hadoop. io. Text", "org. apache. hadoop. io.
IntWritable")
```

⑤ 对象文件读取。对象文件看起来就像是对 SequenceFile 的简单封装,它允许存储只包含值的 RDD。和 SequenceFile 不一样的是,对象文件是使用 Java 序列化写出的。在 Java 或 Scala 中,RDD. saveAsObjectFile( )和 sc. objectFile( )函数用来把 RDD 保存为序列化的 Java 对象,或从读取对象文件数据产生 RDD。但在 Python 中,没有这两个函数,可使用 RDD. saveAsPickleFile( )和 sc. pickleFile( )函数来替换。

(2) Spark SQL 中的结构化数据。SparkSQL 的前身是 Shark,其主要目的是使得用户可以在 Spark 上使用 SQL,它是在 Spark 1.0 中新加入的组件,它能够很方便地操作结构化和半结构化数据。SparkSQL 支持多种机构化数据源作为输入,其数据源既可以是 RDD,也可以是外部的数据源(比如 Parquet、Hive、JSON 等)。由于 SparkSQL 知道数据的结构信息,它还可以从这些数据源中只读取所需的字段。

例如,使用 Spark SQL 可以方便地连接到 Hive(Hive 是 Hadoop 上的一种常见的结构化数据源,可以在 HDFS 上存储各种格式的表)上,然后使用 Hive 查询语言来对 Hive 中的表进行查询,并将返回结果形成 RDD。以下代码为使用 Spark SQL 访问 Hive 中的 users 表的简单示例,注意连接前需要有 Hive 和对 Hive 进行相关配置,并将配置文件 hive-site. xml 文件复制到 Spark 的 conf 目录下。

```
1. from pyspark. sql import HiveContext
2. hiveContext = HiveContext(sc)
3. rows = hiveContext. sql(" SELECT name,age FROM users")
4. fisrtRow = rows. first( )
5. print( firstRow. name)
```

(3) 外部数据库。通过数据库提供的 Hadoop 连接器或者自定义的 Spark 连接器,Spark 还可以访问一些常用的数据剋系统,例如 MySQL、Postgre、Cassandra、MongDB、Hbase 等。具体的连接与访问方法可查阅相关文献。

2.8.3 RDD 的转换

在创建 RDD 以后,接下来就是如何操作 RDD 对象了,可以使用 RDD 的算子(或叫 RDD 的操作),对 RDD 进行各种转换操作产生新的 RDD。具体的 RDD 转换操作可参见 2.7 节。

2.8.4 结果的输出与保存

经过 RDD 的多种转换操作后,最终可以得到计算的结果,通常可能需要将结果保留并展示出来,在 Spark 中,提供了多种结果 RDD 的保存方法,基本上也可分为两大类,一类就是将结果返回到驱动(driver)端的内存中,一类是存放在外存中。

对于第一种,即可以将结果以 collect( )函数,以集合数据类型的形式返回给 driver 程序,由 driver 程序进行存储或显示处理,例如代码所示,分别将 rdd01 中的数据进行本地显示和存储到当前目录下的 data. txt 文件中:

```
1. result=rdd01. collect( ) # 使用 collect 行动操作触发作业的执行,并返回结果到
   driver 端
```

```
2. print(result) # 显示结果
3. file=open('data.txt','w')
4. file.write(str(result)) # 将结果保存到文件
5. file.close( )
```

但是使用这种方式只适合数据量较小的情况,当如果数据量较大,比如有好几个GB或更多,就不太适合这种方法,因为直接collect很可能会消耗尽Spark driver端机器的内存。所以在实际工程中多采用第二种存储方式。

对于第二种,主要是Spark把RDD数据保存到各种分布式存储系统上,包括常见的本地文件系统、Amazon S3,HDFS,常见的分布式数据库系统,像Hbase,Cassandra、MongDB等。下述代码

```
1. from operator import add
2. # 读取 hdfs 数据
3. textFileRDD = sc.textFile("hdfs://m2:9820/README.md")
4. rdd01 = textFileRDD.flatMap (lambda x: x.split(""))
5. rdd02 = rdd01.map (lambda x: (x , 1))
6. resultRDD= rdd02.reduceByKey(add)
7. # 写入数据到 hdfs 系统
8. resultRDD.saveAsTextFile("hdfs://m2:9820/wcresult")
```

2.8.5 程序的提交与监控

需要说明的是,如果不是在pyspark的shell中进行交互式编程,则编写的程序还需要以一定的方式提交到Spark中运行,可然通过spark安装目录下的spark-submit工具提交你的应用程序,提交应用作业的通用形式为[8]:

```
./bin/spark-submit \
  --class <main-class> \
  --master <master-url> \
  --deploy-mode <deploy-mode> \
  --conf <key>=<value> \
  ... # other options
  <application-jar> \
  [application-arguments]
```

其中,参数含义为:

--class: 应用程序的入口,例如org.apache.spark.example.SpariPi;

--master: 指定集群类型,例如local(本地)、spark://master: 7077(stanalone模式)、yarn-client；

--deploy-mode：是否将 Driver 部署到 worker 节点，默认是在 client；

--conf：配置 spark 环境，在引号中使用 key=value 形式；

appliaction-jar：指定应用程序的 jar 包；

application-arguments：应用程序的参数。

对于 Python 语言编写的 Spark 应用程序，只要用 Python 源文件（即后缀为. py 的文件）替换提交的<application-jar>部分的 jar 包文件，如果有多个 Python 需要提交，则推荐将其打包 zip 或 egg，然后提交执行，提交时需要添加--py-files 参数。

以下为一个提交 Spark 本身自带的计算 pi 的例子到 Spark standalone 集群上运行的例子，其中 MasterURL 为 207. 184. 161. 138，端口为缺省端口 7077，传入程序的参数为 1000。

```
# Run a Python application on a Spark standalone cluster
./bin/spark-submit \
  --master spark://207.184.161.138:7077 \
  examples/src/main/python/pi.py \
  1000
```

程序作业提交后，有时需要监控程序的运行情况，监控 Spark 应用有很多种方式，具体可参见在节 3. 5 中的说明。

2.9　本章小结

本章首先主要介绍了有关 Spark 的一些基本概念，包括 Spark 是什么，有什么用，产生的原因，目前的应用情况。然后介绍了 Spark 的生态系统，Spark 的系统架构和 Spark 的几种运行模式，Python 语言的编程基本知识，Spark 在常见不同操作系统上的安装和编程环境的部署。

本章最后在介绍了 Spark 的核心概念 RDD 及其编程接口的基础上介绍了 Spark 编程的基本步骤。

2.10　习题

（1）Spark 系统的用途是什么？

（2）简述 Spark 的生态系统。

（3）Spark 三种部署模式是什么？

（4）Spark RDD 是什么？常见的 RDD 操作有哪些？

（5）如何监控 Spark 作业的运行情况？

（6）简述 Spark 编程的基本步骤。

第 3 章　大数据分析基础算法与实例

在前面的章节中,我们了解了大数据的基本概念,Spark 的基本工作原理以及 Python 编程基础。相比于 MapReduce,Spark 是专为大规模数据处理而设计的快速通用的计算引擎。丰富的算子函数,形成了 Spark 对大规模数据异常灵活的处理能力,但是也提高了学习的难度,为便于大家理解和学习后续复杂的 Spark 大数据分析算法与应用案例,本章首先对大数据分析进行了概述,通过例子介绍了 Spark 的基础算法,最后结合简单的 Python 编程实例,为大家展示如何利用 Spark 实现一些基本的分析算法。

3.1　大数据分析概述

3.1.1　大数据分析面临的挑战

数据分析是整个大数据处理流程的核心,因为大数据的价值产生于分析过程。大数据分析是从大数据到信息,进而到知识的关键步骤。大数据分析不是简单的数据分析的延伸。大数据规模大、更新速度快、来源多样等特点为大数据分析带来了一系列挑战。

(1) 大数据的应用常常具有实时性的特点,算法的准确率不再是大数据应用的最主要指标。很多场景中算法需要在处理的实时性和准确率之间取得一个平衡,比如在线的机器学习算法(online machine learning)。

(2) 云计算是进行大数据处理的有力工具,这就要求很多算法必须做出调整以适应云计算的框架,算法需要变得具有可扩展性。

(3) 在选择算法处理大数据时必须谨慎,当数据量增长到一定规模以后,可以从小量数据中挖掘出有效信息的算法并不一定适用于大数据。

3.1.2　大数据分析涉及的技术

从数据分析全流程的角度,大数据技术主要包括数据采集与预处理、数据存储和管理、数据处理与分析、数据安全和隐私保护等几个层面的内容。大数据分析是大数据技术中的重要内容之一，它利用分布式并行编程模型和计算框架，结合机器学习和数据挖掘算法，实现对海量数据的处理和分析；对分析结果进行可视化呈现，帮助人们更好地理解数据、分析数据。因此，大数据分析涉及的技术主要包括以下几类：

（1）基础架构：从底层来看，对大数据进行分析需要高性能的计算架构和存储系统。例如用于分布式计算的 MapReduce 计算框架、Spark 计算框架，用于大规模数据协同工作的分布式文件存储 HDFS 等。

（2）机器学习和数据挖掘：机器学习是研究如何使用机器来模拟人类学习活动的一门科学，是用数据或以往的经验，以此优化计算机程序的性能标准。数据挖掘指的是从大量数据中通过算法搜索隐藏于其中的信息的过程，包括分类、估计、预测、相关性分组或关联规则、聚类、描述和可视化、复杂数据类型挖掘（图形图像、视频、音频等）。

（3）数据可视化：数据可视化是关于数据视觉表现形式的科学技术研究。对于大数据而言，由于其规模大、高速和多样性，将数据进行可视化，将其表示为人们能够直接读取的方式，显得非常重要。

3.2　Spark 基础算法

从异构数据源抽取和集成的数据构成了数据分析的原始数据。根据不同应用的需求可以从这些数据中选择全部或部分进行分析。Spark 除了基于分布式内存机制实现的高性能特点外，另一个重要特色就是提供了非常丰富的算子函数，对数据异常灵活的处理能力。为了便于掌握 RDD 算子函数，并能做到综合运用，本章将通过一些比较简单的实例，展示如何利用 Spark 丰富的算子函数设计和实现一些常用算法。下面我们首先介绍一些 Spark 常用的处理分析算法，更复杂的机器学习算法将在后面的章节中介绍。

3.2.1　过滤

在数据挖掘的全部过程中，有一项非常重要的任务，就是数据的预处理。一方面，现实世界中采集的数据大多存在一些不完整或不一致的脏数据；另一方面，某项具体的数据挖掘工作也不一定要用到全部数据进行处理。因此，原始数据在进入正式的数据挖掘流程之前，通常先通过数据清理、数据集成、数据变换、数据归约等操作进行预处理，以提高数据挖掘的性能和质量。在数据预处理的具体操作中，最常见和常用的操作即是过滤操作。过滤操作解决的目标问题是：在原始数据中包含大量的记录，每条记录由某个实体及实体的若干属性构成，过滤操作的目标将符合一定条件的记录取出，在这过程中还可能进行格式转换。

这里用一个简单的实例来说明数据过滤的功能。原始数据是网络流量日志文件，内容如下。

```
weblog.csv

0 18892161234 www.baidu.com/s?wd=spark
1 18823456789 www.cnblogs.com/jerry/
1 18823456788 www.qq.com/123
```

```
0 13312345678 www.sina.com.cn/news
1 13334567890 www.shou.edu.cn/1234/
1 13345678901 mail.163.com/15/0306
```

日志文件中的每行数据包括 3 列: 第 1 列是接入网络的类型,0 为 2G 或 3G 网络,1 为 4G 网络;第 2 列是用户标识,如手机号;第 3 列是用户访问的网站 URL。现在分析目标是统计 4G 网络中用户访问的网站数量。因此需要将使用 4G 网络访问 Web 的记录过滤出来,并将访问的网站 URL 仅保留网站的 Host 字段,以节省计算资源。所以经过过滤后期望得到的结果如下。

```
filterresult.csv

1 18823456789 www.cnblogs.com
1 18823456788 www.qq.com
1 13334567890 www.shou.edu.cn
1 13345678901 mail.163.com
```

3.2.2 去重计数

在对数据进行了包括过滤在内的预处理后我们可以开始数据挖掘以获取有价值的信息。在数据挖掘工作中,计数是一类最基础的分析。我们熟知的 WordCount 程序完成的就是一个基础的计数工作。去重计数解决的目标问题是: 在原始数据中包含大量的记录,每条记录由某个实体及实体的若干属性构成,去重计数的目标是统计某一属性或属性组合 A 在另一关联属性或属性组合 B 不重复的情况下出现的次数。

我们以一个具体的实例来说明去重计数的功能。输入数据是上一节经过过滤处理后的网络访问日志,即只保留了用户手机号和网站 Host 的日志文件,内容如下。

```
4Gaccesslog.csv

18812345678    www.baidu.com
18812345678    www.baidu.com
18834567890    www.baidu.com
13334567890    www.baidu.com
13313456789    www.sina.com
13313456789    www.sina.com
```

文件中的每行数据包含 2 列: 第 1 列是用户手机号,即用户的唯一标识;第 2 列是用户访问的网站 Host。我们的目标是要统计每个网站 Host 被多少个不同的用户访问过,即希望得到的结果如下。

```
distinctresult. csv

www. baidu. com 3
www. sina. com 1
```

3.2.3　相关计数

相关计数是数据挖掘工作中的一类经典基础问题,即计算两个或多个实体以一定方式共同出现的次数或概率。例如在基于统计学的自然语言处理领域,有一类经典模型是概率语言模型。与基于明确的语言规则对文本进行分析的传统方法不同,概率语言模型将文本看成是一系列服从一定概率分布的词项的样本集合,从而引入以概率估计为核心的数学方法对文本进行分词、主题提取等各种分析。在概率语言模型中,最核心基础的算法就是计算文本中不同词之间的共同出现次数。依问题和场景的不同,这些统计方式可能是两个词,也可能是多个词,可能是有序的,也可能是无序的。

这里我们以计算文本中两个词共同出现的次数为例来说明相关计数算法的功能。假设一个文本文件内容如下。

```
sampletext. csv

It was the best of times
It was the worst of times
```

我们希望统计这个文本文件中两个单词共同出现的次数,即希望得到如下的结果。

```
relationresult. csv

(it, was) 2
(was, the) 2
(the, best) 1
(the, worst) 1
(best, of) 1
(worst, of) 1
(of, times) 2
```

3.3　实例:词频统计

3.3.1　程序功能

在编程语言的学习过程中,都会以“HelloWorld”程序作为入门的范例,词频统计程序

“WordCount”就是类似于“HelloWorld”的 Spark 入门程序。WordCount 能计算出文件中各个单词的频数,每个单词和其频数占一行,单词和频数之间有间隔。

比如,一个输入文件 sample. txt 的内容如下。

```
hello world
hello spark
hello mapreduce
```

对应上面给出的输入样例,其输出结果如下。

```
hello 3
world 1
spark 1
mapreduce 1
```

本节将以该实例来说明:

① 如何编写一个可独立运行的 Spark 程序;

② 如何使用 Spark 算子实现基础的计数工作。

下面首先介绍 Spark 程序的基本概念和编写 Spark 程序的一般思路,并结合本实例给出具体代码,然后详细解释词频统计用到的 RDD 变换及其处理过程。

3.3.2 编程基本概念

(1) 应用初始化。将每一个应用程序提交到 Spark 环境中运行时,都需要先完成一个应用初始化过程,其主要工作是进行配置加载和作业初始化,最终创建出 Spark 上下文实例,即 SparkContext,以支持程序的连接集群,创建 RDD、变化 RDD 等后续工作。SparkContext 是整个应用程序连接集群的接口,它将告诉应用程序如何访问一个 Spark 集群。例如,下面的语句创建了一个 Spark 上下文,以 local 模式并且运行时 Application 的名字叫 PythonWordCount。

```
conf = SparkConf().setAppName("PythonWordCount").setMaster("local[2]")
sc = SparkContext(conf=conf)
```

在 Spark 的早期版本,SparkContext 是进入 Spark 的切入点。我们都知道 RDD 是 Spark 中重要的 API,然而它的创建和操作要使用 SparkContext 提供的 API;对于 RDD 之外的其他东西,需要使用其他的 Context。比如对于流处理来说,得使用 StreamingContext;对于 SQL 得使用 SqlContext;而对于 hive 得使用 HiveContext。然而 DataSet 和 Dataframe 提供的 API 逐渐成为新的标准 API,我们只需要一个切入点来构建它们,所以在 Spark 2.0 中引入了一个新的切入点: SparkSession。SparkSession 实质上是 SQLContext 和 HiveContext 的组合(未来可能还会加上 StreamingContext),所以在 SQLContext 和 HiveContext 上可用的 API 在 SparkSession 上同样是可以使用的。SparkSession 内部封装了 SparkContext,所以计算实际上是由

SparkContext 完成的。下面的语句显示了如何创建 SparkSession。类似于创建一个 SparkContext,master 设置为 local,然后创建一个 SQLContext 封装它。

```
spark = SparkSession.builder.appName("PythonWordCount").getOrCreate()
```

(2) 创建 RDD。Spark 计算框架中的核心数据结构是 RDD,而要完成一个简单或复杂的计算,其关键就在于如何将数据生成为 RDD,然后对 RDD 进行变换和操作,以获得最终需要的计算结果。创建 RDD 可以说是使用 Spark 处理和分析数据的第一步。创建 RDD 有两种方式,一种是从已存在的 RDD 转换得到新的 RDD。另一种是加载外部的数据源(例如本地文本文件或 HDFS 文件)。这两种方式都是通过 SparkContext 的接口函数提供的,其中,前者比较简单,仅包含两个函数: makeRDD 和 parallelize,而后面一种方式为了支持不同形式和不同格式的文件,提供了较多的函数。

在词频统计的例子里,我们是从本地文本文件 sample.txt 读取数据创建了叫 lines 的 RDD,它的每个元素就对应文件中的每一行,有了 RDD 就可以通过它提供的各种 API 来完成需要的业务功能。

采用 SparkContext 接口函数可以这样来实现。

```
lines = sc.textfile("sample.txt")
```

如果采用 SparkSession,读取数据可以用下面的语句来实现。

```
lines = spark.read.text("sample.txt").rdd.map(lambda r: r[0])
```

(3) Spark 算子。Spark 应用程序的本质,无非是把需要处理的数据转换成 RDD,然后将 RDD 通过一系列变换(transformation)和动作(action)得到结果,简单来说,这些变换和动作即为算子。变换算子和动作算子之间的关系如图 3－1 所示:

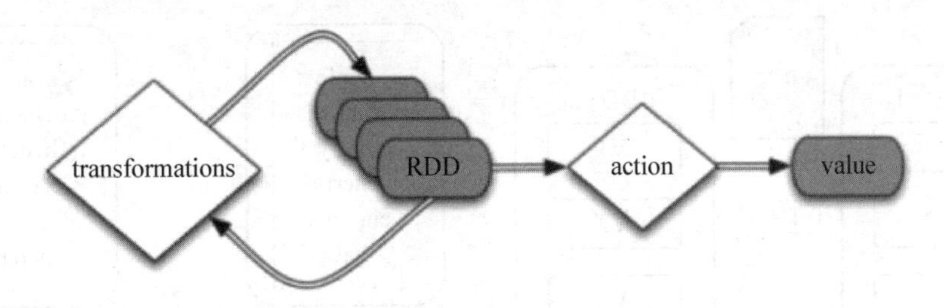

图 3－1　变换算子和动作算子的关系

变换算子是对 RDD 进行操作的接口函数,其作用是将一个或多个 RDD 变换为新的 RDD,实际上是 RDD 中元素的映射和转换。有一点必须要注意的是,RDD 是只读的,一旦执行变换,一定会生成一个新的 RDD。如果说 RDD 是 Spark 的核心,那么变换算子可以说是 Spark 核心中的核心。使用 Spark 进行数据处理的算法设计和程序编写,最关键部分就是利用变换算子对原始数据产生的 RDD 进行一步一步的变换,最终得到期望的计算结果。为便于理解众多的变换算子,我们将它们分为两类:

① 对 Value 型 RDD 进行变换的算子;

② 对 Key/Value 型 RDD(或称 PairRDD)进行变换的算子。

动作算子,可以简单地理解成想要获得结果时调用的 API,也就是 Spark 中的变换算子并不是在运行到相应语句时就会立即执行,而是遇到动作算子语句时,才会真正触发 Spark 的任务调度开始进行计算,这也是为什么这类算子被称为“动作”算子的原因。根据动作算子的输出结果,可以将它们分为两类:

① 数据运算类,该类算子的作用是触发 RDD 计算,并得到计算结果返回给 Spark 程序;

② 数据存储类,该类算子在触发 RDD 计算后,将结果保存到外部存储系统中。例如 HDFS 文件系统或数据库。

那究竟哪些算子是转换,哪些是动作呢?有个很简单的判断准则:返回结果为 RDD 的 API 是转换,返回结果不为 RDD 的 API 是动作。下面将结合本实例介绍常用的 Spark RDD 算子。

3.3.3 相关 Spark 算子简介

WordCount 涉及的 Spark 算子有:map, flatMap, reduceByKey, collect。下面分别进行介绍。

(1) map。map 函数是 Hadoop 的 MapReduce 计算模式中耳熟能详的计算函数,与 Hadoop 的 Map 函数类似,map 算子也是将函数 func 作用于当前 RDD 的每个元素,形成一个新的 RDD。如图 3-2 所示:

在图 3-2 中,RDD1 中的元素 v1 经过函数映射后,变为新的元素 v1′,最终构成新的 RDD2。注意,事实上,只有 Action 算子被触发后,这些操作才会被真正执行。

此外,使用 map 还可以创建 Key/Value 型的 RDD。创建 Key/Value 型 RDD 的方法有很多,其基本思路都是构建由 Key 和 Value 构成的数据对,然后使用 RDD 变换创建对应的 RDD。例如,如图 3-3 所示,原始 RDD 中的元素为长度不等的单词,map 变换中将每个单词的第一个字母作为 Key 值,然后与对应单词一起构成键值对形成新的 Key/Value 型 RDD。

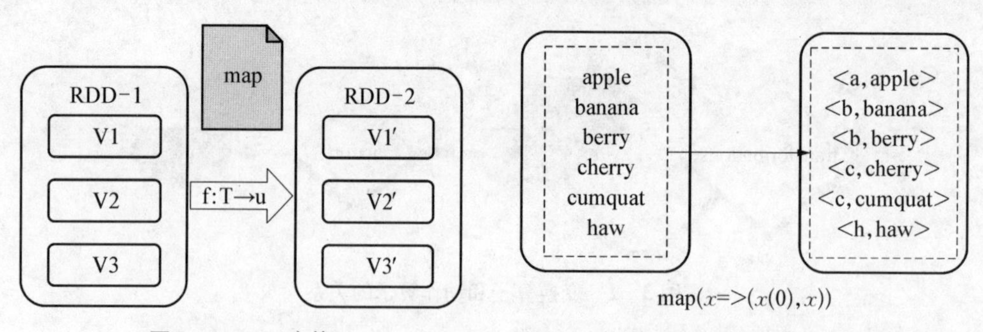

图 3-2 map 变换

图 3-3 使用 map 创建 Key/Value 型 RDD

(2) flatMap。与 map 类似,将原 RDD 中的每个元素通过函数 f 转换为新的元素,并将这些元素放入一个集合,构成新的 RDD,如图 3-4 所示。

在图 3-4 中,外面大的矩形表示分区,小的矩形表示元素集合。如元素 A1、A2 在 RDD1 中属于一个集合,B1、B2、B3 属于另一个集合。RDD1 经过 flatMap 变换为新的 RDD2,此时 A1′与 B1′处于同一集合中。

（3）reduceByKey。将 Key/Value 型 RDD 中的元素按 Key 值进行 Reduce 操作，与 Key 值相同的 Value 值按照函数 f 的逻辑进行归并，然后生成新的 RDD。reduceByKey 变换还有两个变形，分别为可以指定分区数量的 reduceByKey 和可以指定分区类的 reduceByKey。例如，如图 3－5 所示，输入 RDD 为以单词长度为 Key，单词为 Value 的 Key/Value 型 RDD。reduceByKey 变换中指定的函数为将长度相同的单词用逗号进行连接。

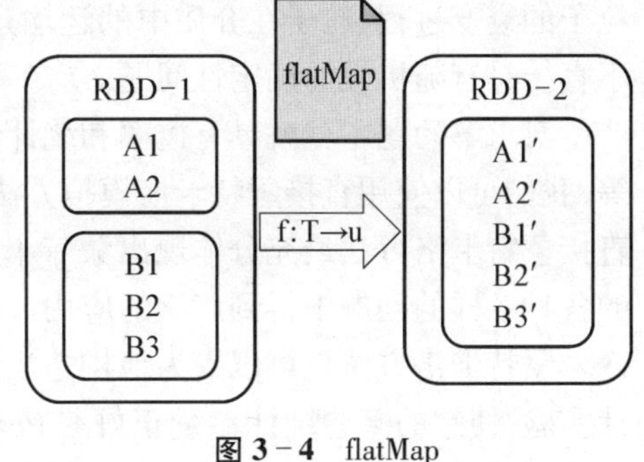

图 3－4　flatMap

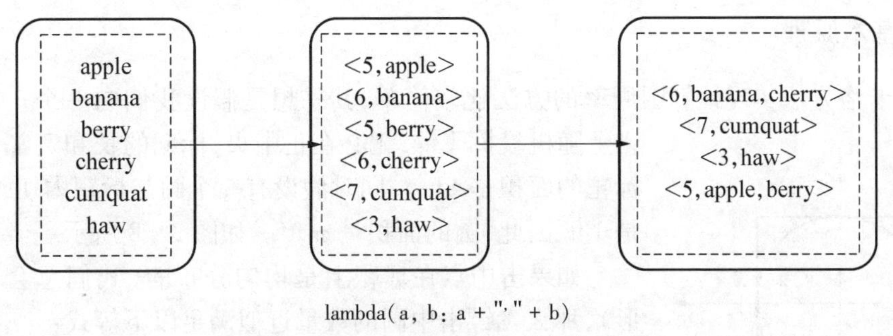

图 3－5　reduceByKey 算子变换过程

（4）collect。collect 的作用是以数组格式返回 RDD 内的所有元素，如图 3－6 所示。

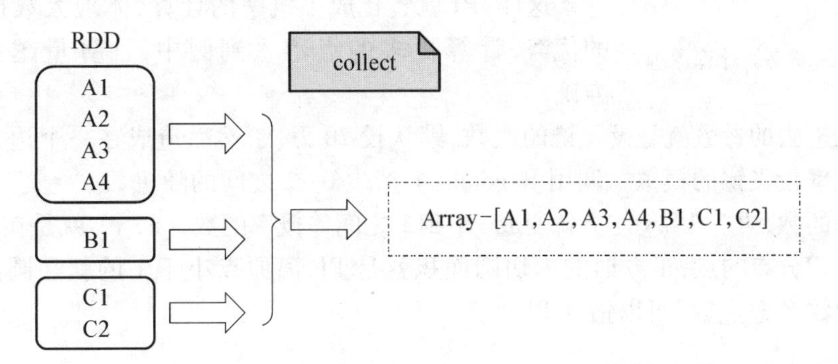

图 3－6　collect

3.4　实例：圆周率的计算

3.4.1　背景知识

本实例是另一个经典的 Spark 程序，它采用蒙特卡洛方法求解圆周率。下面首先介绍蒙特卡洛基本思想，然后介绍圆周率计算的基本原理和 Spark 实现。

计算机模拟经常采用随机模拟方法或统计试验方法，这就是蒙特卡洛方法。它是通过不断产生随机数序列来模拟过程。自然界中有的过程本身就是随机的过程，物理现象中如粒子的衰变过程、粒子在介质中的运输过程等。蒙特卡洛方法也可以借助概率模型来解决不直接具有随机性的确定性问题。

对求解问题本身就具有概率和统计性的情况，例如中子在介质中的传播，核衰变的过程等，我们可以使用直接蒙特卡洛模拟方法。该方法是按照实际问题所遵循的概率统计规律。直接蒙特卡洛方法最充分体现出蒙特卡洛方法无可比拟的特殊性和优越性，因而在物理学的各种各样的问题中得到广泛的应用。该方法也就是通常所说的“计算机实验”。

蒙特卡洛方法也可以人为地构造出一个合适的概率模型，依照对该模型进行大量的统计实验，使它的某些统计参量正好是待求问题的解。这也就是所谓的间接蒙特卡洛方法。在本例子里求解圆周率用的就是间接蒙特卡洛方法。

3.4.2 基本原理

蒙特卡洛方法实现计算圆周率的方法比较简单，其思想是假设我们向一个正方形的标靶上随机投掷飞镖，靶心在正中央，标靶的长和宽都是 2 ft，则标靶的面积是 4 ft^2。同时假设有一个圆与标靶内切，圆的半径是 1 ft，因此，圆的面积是 π ft^2。如图 3－8 所示。

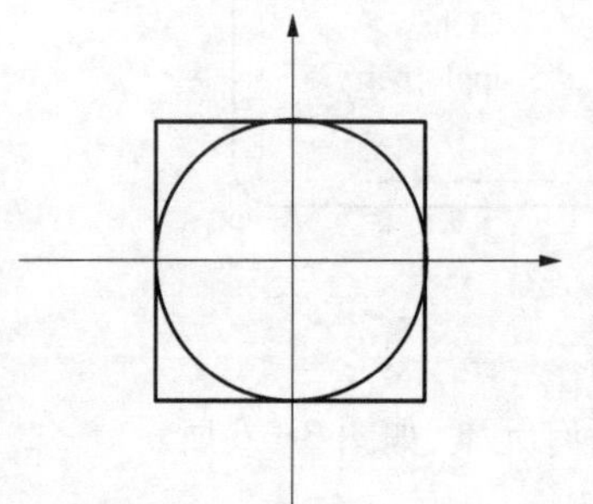

图 3－8 圆周率的计算原理

如果击中点在标靶上是均匀分布的（我们总会击中正方形），那么飞镖击中圆的数量近似满足以下等式：

飞镖落在圆内的次数 / 飞镖落在标靶内的总次数 = PI / 4

这样，PI 就转化成了概率的计算，体现大数据并行计算的优势，计算更多的点落入到圆中，计算量越大，PI 值越准确。

程序传进去的参数就是投飞镖的次数，默认投 20 万次，然后造成在一个边长为 2 的正方形里等概率投飞镖的模拟。调用 Random() 产生 0~1 之间的随机数，“ * 2”就得到 0~2 之间等概率的数，再“-1”，x 与 y 就变成 -1 到 1 之间等概率的数，(x, y) 就是在边长为 2 的正方形里均匀分布的点，正方形的内切圆面积就是 PI，离原点小于 1 的就在圆内，由“PI / 4 = 圆内点数 / 总点数”可以估计 PI。

3.4.3 相关 Spark 算子简介

圆周率的计算涉及的 Spark 算子有：parallelize，reduce。下面分别进行介绍。

（1）parallelize。并行化数据生成 RDD。将集合数据分布到节点上形成 RDD，并返回生成的 RDD。可以指定分区的数量，如果不指定数量，将使用 Spark 配置中的 spark.default.parallelize 参数所生成的 defaultParallelism 数值，为默认的分区数量。例如：

```
data = [1, 2, 3, 4, 5]
distData = sc.parallelize(data, numSlices=10)   # numSlices 为分区数目
```

（2）reduce。reduce 将 RDD 中元素两两传递给输入函数 f，同时产生一个新的值，新产生的值与 RDD 中下一个元素再被传递给输入函数直到最后只有一个值为止。需要注意的是，Spark 中的 reduce 操作与 Hadoop 中的 reduce 操作并不一样。在 Hadoop 中，reduce 操作

是将指定的函数作用在Key值相同的全部元素上。而Spark的reduce操作则是对所有元素依次进行相同的函数计算。例如：

```
rdd = sc.parallelize(range(1, 10))
result = rdd.reduce(lambda a, b: a + b)
```

3.5　本章小结

本章首先介绍了大数据分析面临的挑战和涉及的技术,然后举例说明利用Spark进行数据分析时的基础算法。结合简单的示例代码介绍常用Spark算子的功能和使用方法,展示如何编写Spark程序,如何利用Spark丰富的算子函数设计和实现常用算法。

3.6　习题

(1) 编写一个Spark程序实现4.2.1节中的过滤。
(2) 编写一个Spark程序实现4.2.2节中的去重计数。
(3) 编写一个Spark程序实现4.2.3节中的相关计数。

附录

1. 词频统计的完整Spark源码

```
from __future__ import print_function
import sys
from operator import add
from pyspark.sql import SparkSession

if __name__ == "__main__":
    if len(sys.argv) != 2:
        print("Usage: wordcount <file>", file=sys.stderr)
        exit(-1)

    spark = SparkSession\
        .builder\
        .appName("PythonWordCount")\
```

```
        .getOrCreate()

    lines = spark.read.text(sys.argv[1]).rdd.map(lambda r: r[0])
    counts = lines.flatMap(lambda x: x.split(")) \
                  .map(lambda x: (x, 1)) \
                  .reduceByKey(add)
    output = counts.collect()
    for (word, count) in output:
        print("%s: %i"% (word, count))

    spark.stop()
```

2. 圆周率计算的完整 Spark 源码

```
from __future__ import print_function
import sys
from random import random
from operator import add

from pyspark.sql import SparkSession


if __name__ == "__main__":
    """
        Usage: pi [partitions]
    """
    spark = SparkSession\
        .builder\
        .appName("PythonPi")\
        .getOrCreate()

    partitions = int(sys.argv[1]) if len(sys.argv) > 1 else 2
    n = 100000 * partitions

    def f(_):
        x = random() * 2 - 1
        y = random() * 2 - 1
        return 1 if x ** 2 + y ** 2 < 1 else 0
```

```
count = spark.sparkContext.parallelize(range(1, n + 1), partitions).map(f).reduce(add)
print("Pi is roughly %f"% (4.0 * count / n))

spark.stop()
```

第4章　面向大数据的机器学习算法与实例

机器学习(Machine Learning)已经广泛应用于各个领域。例如：自然语言处理、生物特征识别、医学诊断、信用卡欺诈检测、DNA测序、机器人等。机器学习的发展历程中一直有两大研究方向：一是研究学习机制，注重探索、模拟人的学习机制；二是研究如何有效利用信息，注重从巨量数据中获取隐藏的、有效的、可理解的知识。学习机制的研究是机器学习产生的源泉，旨在使计算机具有人类一样的学习能力和模仿能力，这也是实现人工智能的核心思想和方法。但随着大数据时代各行各业对数据分析需求的持续增加，通过机器学习高效的获取有价值的信息，已经逐渐成为当今机器学习技术发展的主要推动力。

传统的机器学习算法，由于技术和单机存储的限制，只能在少量数据上使用，随着HDFS(hadoop distributed file system)等分布式文件系统出现，存储海量数据已经成为可能。然而，使用MapReduce来实现分布式机器学习算法非常耗时和消耗磁盘容量。因为通常情况下机器学习算法参数学习的过程都是迭代计算，即本次计算的结果要作为下一次迭代的输入，这个过程中，如果使用MapReduce，中间结果只能通过磁盘存储和读取，这对于迭代频发的算法显然是致命的性能瓶颈。Spark立足于内存计算，天然地适应于迭代式计算，读者通过前面几章的学习已经有了较为深入的了解。即便如此，使用机器学习算法来分析和处理数据却是一项复杂的工作，需要充分的知识储备，如概率论、数理统计、数值逼近、最优化理论等。Spark机器学习库提供了常用机器学习算法的分布式实现，让基于海量数据的机器学习变得更加简单，通过调用相应的API可以轻松地实现基于海量数据的机器学习过程。

本章首先介绍一些关于机器学习的核心概念，然后重点介绍如何使用Spark MLlib机器学习库提供的算法解决聚类分析、回归预测以及分类等问题实例，初步理解如何面向大数据运用机器学习知识进行深入领域分析和应用。

4.1　机器学习简介

4.1.1　机器学习的定义

机器学习有多种定义,例如:“机器学习是一门人工智能的科学,该领域的主要研究对象是人工智能,特别是如何在经验学习中改善具体算法的性能”,“机器学习是对能通过经验自动改进的计算机算法的研究”,“机器学习是用数据或以往的经验,以此优化计算机程序的性能标准”。Tom M. Mitchell 最早从基本操作的角度给出了一个更正式的定义[1]:A computer program is said to learn from experience E with respect to some class of tasks T and performance measure P, if its performance at tasks in T, as measured by P, improves with experience E。即,机器学习被认为是一种计算机程序,它能够从**经验** E 中学习,从而其执行某类**任务** T 的**性能** P 能随经验 E 的增加而提高。

考虑这样一个机器学习的例子:人们希望通过观测到的一些目前气象信息来预测未来的天气情况。在这个例子中,机器学习的任务是预测未来的天气情况,它的性能可以用预测的准确度来衡量,而它的经验是过去观测到的气象信息与天气情况的数据。可以看出,要定义一个学习问题,必须明确三个方面的内容:一是经验的来源,二是任务的类型,三是衡量性能的标准。而这三方面对应于机器学习的处理过程,就是训练数据准备、机器学习算法模型的选择,以及模型的评估。

机器学习的过程是构建执行预测任务的算法模型;利用已知的经验数据来训练预测任务模型,并对模型的性能进行评估;评估的性能如果达到要求就可以用这个模型来做预测,如果达不到要求就要调整算法来重新建立模型,再次进行评估,如此循环往复,最终获得满意的经验来处理其他的数据。接下来,让我们了解一下与数据、模型和评估相关的基本概念。

4.1.2　机器学习的基本概念

我们以一组天气数据的分析为例,来解读机器学习的一些基本概念。假设有来自全国不同城市的每日天气数据,内容包括最高温度、最低温度、平均湿度、风向、风速、天气现象等。数据的一部分如表 4-1 所示。

表 4-1　全国部分城市某天的天气数据

城市	最高温度/℃	最低温度/℃	湿度/%	某时刻风速/(km/h)	某时刻风向	天气现象
A	32	28	60	16.7	西南偏西	多云
B	14	12	87	12.5	南	小雨
C	21	15	39	24.6	南	晴朗
D	-6	7	71	/	西北	小雪
E	24	15	38	36.1	南	晴朗

（1）数据集（dataset）：表4-1以表格形式给出了一系列表示天气情况的数据，这样的数据集合即是一个数据集。数据集中的每一行表示一个观察对象，也称为**样例**（sample/instance）。数据集中也可能存在**缺失数据**（missing data），例如表4-1中D市的风速缺失。

（2）特征（feature）：特征表示一个观察对象的属性。它可以看作是数据集中的自变量。表4-1中，一列（不包括城市和天气现象）即表示一个特征，即最高温度、最低温度、相对湿度、风向、风速都是某个城市天气情况的特征。每个特征都有一定的取值，称为属性值。根据取值的不同，特征可以分为类别特征和数值特征。类别特征是一个描述性的特征，它的可选值有限且固定，通常没有次序。数值特征是一个可以取任意数值的定性变量，它的值具有数字意义上的次序。本例中，风向就是一个类别特征，它的取值是东、南、西、北、西南等方位，而湿度就是一个可以在有限区间内连续取值的数值特征。当然，数值特征可以是离散的，例如，一个房间中窗户的数量。

特征的数量也决定了一个数据集的**维度**（dimensionality），一个拥有很多维度的数据集也就意味着它拥有大量的特征。一个由特征张量构成的空间，就是**特征空间**（feature space）。例如，以“最高温度”、“最低温度”、“相对湿度”作为坐标轴，则张成了一个三维空间，每个城市的天气都是这个空间里的一个点。

（3）标签（label）：标签是机器学习系统学习预测的变量。它是数据集中的因变量。如果我们要预测某个城市的天气情况，表4-1中最后一列“天气现象”即可以作为该城市天气情况的标签。标签分为类别型和数值型。天气现象中分为晴朗、小雨、多云等多个不同的类型，这里就是类别标签。对于一个预测房价的机器学习应用而言，房价就是一个数值标签。所有标签值的集合就是**标记空间**（label space），也称作输出空间。

（4）已标注数据（labeled data）：已标注数据集中每个观察对象都有一个标签。如表4-1中所示，数据集的最后一列为标签列，则该数据集为已标注数据。再如，一个包含过去10年房屋销售情况的数据库是一个已标注数据集，房屋的售价即是对象的标签。

（5）未标注数据（unlabeled data）：未标注数据集中没有可以当成标签的列。例如，一个电商网站交易数据库中记录了这个电商网站在过去两年内达成的所有在线交易记录，但是数据库没有一列用来标识一笔交易是正常交易还是欺诈交易。那么，对于交易欺诈检测而言，这就是一个未标注的数据集。

（6）训练数据（training data）：训练数据是用来训练机器学习模型的数据，也称为训练集。训练数据一般是历史数据或已知数据。训练数据可以是已标注的也可以是未标注的。如果在训练的过程中需要确定方法的准确度，有时会将训练数据分成训练集（training set）和验证集（validation set）。通过验证集来验证模型好坏，进行模型的参数调优。

（7）测试数据（testing data）：用于评估模型性能时使用的数据，也称为测试集。一个训练好的模型在被真正使用之前，通常会将其应用于一个测试集上来测试它的完成任务的能力。测试数据不参与模型的训练，也不能优化模型，不能将测试数据用作训练数据。测试集与验证集的不同点在于，验证集是在训练过程中使用，而测试数据是在模型建立后才被使用的。

（8）模型（model）：计算机通过学习后得到一个数学函数，是特征空间到输出空间（标记空间）的映射，一般由模型的假设函数和参数 w 组成；一个模型的假设空间（hypothesis space）是指给定模型所有可能 w 对应的输出空间组成的集合。例如，一个预测天气的模型,能够将天气特征(如最高温度、最低温度、风速、湿度等)构成的特征空间,映射到天气现象构成的输出空间。机器学习算法使用数据来训练模型,从而使模型匹配数据。训练模型是一个计算密集型任务,而使用模型则不然,一个训练好的模型可以被其他的应用直接使用。

(9) 超参数(hyperparameter):在开始机器学习过程之前需要设置一些输入参数,用于调整训练模型的时间和模型的预测效果。这些参数不是通过学习得到的,而是以输入的方式预先定义,这些与模型复杂性或学习能力有的参数称为超参数。超参数的优化是模型选择的关键问题。

4.1.3　机器学习的算法分类

按照不同的分类标准,可以把机器学习的算法做不同的分类。

1. 从机器学习应用角度分类

机器学习已经广泛应用于不同领域,解决各种类型的应用问题。我们也可以从算法解决这些问题的共性角度对机器学习算法分类。

(1) 分类(Classification)。分类问题的目标是预测一个观察对象的等级或类别。类别可以用一个标签来表示。分类的目的就是训练出一个模型,以预测一个没有标签的新观察对象的标签。分类问题可以是二元分类,也可以是多元分类问题,它适用于很多应用领域。例如,垃圾邮件过滤就是一个二元分类问题,邮件过滤系统的目标是区分一封电子邮件是否为垃圾邮件。对新闻、网页或其他内容标记类别或打标签(如,娱乐、体育、军事、科技等),则是一个多分类问题。手写体邮编的识别是一个有 10 个类(0~9)的多元分类问题。分类模型的常用算法包括:

① 逻辑回归(logistic regression);

② 决策树(decision tree);

③ 支持向量机(support vector machine);

④ 朴素贝叶斯分类(naive bayes classification);

⑤ 神经网络(neural network)。

(2) 回归(Regression)。回归问题的目的是为一个无标签的观察对象预测出其对应的数值标签。回归模型可以用来预测各种目标。例如:预测股票收益与其他经济相关的因素,预测房产的价值,预测贷款违约造成的损失等。回归算法通常采用对误差的衡量来探索变量之间的关系。常见的回归算法包括:

① 最小二乘回归(ordinary least square regression);

② 线性回归(linear regression);

③ 决策数回归(decision tree regression);

④ 随机森林(random forest)。

(3) 聚类(Clustering)。在聚类中,一个数据集会划分成指定数目的几类,每个数据样本就属于某个部分,称为类簇。聚类算法以相似性为基础,同一类簇中的模式之间相似性高于不同类簇之间的模式相似性。聚类与分类的最大的区别在于,聚类算法将数据集按照指定的类别数进行聚类,但它不会为每个类贴标签。聚类可以帮助市场分析人员从消费者数据库中区分出不同的消费群体来,并且概括出每一类消费者的消费模式或习惯;聚类可以找

出具有相似基因的类;聚类也可以应用于图像分析中的图像分割等。常见算法有:

① K 均值聚类(k-means);

② 层次聚类(hierarchical clustering);

③ EM(expectation maximization)。

(4) 降维(Dimensional Reduction)。降维的主要目的是减少数据集的特征数,从而减少机器学习的计算复杂度和开销。降维算法试图用更少的信息(更低维的信息)总结和描述出原始信息的大部分内容,一般在数据可视化,或者降低数据计算空间方面有很大的作用。它作为一种机器学习的算法,很多时候用它先处理数据,去除数据集中的无用特征,只保留对预测有贡献的特征灌入别的机器学习算法学习。主要的降维算法包括:

① 主成分分析(principal component analysis, PCA);

② 多维定标(multidimensional scaling, MDS);

③ 线性判别(linear discriminant analysis, LDA);

④ 奇异值分解(singular value decomposition, SVD)。

(5) 推荐(Recommendation)。推荐的目的在于向用户推荐产品。它利用用户历史行为数据进行学习,确定用户的喜好。这些用户历史数据既包括用户对不同产品的直接评级,也包括用户通过诸如购买、点击、点赞、分享等行为提供的对产品的隐式反馈。推荐模型的应用并不限于电影、书籍或商品等的推荐,同样适用于社交网络中用户与用户之间的关系,例如向用户推荐他们可能认识或关注的用户。推荐模型的两种常用方法是:

① 基于内容的推荐:利用产品的内容或属性信息以及某些相似度定义,来确定类似的产品进行推荐;

② 协同过滤:利用大量已有用户偏好来估计用户对其未接触过的物品的喜好程度,是一种借助众包智慧的途径。

2. 从学习形式角度分类

机器学习算法根据学习形式可以分为:有监督学习(supervised learning)、无监督学习(unsupervised learning)、半监督学习(semi-supervised learning)和强化学习(reinforcement learning)。

(1) 有监督学习。有监督机器学习算法使用标注数据集来训练模型。有监督学习的训练集中的每个观察对象都拥有一系列特征和一个标签。这里的标签可能是人工标注的,也可能来源于其他系统。例如,在建立垃圾邮件过滤系统时,我们可以收集一部分邮件数据,由人工标注每个邮件是“垃圾邮件”或“非垃圾邮件”。对天气现象进行预测时,历史天气天象的数据可以作为标签。在建立预测模型时,监督式学习建立一个学习过程,将预测结果与“训练数据”的实际结果进行比较,不断调整预测模型,直到模型的预测结果达到一个预期的准确率。常见的监督学习算法包括回归和分类。

监督学习是训练神经网络和决策树的最常见技术。神经网络和决策树技术高度依赖于事先确定的分类系统给出的信息。对于神经网络来说,分类系统用于判断网络的错误,然后调整网络去适应它;对于决策树,分类系统用来判断哪些属性提供了最多的信息,如此一来可以用它解决分类系统的问题。

(2) 无监督学习。无监督学习使用未标注的数据集来训练模型。在无监督式学习中,数据并不被特别标识,学习模型是为了推断出数据的一些内在结构。常见的应用场景包括关联规则的学习、聚类、降维等。

无监督学习看起来非常困难：我们不告诉计算机怎么做，而是让它（计算机）自己去学习怎样做一些事情。然而，由于无监督学习假定没有事先分类的样本，在某些情况下会表现得非常强大，例如，我们的分类方法可能并非最佳选择。一个突出的例子是 Backgammon（西洋双陆棋）游戏，有一系列计算机程序（例如 neuro-gammon 和 TD-gammon）通过非监督学习自己一遍又一遍地玩这个游戏，变得比最强的人类棋手还要出色。这些程序发现的一些原则甚至令双陆棋专家都感到惊讶，并且它们比那些使用预分类样本训练的双陆棋程序工作得更出色。

(3) 半监督学习。半监督学习是介于监督学习与无监督学习之间一种机器学习方式。它主要考虑如何利用少量的标注样本和大量的未标注样本进行训练和分类的问题。半监督学习对于减少标注代价，提高学习机器性能具有非常重大的实际意义。主要算法有五类：基于概率的算法；在现有监督算法基础上进行修改的方法；直接依赖于聚类假设的方法等。在此学习方式下，输入数据部分被标识，部分没有被标识，这种学习模型可以用来进行预测，但是模型首先需要学习数据的内在结构以便合理地组织数据来进行预测。应用场景包括分类和回归，算法包括一些对常用监督式学习算法的延伸。此类问题相对应的机器学习算法有自训练（self-training）、直推学习（transductive learning）、生成式模型（generative model）等。

半监督学习从诞生以来，主要用于处理人工合成数据，无噪声干扰的样本数据是当前大部分半监督学习方法使用的数据，而在实际生活中用到的数据却大部分不是无干扰的，通常都比较难以得到纯样本数据。

(4) 强化学习。强化学习（或增强学习）是一种以环境反馈作为输入的学习方法。它要解决的问题是：一个能够感知环境（environment）的智能体（agent），怎样通过学习选择能够达到其目标的最优动作（action）。常见的应用场景包括动态系统、机器人控制、棋类对弈等。例如，在训练 agent 进行棋类对弈时，施教者在游戏胜利时给出正回报（reward），失败时给出负回报，其他时为零回报。agent 的任务就是从这个非直接的、有延迟的回报中学习，以便后续的动作产生最大累积回报。因此，增强学习的任务就是学习获得一个控制策略（policy）使累积回报最大化。常见算法包括 Q-Learning 以及时间差学习（temporal difference learning）。

4.1.4　模型评价

模型用于处理新数据之前，需要在测试数据集上进行模型评价。模型预测的有效性以及模型的质量可以通过一些不同的指标来评估。评价指标通常取决于机器学习任务，不同的算法使用不同的指标。线性回归、分类、聚类、推荐就各自不同。这里介绍几个简单、常用的评价指标。

1. 准确率（Accuracy）

准确率是一个简单的评价指标，定义为模型预测的标签中正确的个数在总标签数量中的占比。例如，如果一个测试数据集有 100 个观察对象，模型正确预测出了 90 个的标签，那么这个模型的准确率就是 90%。

然而，准确率也可能存在一定的误导性。因为，在数据分布不平衡的情况下，样本占大部分的类别会主导准确率的计算。举例来说，一个肿瘤数据库中每一行记录要么是恶性肿瘤要么是良性肿瘤。在机器学习的语境下,我们把恶性肿瘤当成是阳性的样本,而良性肿瘤当成是阴性的样本。假设我们训练出了一个预测肿瘤是恶性(阳性)还是良性(阴性)的模型,其准确率为90%,那么是否就可以说这是一个好的模型呢?这取决于测试数据集。如果测试数据集中有50%的数据是阳性的,50%的数据是阴性的,那么这个模型可以说是表现良好。但是,如果测试数据集只有1%的数据是阳性的,99%的数据是阴性的,那么这个模型就毫无价值可言。我们甚至可以不用机器学习就能生成一个更好的模型:对于任何的样本,都预测它是阴性的,这样模型的准确率就是99%。尽管这个模型对于所有的阳性样本都预测错了,但是它的准确率比我们训练出来的模型要高。

对于分类模型,两个常用的验证指标是AUC和F-measure。

(1) AUC。AUC(area under curve)也称为ROC(receiver operating characteristic)曲线下方的面积,是一个广泛用于验证二元分类器表现的指标。如图4-1所示,ROC曲线的横坐标为假正例率(false positive rate, FPR),纵坐标为真正例率(true positive rate TPR),它表示的是对于随机抽取的一个正例样本或负例样本,模型成功预测其标签的概率。显而易见,最好的分类器便是FPR=0%,TPR=100%,但是一般在实践中一个分类器很难会有这么好的效果。当有多个分类器进行比较时,ROC曲线往往很难清晰说明哪个分类器的效果更好。因此,使用定量指标AUC值作为评价标准,对应AUC更大的分类器效果更好。

考虑图4-1ROC曲线图中的虚线y=x上的点。这条对角线上的点实际上表示的是一个采用随机猜测策略的分类器结果,其中,点(0.5,0.5)表示该分类器随机对于一半的样本猜测其为正样本,另外一半的样本为负样本。对于随机猜测观察对象标签的模型,其AUC值为0.5,那么这个模型是没有价值的。AUC的值介于0.5到1.0之间。一个完美模型的AUC值为1,它的伪阳性和伪阴性的数值都是0。

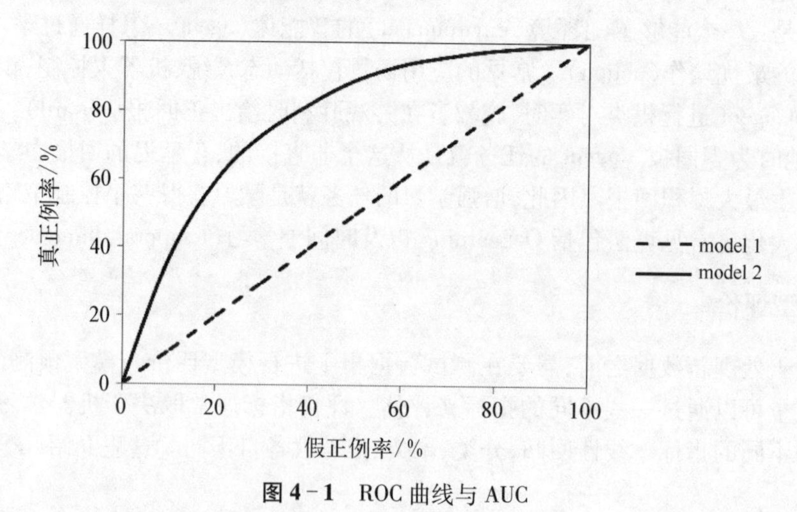

图4-1 ROC曲线与AUC

(2) F-measure。F-measure也称为F值或F_1值,它是另外一个评估分类的常用指标。在给出F-measure的定义之前,让我们先来看看另外两个术语的定义:召回率(recall)和精确率(precision)。

召回率(R)指的是模型对正例样本进行分类时分类正确的比例。精确率(P)指的是在所有预测为正例的样本中真正为正例的比例。精确率和召回率公式如下。

$$P = \frac{\mathrm{TP}}{\mathrm{TP} + \mathrm{FP}} \tag{4.1}$$

$$R = \frac{\mathrm{TP}}{\mathrm{TP} + \mathrm{FN}} \tag{4.2}$$

其中,TP(true positive)表示正例被正确预测为正类的样本数量,FP(false positive)表示负例被错误预测为正类的样本数量,FN(false negative)表示正例被错误预测为负类的样本数量。

模型的 F-measure 就是模型召回率和准确率的调和平均,如公式(4.3)。

$$F = \frac{2(P \cdot R)}{P + R} \tag{4.3}$$

模型的 F-measure 的取值范围为 0~1。最佳模型的 F-measure 值为 1,而最差的则为 0。

2. 均方根误差

均方根误差(RMSE)通常用于评估回归算法生成的模型。与其相关的另外一个指标是均方误差(MSE)。对于回归算法,误差指的是对于一个观察对象真实值和预测值之间的差值。顾名思义,MSE 就是误差平方的平均值。它先计算每一个观察对象的误差的平方,而后再计算这些误差平方的平均值。要计算 RMSE,取 MSE 的平方根即可。

$$\mathrm{RMSE} = \sqrt{\mathrm{MSE}(\hat{\hat{\theta}})} = \sqrt{\frac{\sum_{i=1}^{n} (y_i - \hat{y}_i)^2}{n}} \tag{4.4}$$

RMSE 和 MSE 都能表示训练误差。它们都捕获了模型预测值与真实值之间的差异,代表了模型和训练集的匹配程度。RMSE 或 MSE 越低,说明模型更加匹配训练集。

4.1.5　机器学习步骤

相比传统的机器学习,大数据下的机器学习样本数量大大扩充,数据的采集和量级已经不再是阻碍大数据研究的主要问题,而数据之间的关系,即哪些数据是有用的,哪些是冗余的甚至是对其他数据造成干扰的,这些数据之间是如何作用的才是目前大数据所面临的主要挑战。大数据在我们社会的各个方面存在着巨大的潜在价值,从大数据中获取有价值的信息却不是一个简单的任务。要从体量巨大、结构繁多的数据中挖掘出数据潜在的规律和我们所需要信息,从而使数据发挥最大化的价值,是大数据机器学习的一个核心目标。

面向大数据的机器学习一般包括如下步骤。

(1) 收集数据。机器学习流程的第一步就是获取训练模型所需的数据。获取数据的途径很多,比如用户浏览网站的活动记录、地理信息、评价推荐等。

(2) 数据预处理。获取的原始数据绝大多数情况下需要经过预处理才能被机器学习模型使用。预处理通常包括: 数据过滤,即只保留满足特定条件的数据;缺失、异常数据处理,即对不完整、存在错误或缺陷的数据进行补缺、剔除或修正等;数据汇总,即对多个数据源进行某种汇总,包括合并、统计等。

(3) 数据转换与特征提取。经过预处理后的数据需要进一步分析,将数据转换为适合机器学习模型的表现形式,如数值向量、矩阵等。这就是所谓的数据转换和特征提取。常见的情况包括：从文本数据中提取有用信息（如，分词）；处理图像和音视频数据；将连续数值数据转换为类别数据（如，将年龄分段定义老、中、青、少类别）；将类别数据进行数值编码（如，将男、女编码为1和0）；对特征进行正则化、归一化，保证不同输入变量的值域相同；通过特征工程将现有变量转换生成新的特征（如，从数据中求得用户的平均上网时间）。

（4）选择合适的机器学习方法，训练模型。数据转换完毕，就可以用来训练机器学习模型。这里需要解决对特定任务的最优建模方法的选择。通常，我们会尝试多种不同模型，并选出表现最好的那个。

（5）测试模型。要选择表现好的模型，关键是使用测试数据对训练好的模型进行性能测试，判断该模型对未知数据的预测能力（比如，准确度）。

（6）模型优化。这一问题是对特定模型最佳参数的选择。通过以上模型训练和测试的循环过程，尝试多种参数组合，找到使模型获取最优性能的参数组合。事实上，（4）—（6）是模型选择迭代过程的关键步骤，当最佳模型和模型最佳参数选定后，模型选择和训练的过程才结束。

（7）使用模型。最后，通过训练测试循环找出最佳模型后，需要将其部署到一个生产或服务系统中，使其发挥作用。

4.2 Spark MLlib 介绍

4.2.1 Spark 机器学习库简介

机器学习算法一般都有很多个步骤迭代计算的过程，机器学习的计算需要在多次迭代后获得足够小的误差或者足够收敛才会停止。而 Spark 基于内存的计算模型能够使多个步骤计算直接在内存中完成，只有在必要时才会操作磁盘和网络，所以说 Spark 正是机器学习的理想的平台。

Spark 从 1.2 版本开始提供了两个机器学习库，分别是基于 RDD 的 MLlib（spark. mllib 包）和基于 DataFrame 的 Spark ML Pipeline（spark. ml 包，简称 ML）[2]。Spark MLlib 历史比较长，在 1.0 以前的版本中已经包含，支持 4 种常见的机器学习问题：二元分类、回归、聚类和协同过滤。由于 MLlib 基于原始的 RDD，想要工具构建完整并且复杂的机器学习流水线是比较困难的。Spark ML Pipeline 弥补了原始 MLlib 库的不足，向用户提供了一个基于 DataFrame 的机器学习工作流式 API 套件，使用该 API，我们可以很方便地把数据处理、特征转换、正则化，以及多个机器学习算法联合起来，构建一个单一完整的机器学习流水线。显然，这种新的方式给我们提供了更灵活的方法，而且这也更符合机器学习过程的特点。

Spark 2.0 之后，MLlib 已经处于维护模式，主要的机器学习 API 是基于 DataFrame 的 Spark ML Pipeline。尽管如此，我们还是先来了解一下 MLlib 库，因为 MLlib 已经包含了丰富稳定的算法实现，并且部分 ML Pipeline 实现基于 MLlib。此外，并不是所有的机器学习过程都需要被构建成一个流水线，有时候原始数据格式整齐且完整，而且使用单一的算法就能实现目标，我们就没有必要把事情复杂化，采用最简单且容易理解的方式才是正确的选择。

Spark 机器学习的 Python 编程需要加载 Python API，pyspark 包。具体可参见 Spark

Python API 文档 http://spark.apache.org/docs/latest/api/python/index.html。需要注意的是 Spark1.3.0 之后的版本只支持 Python 2.6+版本。

4.2.2　Spark MLlib

MLlib 是 Spark 对常用的机器学习算法的实现库，目前支持 5 类常见的机器学习问题：分类(classification)、回归(regression)、聚类(clustering)、协同过滤(collaborative filtering)和降维(dimensionality reduction)。同时，它还包括相关的特征抽取、测试和优化工具。

Spark MLlib 架构是由底层基础、算法库和应用程序组成，如图 4-2 所示[3]。

底层基础：包括 Spark 运行库，进行线性代数相关计算的矩阵接口(matrix interface)和向量接口(vector interface)。这两种接口都使用 Scala 语言基于 Netlib 和 BLAS/LAPACK 开发的线性代数库 Breeze。

算法库：包括 Spark MLlib 实现的具体机器学习算法，以及算法相关的各类评估方法。分类和回归算法包括逻辑回归 LR、贝叶斯 NaïveBayes、支持向量机 SVM、最小二乘回归、岭回归、Lasso 回归等，它们的底层都是广义线性模型(GLM)，优化算法有三种：随机梯度下降法(SGD)、交替方向乘子法(ADMM)和牛顿法/限制内在(L-BFGS)。推荐算法实现了最小交替二乘法(ALS)，还提供了聚类 K-means 和决策树相关算法。最上层是提供的算法评估方法，如 AUC 等。

应用程序：包括测试数据的生成以及外部数据的加载等功能。

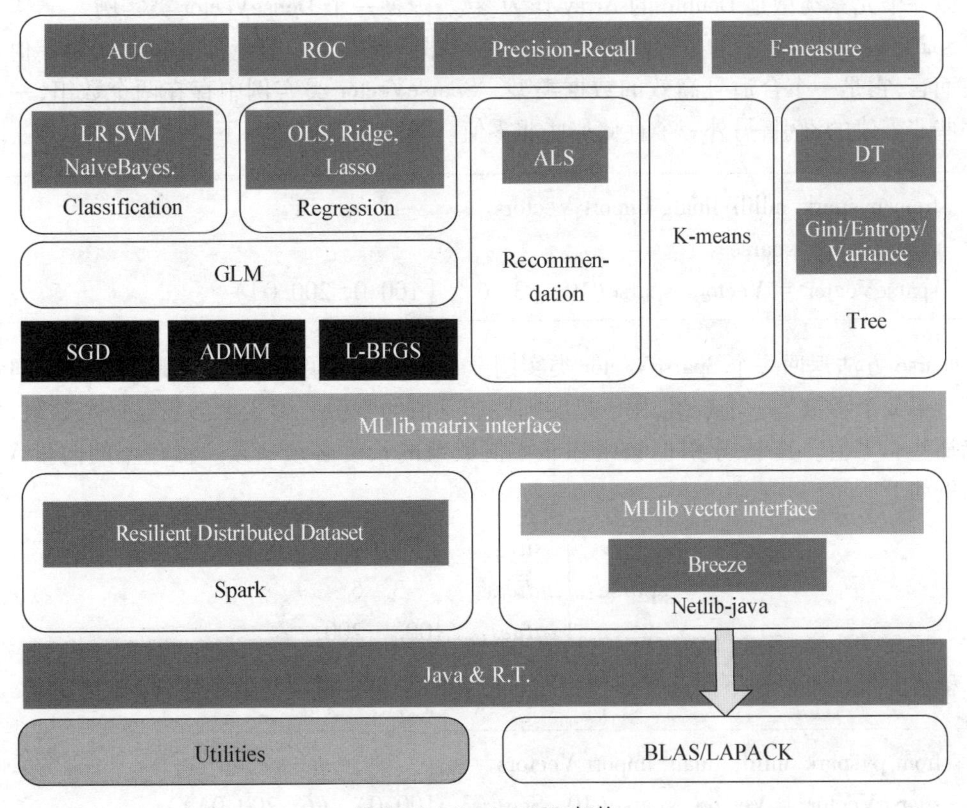

图 4-2　Spark MLlib 架构

1. 数据类型

MLlib 主要的数据抽象包括向量 Vector、标量 LabeledPoint、本地矩阵 Local Matrix 和分布式矩阵 Distributed Matrix。MLlib 中的机器学习算法和统计工具基于这些抽象表示的数据上。

(1) Vector。MLlib 中的 Vector 是线性代数中的向量这一概念的实现。它代表一个由 Double 类型数值构成的有索引的集合,这个集合的索引值从 0 开始而且是 Int 类型的。Vector 通常用来表示数据集中一个观察对象的一组特征。从概念上说,一个长度为 n 的 Vector 可以表示一个有 n 个特征的观察对象。换句话说,它用 n 维空间来表示一个元素。应用必须先导入 org. apache. spark. mllib. linalg. Vector 才能使用 MLlib 中的 Vector。

MLlib 支持两种类型的向量:紧密向量和稀疏向量,分别由 DenseVector 类和 SparseVector 类表示。

DenseVector 类的每一个索引位置存放的是一个 double 类型的值。它是基于数组实现的。紧密向量通常用于数据集中没有太多 0 值出现的情况。DenseVector 类实例可以像下面这样创建。

```
from pyspark. mllib. linalg import Vectors
denseVector = Vectors. dense(1.0, 0.0, 3.0)
```

dense 方法将根据提供给它的参数值创建一个 DenseVector 类实例。dense 的一个重载版本以一个元素类型是 Double 的 Array 作为参数,返回一个 DenseVector 类实例。

SparseVector 类表示的是稀疏向量,它只存储那些非零值。对于那些包含大量零值的数据集而言,它是一个合适且高效的数据类型。SparseVector 类实例中存在两个数组,一个存储那些非零值的索引,另外一个存储那些非零值。稀疏向量可以像下面这样创建。

```
from pyspark. mllib. linalg import Vectors
import scipy. sparse
sparseVector = Vectors. sparse(10, [3, 6], [100.0, 200.0])
```

sparse 方法返回一个 SparseVector 类实例。sparse 方法的第 1 个参数是这个稀疏向量的长度。第 2 个参数是一个数组,用于指明那些非零值的索引。第 3 个参数是一个数组,用于存储那些非零值。其中,索引值数组和非零值数组的长度必须一致。稀疏型的向量 Vector 的示例如下所示。

$$\text{sparse}: \begin{cases} \textit{size}: & 10 \\ \textit{indices}: & 3 \quad 6 \\ \textit{values}: & 100. \quad 200. \end{cases}$$

稀疏向量也可以像下面这样通过指明长度和一个包含索引与值的序列而创建出来。

```
from pyspark. mllib. linalg import Vectors
sparseVector = Vectors. sparse(10, Seq((3, 100.0), (6, 200.0)))
```

（2）LabeledPoint。标量 LabeledPoint 类型表示带标签数据集中的观察对象。LabeledPoint 包含观察对象的标签（因变量）和特征（自变量）。其中，标签是一个 Double 类型的值，特征则是以 Vector 类型存储。

由 LabeledPoint 构成的 RDD 是 MLlib 中用来代表有标签数据集的主要抽象。MLlib 提供的回归算法和分类算法都只能作用于由 LabeledPoint 构成的 RDD 上。因此，在使用数据集训练模型之前它必须被转换成一个由 LabeledPoint 构成的 RDD。

由于 LabeledPoint 中的标签是 Double 类型的，因此它可以用来表示数值标签，也可以用来表示类别标签。当我们将 LabeledPoint 用于回归算法时，LabeledPoint 中的标签存储的是数值。当我将 LabeledPoint 用于二元分类时，例如判断邮件是否为垃圾邮件时，标签要么是 1 要么是 0。其中，0 表示阴性标签，1 表示阳性标签。对于多元分类而言，标签存储的是一个从 0 开始的类别的索引值。

LabeledPoint 实例可以像下面这样创建出来。

```
from pyspark. mllib. linalg import SparseVector
from pyspark. mllib. regression import LabeledPoint
positive = LabeledPoint(1.0, Vectors. dense [1.0, 0.0, 3.0])
negative = LabeledPoint(0.0, SparseVector(3, [0, 2], [200.0, 300.0]))
```

这段代码创建了两个 LabeledPoint 实例。第 1 个实例表示 1 个有 3 个特征的正例观察对象。第 2 个实例表示 1 个有 3 个特征的负例观察对象。

（3）Local Matrix。对于矩阵 Matrix 而言，本地模式的矩阵如下所示。

```
from pyspark. mllib. linalg import Matrix, Matrices
# Create a dense matrix ((1.0, 2.0), (3.0, 4.0), (5.0, 6.0))
dm2 = Matrices. dense(3, 2, [1, 2, 3, 4, 5, 6])
# Create a sparse matrix ((9.0, 0.0), (0.0, 8.0), (0.0, 6.0))
sm = Matrices. sparse(3, 2, [0, 1, 3], [0, 2, 1], [9, 6, 8])
```

$$\begin{pmatrix} 1.0 & 2.0 \\ 3.0 & 4.0 \\ 5.0 & 6.0 \end{pmatrix} \quad \begin{pmatrix} 9.0 & 0.0 \\ 0.0 & 8.0 \\ 0.0 & 6.0 \end{pmatrix}$$

（4）Distributed Matrix。分布式矩阵包括 RowMatrix、IndexdRowMatrix 和 CoordinateMatrix。如图 4-3 所示。

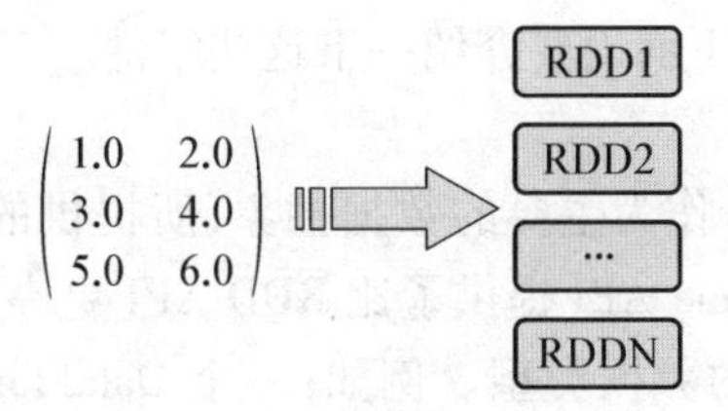

图 4-3　分布式矩阵

RowMatrix 直接通过 RDD[Vector]来定义并可以用来统计平均数、方差、协同方差等。

```
from pyspark.mllib.linalg.distributed import RowMatrix
from pyspark.mllib.linalg import Vectors
rows = sc.parallelize([[1, 2, 3], [4, 5, 6], [7,8, 9], [10, 11, 12]])
# Create a RowMatrix from an RDD of vectors.
mat = RowMatrix(rows)
m = mat.numRows()   # 4
n = mat.numCols()   # 3
```

而 IndexedRowMatrix 是带有索引的 Matrix,但其可以通过 toRowMatrix 方法来转换为 RowMatrix,从而利用其统计功能。

CoordinateMatrix 常用于稀疏性比较高的计算中,是由 RDD[MatrixEntry]来构建的, MatrixEntry 是一个 Tuple 类型的元素,其中包含行、列和元素值。

4.2.3 Spark ML Pipeline

Spark ML 基于 DataFrame 提供高性能的 API,帮助用户创新和优化实用的机器学习流水线。Spark ML Pipeline 最重要的特点有两方面: ① ML 框架下所有的数据源都是基于 DataFrame,因此其 API 操作也从 RDD 向 DataFrame 全面转变。② ML 将使用机器学习的 Library 转向构建一个机器学习的工作流系统,把整个机器学习过程抽象成 Pipeline,一个 Pipeline 是由多个 Stage 构成,每一个 Stage 都会完成一个任务,如数据集处理转化,模型训练,参数设置或数据预测等。

以构建一个机器学习任务为例,通常包括下面几个步骤:

① 读取数据;

② 对数据进行预处理;

③ 抽取特征;

④ 将数据划分成训练集、验证集、测试集;

⑤ 使用训练集来训练模型;

⑥ 使用交叉验证的技术对模型进行调校;

⑦ 使用测试集对模型进行评价;

⑧ 使用模型。

这里的每一步代表机器学习流水线的一个阶段 Stage。Spark ML 为这些阶段提供了相应的组件。Spark ML 引入的关键组件有 Transformer、Estimator、Pipeline、Parameter Grid、Cross-Validator、Evaluator 等。下面简要介绍一下这些组件。

1. DataFrame

Spark ML 使用 DataFrame 作为主要的数据抽象,所提供的机器学习算法与模型操作的对象都是 DataFrame。DataFrame API 提供了比 RDD API 更高阶的抽象来表示结构化数据,它支持用有名列来表示不同的数据类型。例如,一个 DataFrame 可以用不同的列来存储原始数据、特行特征向量、实际标签和预测标签。另外,DataFrame API 还支持各种各样的数据源。

在数据用于训练模型之前，进行数据清洗和特征工程的工作往往占据了机器学习任务的大部分工作量。与 RDD API 相比，使用 DaFrame API 进行数据预处理、特征抽取，特征工程会更加方便。例如，使用 DataFrame API 就能够很轻松地从现有的列中创建一个新列并将它添加到原 DataFrame 中。

2. Transformer

Transformer 实现从已有 DataFrame 创建出一个新的 DataFrame 的方法。DataFrame 是一种不可变数据结构，所以 Tansformer 不会对输入的 DataFrame 进行修改，它会返回一个包含了输入 DataFrame 和新列的新的 DataFrame。

Spark ML 提供了两类 Transformer：特征转换器（feature transformers）和机器学习模型（learned models）。特征转换器会创建一个或多个新列，返回一个包含了这些新列的 DataFrame。这些新列是通过对输入数据集上的某一列进行转换操作而得到的。举例来说，如果输入数据集有一列包含了若干个句子，那么就可以执行将句子中的单词拆分出来的特征转换操作，从而创建一个存储单词数组的新列。一个学习模型以一个 DataFrame 作为输入，读取包含特征向量 Vector 的列，为其预测标签，输出一个预测标签附加列的新 DataFrame。

3. Estimator

Estimator 表示一个机器学习算法，它将在训练数据集上训练机器学习模型，实现一个名为 fit()的方法，这个方法接受一个 DataFrame 参数，产生一个 Transformer 学习模型。例如，Estiamtor 的 LinearRegression 类，它调用 fit()方法返回一个 LinearRegression Model 类实例。

4. Pipeline

一个 Pipeline 将多个 Transformers 和 Estimators 以指定的顺序连接起来，从而形成一个机器学习工作流。从概念上看，它将机器学习工作流中的数据预处理、特征抽取、模型训练这几步中串联起来了。

一个 Pipeline 由一系列的阶段构成，每一个阶段要么是 Transformer，要么是 Estimator，并以指定的顺序依次执行。

Pipeline 本身也是 Estimator，它实现了 fit()方法。fit()方法返回一个 PipelineModel 是一个 Transformer。

当创建一个 Pipeline 时，Pipeline 的 fit()方法会按照创建时指定的顺序阶段调用每一个 Transformer 的 transform()方法和每一个 Estimator 的 fit()方法。每一个 Transformer 都把一个 DataFrame 当作输入，并返回一个新的 DataFrame，这个新的 DataFrame 会被当成 Pipeline 中下一个阶段的输入。如果一个阶段是 Estimator，就会调用它的 fit()方法来训练模型。fit()方法返回的模型也是一个 Transformer，它将会对上一个阶段的输出进行转换操作，输出则当成下一阶段的输入。

5. PipelineModel

PipelineModel 表示一个确定的流水线，它由 Pipeline 的 fit()方法生成。除了 Estimator 以外，它与生成它的 Pipeline 有同样的阶段。这些 Estimator 被自己训练出来的模型代替掉了。换句话说，所有的 Estimator 都被 Transformer 代替了。

实际上，一个 PipelineModel 就是一个 Transformer 序列。当把一个 DataFrame 作为参数

调用 PipelineModel 的 transform( )方法时,它会依次调用序列中每一个 Transformer 的 transform( )方法。每一个 Transformer 的 transform 方法会输出一个新的 DataFrame,这个 DataFrame 会被当作序列中下一个 Transformer 的输入。

6. Evaluator

Evaluator 用来对模型的预测表现进行评价,它提供了一个名为 evaluate( )的方法,这个方法的参数是一个 DataFrame,返回一个标量指标。作为参数的 DataFrame 必须包含名为 label 和 prediction 的列。

7. 网格搜索

机器学习模型的性能与训练阶段提供给机器学习算法的超参数密切相关。例如,使用 logistic 回归算法训练的模型表现就取决于每次梯度下降的步长和迭代的次数。但是,要找出用于训练最佳模型的超参数组合往往是困难的。在超参数空间进行网格搜索是一个用来寻找最佳超参数的重要方法。

在网格搜索中,我们使用超参数空间的一个指定子集中的每一个超参数组合来训练模型。

举例来说,一个需要两个实数超参数 p1、p2 的训练算法。相对于直接猜测 p1、p2 的最佳值,我们可以进行网格搜索。这里设置 p1 的可取值为 0.01、0.1、1,p2 的可取值为 20、40、60。这样,p1 和 p2 一共就有 9 种不同组合。我们分别用每种组合来训练模型,然后选取其中评价指标最好的。

网格搜索是一个费时操作,但是它是一种比猜测超参数最优值更好的调校超参数的方法。通常来说,在寻找表现最佳的模型的过程中,这是必需的一步。

8. CrossValidator

CrossValidator 用于针对当前的机器学习任务找到训练最优模型的最佳超参数组合。它需要一个 Estimator、一个 Evaluator、一组超参数。

CrossValidator 使用 k 折交叉验证和对超参数进行网格搜索的方式来调校模型。它将训练数据集分成 k 份,这里 k 的值由用户指定。例如,如果 k 为 10,那么 CrossValidator 将会从输入数据集生成 10 对训练数据集和测试数据集,每一对中 90%的数据用于训练,剩余的 10%用于测试。接下来,根据用户指定的超参数集合生成所有的超参数组合。对于每一个组合,都会使用训练数据集来训练模型(这里使用 Estimator),使用测试数据集对生成的模型进行评价(这里使用 Evaluator)。对所有的 k 对训练数据集和测试数据集,都执行这一步,并且为每个超参数组合计算出它的指定评价指标的平均值。我们选取其中平均评价指标最佳的超参数组合作为最佳超参数。最后,CrossValidator 使用这个最佳超参数在整个数据集上训练模型。

需要注意的是,虽然 CrossValidator 操作相当费时,但它是一个行之有效的选择最佳超参数的方法。

4.3 机器学习应用实例

本节我们学习如何使用 Spark 机器学习 API 实现机器学习的应用。我们将介绍三个典型机器学习应用的实例,包括无监督机器学习聚类和有监督机器学习回归和分类。前两个实例将基于 MLlib 库,使用 pyspark. mllib package 实现;最后一个实例基于最新的 ML 流水线,使用 pyspark. ml. package 实现机器学习过程。

4.3.1　电影题材聚类实例

所谓聚类问题,就是给定一个元素集合 D,其中每个元素具有 n 个可观察属性,使用某种算法将 D 划分成 k 个子集,要求每个子集内部的元素之间相异度尽可能低,而不同子集的元素相异度尽可能高。其中每个子集叫作一个簇。

聚类分析(cluster analysis)与分类不同,分类是示例式学习,要求分类前明确各个类别,并断言每个元素映射到一个类别。而聚类是观察式学习,在聚类前可以不知道类别甚至不给定类别数量,是无监督学习的一种。目前聚类广泛应用于统计学、生物学、数据库技术和市场营销等领域,相应的算法也非常多。

本例中,我们将以经典的 K - means 聚类方法为基础,使用 Spark MLlib API 实现电影题材的聚类[5]。

1. 算法说明

在本实例中将使用 K -均值(K - means)算法。K -均值算法属于基于平方误差的迭代重分配聚类算法,它试图将一系列样本分割成 K 个不同的类簇,并最小化所有类簇中的方差之和。K -均值的形式化目标函数为类簇内方差和,如公式(4.5)所示。

$$I = \sum_{i=1}^{n} \sum_{j=1}^{n} (x(j) - u(i))^2 \tag{4.5}$$

其中,$u(i)$ 为第 i 个簇的中心,$x(j)$ 是簇内的样本。

K -均值算法过程如下:

① 随机选择 K 个中心点;

② 计算所有点到这 K 个中心点的距离,选择距离最近的中心点为其所在的簇;

③ 简单地采用算术平均数(mean)来重新计算 K 个簇的中心;

④ 重复步骤 2 和 3,直至簇类不再发生变化或者达到最大迭代值;

⑤ 输出结果。

K - Means 算法的结果好坏依赖于对初始聚类中心的选择,容易陷入局部最优解,对 K 值的选择没有准则可依循,对异常数据较为敏感,只能处理数值属性的数据,聚类结构可能不平衡。

通常应用时,我们都会先调用 KMeans. train 方法对数据集进行聚类训练,这个方法会返回 KMeansModel 类实例,然后我们也可以使用 KMeansModel. predict 方法对新的数据点进行所属聚类的预测。KMeansModel. predict 方法接受不同的参数,可以是向量,或者 RDD,返回是输入参数所属的聚类的索引号。

2. 数据集

本章中的所有三个实例使用的数据集来源都是 UCI Machine Learning Repository 数据库[6],UCI 是加州大学欧文分校 (University of California Irvine) 提供的用于机器学习的数据库,截至 2018 年 1 月,这个数据库共收录了 416 个数据集,其数量还在不断增加中。

本实例使用的数据集是 Wholesale customer Data Set，下载地址：http://archive.ics.uci.edu/ml/datasets/Wholesale+customers。Wholesale customer Data Set 是引用某批发经销商的客户在各种类别产品上的年消费数。我们将根据目标客户的消费数据，将每一列视为一个特征指标，对数据集进行聚类分析。这些特征包括：渠道(channel)、区域(region)、生鲜(fresh)、奶制品(milk)、杂货(grocery)、冷冻(frozen)、清洁用品(detergents_paper)、其他(delicassen)。

打开文件第一行可以看到文件每列的关键字

```
> head -1 "Wholesale customers data.csv"
```

可以得到出如输出结果：

```
Channel, Region, Fresh, Milk, Grocery, Frozen, Detergents_Paper, Delicassen
```

在 Spark 处理数据之前，需要把第一行的去掉：

```
> sed 1d "Wholesale customers data.csv"> Wholesale.csv
```

3. 程序代码

使用 Spark Python API 来实现算法，首先需要引入必要的科学计算库，包括 numpy、math。同时，需要调用 clustering 的 KMeansModel。

```
from numpy import array
from math import sqrt
from pyspark.mllib.clustering import KMeans, KMeansModel
```

初始化 Spark。先将 Spark 的 SparkContext，SparkConf 类 import 到程序中。初始化一个 Spark 程序，要做的第一件事就是创建一个 SparkContext 对象来告诉 Spark 如何连接一个集群。为了创建 SparkContext，你首先需要创建一个 SparkConf 对象，这个对象会包含应用的一些相关信息，例如应用名称“Spark:K-Means Clustering”。

```
from pyspark import SparkContext, SparkConf
conf = SparkConf().setAppName("Spark:K-Means Clustering")
sc = SparkContext(conf = conf)
```

装载数据集，将 RDD 缓存在内存中。Spark 的一个重要功能就是在将数据集持久化(或缓存)到内存中以便在多个操作中重复使用。这使得接下来的计算过程速度能够加快(经常能加快超过十倍的速度)。缓存是加快迭代算法和快速交互过程速度的关键工具，可以通过调用 persist 或 cache 方法来持久化 RDD。

```
rawData = sc.textFile("/path/Wholesale.csv")
rawData.persist()
```

统计数据量查看前四行数据,其输出第一行为列的名称。

```
rawData.count()
rawData.take(4)
```

```
400
[u'2,3,12669,9656,7561,214,2674,1338',
u'2,3,7057,9810,9568,1762,3293,1776',
u'2,3,6353,8808,7684,2405,3516,7844',
u'1,3,13265,1196,4221,6404,507,1788']
```

接下来,我们对原始格式的数据进行特征抽取。由于数据是CSV格式,每行中的特征列是以“,”分割。

```
parsedData = rawData.map (lambda
     line: array([int(x) for x in line.split(",")]))
```

把数据集分为训练集和测试集。我们使用Sample随机采样得到测试集,使用subtractByKey方法得到剩下的训练集。Sample有三个参数sample(withReplacement, fraction, seed),第一个参数是布尔类型,指是否有替代对象,第二个参数是数据采集的比例,第三个是一个随机算子。由于subtractByKey只能用于元素键-值对的RDD,我们需要使用zipWithIndex先处理数据,得到一个有序的二元组(LabledPoint, index)的RDD。最后,忽略index,仅保留数据的值,并统计测试集和训练集中的数据量分别为84和356。

```
dataWithIdex = parsedData.zipWithIndex().map(lambda (k,v):(v,k))
test= dataWithIdex.sample(False, 0.2, 42)
training = dataWithIdex.subtractByKey(test)
testData = test.values().cache()
trainingData = training.values().cache()
testData.count()
trainingData.count()
```

```
84
356
```

下面,设置*K*-means相关的参数。我们将聚类个数*k*设为8;*K*-means算法的最大迭代次数设为30;初始化算法可以选择random或者*K*-means II,其随机算子seed默认为None。使用*K*-means训练聚类模型。

```
k = 8
maxIterations = 30
clusters = KMeans.train(trainingData,k,maxIterations,initializationMode="k-means||",
seed = 50)
```

用 clusterCenters()获取类簇中心点,并将其格式统一为整形。打印各个类簇中心点。

```
cluster = clusters.clusterCenters
cluster = array (clusters.clusterCenters, dtype = int)
print "Cluster Number: %d"%len(cluster)
print "Cluster Centers Information Overview:"
for i in range(len(cluster)):
    print "Center Point of Cluster "+ str(i) +": "+ str(cluster[i])
```

```
Cluster Number: 8
Cluster Centers Information Overview:
Center Point of Cluster 0:
[    1     2  5697   3661   4573   2292   1402    994]
Center Point of Cluster 1:
[    1     2 19122   3259   4650   3960   1026   1640]
Center Point of Cluster 2:
[    1     3 33310 49299 37894 10742 15103 14770]
Center Point of Cluster 3:
[    1     2  5284 13407 20837   1604   9465   1740]
  ……
```

用测试数据集对训练好的模型进行检验,输出每条测试数据所在的类簇编号。

```
for dataLine in testData.collect():
    index = clusters.predict(dataLine)
    print "The data "+ str (dataLine) +" belongs to cluster "+ str(index)
```

```
The data [    2     3  6353  8808  7684  2405  3516  7844] belongs to cluster 0
The data [    1     3 13265  1196  4221  6404   507  1788] belongs to cluster 1
The data [    2     3  6006 11093 18881  1159  7425  2098] belongs to cluster 3
The data [    2     3 21217  6208 14982  3095  6707   602] belongs to cluster 1
The data [    2     3  1020  8816 12121   134  4508  1080] belongs to cluster 0
……
```

对聚类精度的评价,我们希望类簇内每个点到其聚类中心的距离最小,即组内平方和 WCSS(within-cluster sum of squares)最小。Spark MLlib 在 KMeansModel 类里提供了 computeCost()方法来评估聚类的效果。

```
wcss_train = clusters.computeCost(trainingData)
wcss = clusters.computeCost(testData)
print "Clustering score for k =%d is %0.2f for training dataset, %0.2f for testing dataset"%(k, wcss_train, wcss)
```

```
Clustering score for k = 8 is 31761299469.78 for training dataset, 9124327631.98 for testing dataset
```

4. *如何选择 K*

K 的选择是 *K*-means 算法的关键，一般来说，相同迭代次数和算法运行次数下，WCSS 这个值越小代表聚类的效果越好。但是在实际情况下，我们还要考虑到聚类结果的可解释性，不能一味地选择使 computeCost 结果值最小的那个 *K*。下面的代码中，我们设置了一个 *K* 的矩阵，对每个 *K* 值进行模型训练，并计算其代价，最终结果如图 4－3 所示。

```
ks= [3,4,5,6,7,8,9,10,11,12,13,14,15,16,17,18,19,20]
for k in ks:
    model = KMeans.train(trainingData, k, 30)
    ssd = model.computeCost(trainingData)
    print "Sum of squared distances of points to their nearest center when k=%d -> %0.2f" %(k , ssd)
```

```
Sum of squared distances of points to their nearest center when k=3 -> 66916485529.23
Sum of squared distances of points to their nearest center when k=4 -> 54169213847.90
Sum of squared distances of points to their nearest center when k=5 -> 43645446768.15
Sum of squared distances of points to their nearest center when k=6 -> 38935871877.61
Sum of squared distances of points to their nearest center when k=7 -> 33823931720.85
Sum of squared distances of points to their nearest center when k=8 -> 28761694973.17
Sum of squared distances of points to their nearest center when k=9 -> 29739346120.89
Sum of squared distances of points to their nearest center when k=10 -> 25640520604.14
Sum of squared distances of points to their nearest center when k=11 -> 22845575184.84
Sum of squared distances of points to their nearest center when k=12 -> 21943797278.03
Sum of squared distances of points to their nearest center when k=13 -> 21470077232.59
Sum of squared distances of points to their nearest center when k=14 -> 17634994253.91
Sum of squared distances of points to their nearest center when k=15 -> 17206855033.13
Sum of squared distances of points to their nearest center when k=16 -> 16894541057.78
Sum of squared distances of points to their nearest center when k=17 -> 15113372927.02
Sum of squared distances of points to their nearest center when k=18 -> 15280144777.85
Sum of squared distances of points to their nearest center when k=19 -> 15741349171.58
Sum of squared distances of points to their nearest center when k=20 -> 13964323364.04
```

图 4－4　不同 *K* 值下的计算代价

从图 4－4 的运行结果可以看到，当 *K*=9 时，cost 值有波动，但是后面又逐渐减小了，通常我们选择 *K*=8 这个临界点（有时为拐点）作为最优的 *K* 值。当然可以多跑几次，找一个稳定的 *K* 值。理论上 *K* 的值越大，聚类的 cost 越小，极限情况下，每个点都是一个聚类，这时候 cost 是 0，但是显然这不是一个具有实际意义的聚类结果。

4.3.2　自行车出租量回归预测实例

回归模型是监督学习的一种形式，通常我们用回归模型来根据一些观察到的数据特征来预测某种数值结果。例如，根据房屋面积、房屋类型、地理位置等预测房价。本例中，我们将使用回归模型来预测某一自行车出租行的出租量。

1. *算法说明*

我们将使用最简单的线性回归来实现本例。

线性回归是利用称为线性回归方程的函数对一个或多个自变量和因变量之间关系进行建模的一种回归分析方法，只有一个自变量的情况称为简单回归，大于一个自变量情况的叫作多元回归，在实际情况中大多数都是多元回归。如公式(4.5)所示。线性回归模型本质上与对应的线性分类模型一样，唯一的区别是线性回归使用的损失函数、相关连接函数和决策函数不同。

$$f(x)=\beta_0+\sum_{j=1}^{m}x_j\beta_j \tag{4.6}$$

回归问题中通常使用最小二乘法(least squares)来迭代最优的特征中每个属性的比重。最小二乘法的损失函数(loss function)是平方损失，表示所有训练数据预测值与实际类别的偏差，定义如(4.7)。

$$L=\frac{1}{2}\sum_{i=1}^{n}(y_i-f(x_i))^2 \tag{4.7}$$

通过损失函数来设置收敛状态，损失函数的值越小表示预测函数越准确。找到最小值有不同的方法，Spark ML 中使用梯度下降法 SGD(stochastic gradient descent,SGD)和拟牛顿法 LBFGS。

Spark ML 中标准的最小二乘回归不使用正则化，当应用 L1 正则化时称为 LASSO 回归，L2 正则化时称为岭回归(ridge regression)。除支持 L1 和 L2 正则化，Spark ML 还支持 elastic net 正则化，它是 L1 和 L2 的线性组合。正则化的目的是防止过拟合。

2. 数据集

本例中，我们使用 bike sharing 数据集。该数据集记录了 bike sharing 系统每小时出租自行车的次数，并包括日期、时间、天气等相关信息。(数据集下载地址：http://archive.ics.uci.edu/ml/datasets/bike+sharing+dataset，相关论文参见[7])。

下载并解压 Bike-Sharing-Dataset.zip 后，我们只使用其中的 hour.csv 文件作实验。打开文件第一行是每列的关键字。

```
> head -1 hour.csv
```

可以得到如下输出结果。

```
instant, dteday, season, yr, mnth, hr, holiday, weekday, workingday, weathersit,
temp, atemp, hum, windspeed, casual, registered, cnt
```

在 Spark 处理数据之前，需要把第一行的去掉。

```
> sed 1d hour.csv > hour_noheader.csv
```

我们将以 season(季节)，yr(年)，mnth(月)，hr(时刻)，holiday(是否是节假日)，weekday(星期几)，workingday(是否为工作日)，weathersit(天气类型)，temp(气温)，atemp(体感温度)，hum(湿度)，windspeed(风速)，这 12 个列作为自变量，以 cnt 这个自行车出租

的总次数作为目标变量。

此处,忽略 instant 和 dteday,以及 casual 和 registered 四个变量,前两个变量分别是序号和日期,后两个变量之和是 cnt。

3. 程序代码

回归模型要使用 LabeledPoint 类。回归模型的预测目标是实数变量,而 LabeledPoint 类中的 Label 字段使用 Double 类型。

这个例子,我们不再详细分解每一步骤,只注释一些关键步骤。

```
from pyspark import SparkConf, SparkContext
from pyspark.mllib.linalg import Vector,Vectors
from pyspark.mllib.regression import LabeledPoint, LinearRegressionWithSGD
object linnear_regression_online {
 def main(args:Array[String]): Unit ={
   #设置环境
   conf= SparkConf(appName = "Regression",master = "local")
   sc= SparkContext(conf=conf)
   #准备训练集合。我们将只使用 2-13,16 列数据。10-13 及 16 列均为实数变量,
由于 2-9 列为类型变量,需要将其表示成二维形式。
   raw_data=sc.textFile("/path/hour_noheader.csv")
   records = raw_data.map(lambda line: line.split(",")).cache()
   #定义二元向量映射。首先将第 idx 列的特征值去重,然后用 zipWithIndex()函数映
射到唯一的索引,collectAsMap()返回这个键-值对,键是变量,值是索引。
   def get_mapping (rdd,idx):
     rdds = rdd.map(lambda col: col[idx]).distinct()
     return rdds.zipWithIndex().collectAsMap()
   //映射 2-9 列,并计算映射后二元向量的长度
   mappings = [get_mapping(records, i) for i in range (2,10)]
   cat_len = sum(map(len, mappings))

   #定义特征提取函数和标签提取函数,便于对每条记录提取特征和标签。Extract_
feature 函数遍历了数据的每一行和每一列,根据已创建的映射对每个特征进行二元编
码,其中 step 是用来保证非 0 特征在整个特征向量中位于正确的位置。最后,将二元向
量和数值向量拼接起来。
   import numpy as np
   def extract_features (record):
     cat_vec = np.zeros(cat_len)
     i=0
     step = 0
```

```
    for field in record[2:9]:
        m = mappings[i]
        idx = m[field]
        cat_vec[idx + step] = 1
        i = i+1
        step = step + len(m)
    num_vec = np.array([float(field) for field in record[10:14]])
    return np.concatenate((cat_vec, num_vec))

def extract_label(record):
    return float(record[-1])
```

#接下来,我们可以对每个数据记录提取特征向量和标签了。根据打印结果,我们会看到原始数据已经转换为二元类型特征和实数特征,并连接成了长度为61的特征向量。

```
data = records.map(lambda r:
        LabeledPoint(extract_label(r),extract_features(r)))
print "Raw Data: " + str(records.first())
print "Label: "+ str(data.first().label)
print "Features: "+str(data.first().features)
print "Feature vector length: "+str(len(data.first().features))
#以下是将数据分成测试集和训练集
dataWithIdex = data.zipWithIndex().map(lambda (k,v):(v,k))
test= dataWithIdex.sample(False, 0.2, 42)
training = dataWithIdex.subtractByKey(test)
trainingData = training.map(lambda (idx, p):p)
testData = test.map(lambda(idx,p):p)
```

#建立模型,预测自行车出租量

#设置线性回归参数:最大迭代次数10次,正则化参数0.1,正则化类型L2。采用SGD优化,步长为0.1。

```
lr = LinearRegressionWithSGD.train (trainingData, iterations = 10, step = 0.1, regParam=0.1, regType=" l2", intercept =False)
#输出模型在训练集上的预测效果
predicted = trainingData.map(lambda p: (float(lr.predict(p.features)),p.label))
print "Linear Regression Model Predictions: " + str(predicted.take(5))
```

#模型训练结果在测试集上的评价,可以用均方误差MSE和均方根误差RMSE衡量,R-平方系数可以用来评估模型拟合数据的优劣,值域为[0,1],1表示模型完美拟合数据。

```
from pyspark. mllib. evaluation import RegressionMetrics
valuesAndPreds=testData. map(lambda p: (float(lr. predict(p. features)), p. label))
metrics = RegressionMetrics(valuesAndPreds)
print(" MSE = %s"% metrics. meanSquaredError)
print(" RMSE = %s"% metrics. rootMeanSquaredError)
print(" r2 = %s"% metrics. r2)
#* * * * * * * * * * * * * * * * * * * * * * * * * * * * * * * * * *
# 参数优化对模型性能的影响
#* * * * * * * * * * * * * * * * * * * * * * * * * * * * * * *
def evaluate (train, test, iterations, step, regparam, regtype, intercept):
  model = LinearRegressionWithSGD. train (train, iterations, step, regParam =
regparam, regType=regtype, intercept=intercept)
  result = test. map(lambda p: (float(model. predict(p. features)), p. label))
  rmse = RegressionMetrics(result). rootMeanSquaredError
  return rmse
#迭代次数对 SGD 训练模型的影响
params = [1, 10, 20, 50, 100, 200]
evaluation = [evaluate(trainingData, testData, param, 0. 05, 0. 0, 'l2', False) for
param in params]
print "Param: " + str(params)
print "RMSE: " + str(evaluation)
#画图观察迭代次数与性能变化情况
import matplotlib. pyplot as plt
plot(params, evaluation)
fig = plt. gcf()
plt. show()

sc. stop()
  }
}
```

本例最后输出的迭代次数与模型性能变化的关系如图 4－5 所示。随着迭代次数的增加,RMSE 值逐渐减小(即性能有所提高),但下降速率越来越小。需要注意的是,迭代次数越高,模型训练的时间也越长。

本例中,我们只使用了简单的线性回归 LinearRegression 来实现预测。大家可以尝试使用其他回归方法。

如 Decision tree regression,需要调用:

```
from pyspark. ml. regression import DecisionTreeRegressor
```

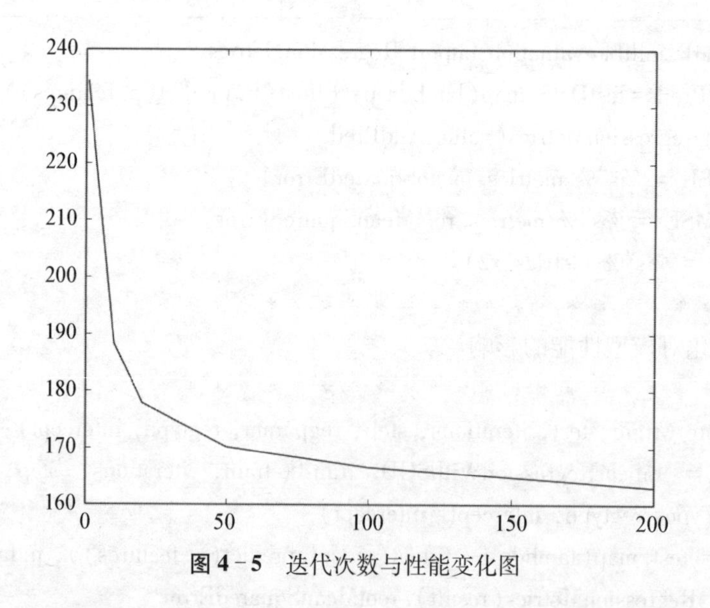

图 4-5 迭代次数与性能变化图

4.3.3 网站正负面评价分类实例

现实生活和工作中有许多二分类问题,例如:预测一个用户是否点击特定的商品、用户的性别是男还是女、肿瘤是良性还是恶性等。本例中,我们将基于 Spark ML API 实现一个二分类模型,来判断对一个网站的评价是正面的还是负面的[4]。

1. 算法说明

逻辑回归(logistic regression)是一种简单、高效的二元分类算法。它使用 logistic 函数来为未标注的观察对象预测每个标签值的可能性。Logistic 函数如公式(4.8)所示。

$$P(Y = 1 \mid x;\ w) = \frac{1}{1 - e^{-w \cdot x}} \tag{4.8}$$

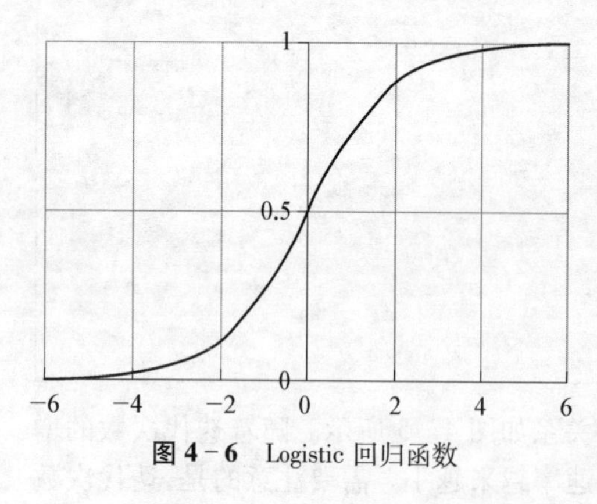

图 4-6 Logistic 回归函数

式中,x 表示预测变量;w 是权重;Y 表示类别,取值{0, 1}。逻辑回归输出的是一个概率,其函数图像如图 4-6 所示。当概率大于 0.5 时,输出为正例,否则为负例。选择 0.5 作为阈值是一个一般的做法,实际应用时特定的情况可以选择不同阈值,如果对正例的判别准确性要求高,可以选择阈值大一些,对正例的召回要求高,则可以选择阈值小一些。

2. 数据集

我们将使用带有情绪标签的句子数据集,下载地址 https://archive.ics.uci.edu/ml/datasets/Sentiment+Labelled+Sentences。此数据集在 Kotzias 等人的论文[8]中首次被创建和使用。

这个数据集包含了来自以下三个网站的评价样本:imdb.com、amazon.com、yelp.com。每个网站随机选择了 500 个正面评价和 500 个负面评价。负面评价的标签为 0,正面评价的标签为 1。评价和标签用制表符隔开。为简单起见，我们只使用来自 imdb. com 的评价。这些评价位于文件 imdb_labelled. txt 中。

3. 程序代码

作为第一个 Spark ML Pipeline 的代码示例，我们先以 Spark shell 方式，交互式地开发一个机器学习工作流。

首先，从终端运行 pyspark 命令，在 Python shell 中使用 Spark。

```
/path/spark/bin/pyspark
```

Python 下的 SparkContext 是 Spark 的主入口点，SparkConf 用于配置 Spark 应用的参数。Spark2. 0 以后版本引入了 SparkSession 作为 DataFrame 和 SQL 功能的切入点，它实质上是 SQLContext 和 HiveContext 的组合。由于 SparkSession 内部封装了 SparkContext，计算实际上是由 SparkContext 完成的。我们可以配置 Spark 应用程序的名字、主机 master 的连接 URL，在 config( ) 中以（键，值）的形式配置应用参数。getOrCreate( ) 表明可以视情况新建 session 或利用已有的 Spark session。

```
from pyspark. sql import SparkSession
spark = SparkSession. builder \
            . master(" local") \
            . appName(" Spark: Classification") \
            . config(" spark. some. config. option", "some-value") \
            . getOrCreate()
```

从下载的数据集中创建 RDD。请确认输入文件的路径是正确的。

```
lines = sc. textFile("/path/imdb_labelled. txt")
```

为了将数据物化在内存中，我们调用了行动方法。count 操作会触发计算，而计算就需要从磁盘读取数据，因此这一步能帮助我们检验传递给 SparkContext 的 textFile 方法的文件路径是否正确。本例中输出结果为 1000。

```
lines. count( )
```

```
1000
```

原始格式的数据是无法直接被机器学习算法所使用的，所以我们需要做特征抽取的工作（也称为特征工程）。特征工程的第一步处理就是将评价和标签分离。此数据集中评价和标签是以制表符隔开的。

```
columns = lines. map(lambda x: x. split("\t"))
reviewRDD = columns. map(lambda x: (x[0], float(x[1])))
```

上面的代码生成了一个由字符串数组构成的 RDD。每一个数组的第一个元素是评价，第二个元素是标签。可以像下面这样检查 RDD 中的一项。

```
reviewRDD.first()
```

```
(u'A very, very, very slow-moving, aimless movie about a distressed, drifting young man.   ', 0.0)
```

为了评价训练出来模型的表现情况，需要一个测试数据集。因此，预留一部分数据(20%)用于模型测试。我们先来分出训练集和测试集。这里使用了 randomSplit 来根据权重(weights)来拆分一个 RDD，2 是一个随机算子(seed)。

```
trainingRDD, testRDD = reviewRDD.randomSplit([0.8,0.2], 2)
```

Spark ML Pipeline 是基于 DataFrame 的，所以需要使用 spark.creatDataFrame()，根据一个 RDD 或一个列表来创建一个 DataFrame。创建时，可以使用 schema 来指定数据类型 DataType，schema 的参数打包在 StructType 结构中，使用 structField 加入数据名称和类型定义。当 schema 是 list，每一列的类型将从 data 推断。默认情况下 schema 是 None，系统将根据 RDD 数据尝试推断 schema（列名称和类型）。

```
from pyspark.sql.types import *
schema = StructType([
        StructField("text", StringType(), True),
        StructField("label", DoubleType(), True)])
trainingData = spark.createDataFrame(trainingRDD, schema).cache()
testData = spark.createDataFrame(testRDD, schema).cache()
trainingData.first()
```

```
[Row(text=u'A very, very, very slow-moving, aimless movie about a distressed, drifting young man.', label=0)]
```

下一步，进行完整性检查。验证数据格式并计算正面和负面评价各自的条数。

```
trainingData.groupBy("label").count().show()
```

```
+-----+-----+
|label|count|
+-----+-----+
|  0.0|  389|
|  1.0|  408|
+-----+-----+
```

至此，数据还未格式化成适用于机器学习算法的格式。需要为数据集中的每一个评价创建一个特征 Vector。Spark ML 提供了一系列 Transformer 来做这件事。

```
from pyspark.ml.feature import HashingTF, Tokenizer
tokenizer = Tokenizer(inputCol = "text",outputCol = "words")
```

tokenizer 是一个 Transformer,它能够将输入的字符串转化成小写,并以空格为分隔符将输入的字符串切分成一堆单词。这里创建的 tokenizer 把一个包含列名为 text 的 DataFrame 作为输入,输出一个新的 DataFrame,这个新 DataFrame 包含一个名为 words 的新列。对于 text 列中的每一个评价,words 列以数组的形式存储评价句子中的单词。

可以像下面这样调用 tokenizer 的 transform 方法来检查其输出 DataFrame 的格式。

```
tokenizedData = tokenizer.transform(trainingData)
tokenizedData
```

```
DataFrame[text: string, label: double, words: array<string>]
```

接下来,创建表示评价的特征向量(Vector)。HashingTF 是一个哈希函数 Transformer,它将一系列单词转换成一个定长的特征向量,并将评价中的单词与它们的频率对应起来。下面的代码首先创建一个 HashingTF 类实例。然后设置特征的数量 1 000,输入 DataFrame 中用于生成特征 Vector 的列名(tokenizer.getOutputCol()),HashingTF 将要生成的包含特征 Vector 的新列名“featuers”。

```
hashingTF = HashingTF (inputCol = tokenizer.getOutputCol (), outputCol =
"features", numFeatures=1000)
```

可以像下面这样调用 harshingTF 的 transformer 方法来检查其输出 DataFrame 的格式。

```
hashedData = hashingTF.transform(tokenizedData)
```

```
Dataframe[text: sting,label: double,words: array<string>,features: vector]
```

由 hashingTF 的 transform()方法生成的 DataFrame 有 label 列和 features 列,前者用于存储每一个标签,数据类型为 Double,后者用于存储每一个观察对象的特征,数据类型为 Vector。现在我们有了能够将原始数转换成可以被机器学习算法所使用格式的 Transformer 了。

接下来,需要一个 Estimator 在训练数据集上训练模型。我们使用 Spark ML 库提供的逻辑回归类 LogisticRegression。

```
from pyspark.ml.classification import LogisticRegression
lr = LogisticRegression(maxIter = 10, regParam = 0.01)
```

这段代码创建了一个 LogisticRegression 类实例,并设置了最大迭代次数(10 次)以及正则化参数($\lambda=0.01$)。这里我们试着猜测最大迭代次数和正则化参数的最佳值。这些参数都是 Logistic 回归的超参数。稍后会讨论如何找到这些参数的最优值。

现在我们拥有了聚合一个机器学习流水线所需的所有部分了。接下来我们需要创建这个流水线：

```
from pyspark.ml import Pipeline
pipeline = Pipeline(stages=[tokenizer, hashingTF, lr])
```

这段代码创建了一个有三个阶段的 Pipeline 类实例。前面两个阶段是 Transformer，第三个阶段是 Estimator。pipeline 对象首先使用指定的 Transformer 将包含原始数据的 DataFrame 转换成包含特征 Vector 的 DataFrame。最后，它使用指定的 Estimator 在训练数据集上训练模型。

现在我们准备开始训练模型了。

```
pipeLineModel= pipeline.fit(trainingData)
```

下面评估生成的模型在训练数据集和测试数据集上的表现。为此，首先获得模型对训练数据集和测试数据集中每个观察对象的预测。

```
testPredictions = pipeLineModel.transform(testData)
testPredictions
```

```
DataFrame[text: string, label: double, words: array<string>, features: vector, rawPrediction: vector, probability: vector, prediction: double]
```

```
trainingPredictions = pipeLineModel.transform(trainingData)
```

```
trainingPredictions: DataFrame[text: string, label: double, words: array<string>, features: vector, rawPrediction: vector, probability: vector, prediction: double]
```

需要注意的是，pipeLineModel 对象的 transform 方法将产生一个新 DataFrame。这个新 DataFrame 增加了额外的三列，分别是 rawPrediction、probability 和 prediction。

我们使用二元分类器的评价器（BinaryClassificationEvaluator）来对模型进行评估，它需要两列作为输入：rawPrediction 和 label。先创建一个评价器的实例。

```
from pyspark.ml.evaluation import BinaryClassificationEvaluator
eval = BinaryClassificationEvaluator()
```

现在使用 AUC 指标来评估模型。

```
evaluatorParams = {eval.metricName: "areaUnderROC"}
aucTraining = eval.evaluate(trainingPredictions, evaluatorParams)
```

```
aucTraining: 0.9999758519725919
```

```
aucTest = eval.evaluate(testPredictions, evaluatorParams)
```

```
aucTest: 0.648648648648649
```

如 4.1.3 章所讲,AUC 的值越接近 1,模型越完美; 越接近 0.5 模型,越没有价值。我们看到模型在训练数据集上的 AUC 值接近 1,在测试数据集上的 AUC 值为 0.648。模型通常都会在训练数据集上表现良好,只有模型在没有见过的测试数据集上的表现才能反映模型真正的预测能力。这也是我们预留一部分数据集用于测试的原因。

提升模型能力的一种方式就是调校它的超参数。Spark ML 提供了 CrossValidator 类来帮我们做这件事。它需要一个参数集合,并在这个集合上以 k 折交叉验证的方式进行网格搜索来查找最佳超参数。我们先来创建一个参数集合。

```
from pyspark.ml.tuning import ParamGridBuilder
paramGrid = ParamGridBuilder() \
        .addGrid(hashingTF.numFeatures, [1000,100000]) \
        .addGrid(lr.regParam, [0.01,0.1,1.0]) \
        .addGrid(lr.maxIter, [20,30]) \
        .build()
```

```
[{Param(parent=u'HashingTF_4366821ba016d82e31b2', name='numFeatures', doc='number of features.'): 1000,
Param(parent=u'LogisticRegression_4221a9e9f680efbe17ab', name='regParam', doc='regularization parameter (>= 0).'): 0.01,
Param(parent=u'LogisticRegression_4221a9e9f680efbe17ab', name='maxIter', doc='max number of iterations (>= 0).'): 20},
{Param(parent=u'HashingTF_4366821ba016d82e31b2', name='numFeatures', doc='number of features.'): 1000,
Param(parent=u'LogisticRegression_4221a9e9f680efbe17ab', name='regParam', doc='regularization parameter (>= 0).'): 0.01,
Param(parent=u'LogisticRegression_4221a9e9f680efbe17ab', name='maxIter', doc='max number of iterations (>= 0).'): 30},
{Param(parent=u'HashingTF_4366821ba016d82e31b2', name='numFeatures', doc='number of features.'): 1000,
Param(parent=u'LogisticRegression_4221a9e9f680efbe17ab', name='regParam', doc='regularization parameter (>= 0).'): 0.1,
Param(parent=u'LogisticRegression_4221a9e9f680efbe17ab', name='maxIter', doc='max number of iterations (>= 0).'): 20},
......]
```

这段代码创建了一个参数集合。该集合中特征的数量有两个可取值,正则化参数有三个可取值,最大迭代次数有两个可取值。因此,它将在这 12 个超参数组合上进行网格搜索。需要注意的是,我们可以指定更多的可选项,但是网格搜索是一种穷举方法,用它训练模型会花费更多的时间。使用 CrossValidator 进行网格搜索会耗费大量的 CPU 时间。

现在我们有了为 Transformer 和 Estimator 上的超参数进行调校所需的所有部分。接下来,将 Transformer 和 Estimator 部署在机器学习流水线上。

```
from pyspark.ml.tuning import CrossValidator
crossValidator = CrossValidator(estimator = pipeline, estimatorParamMaps = paramGrid, numFolds = 10, evaluator = eval)
crossValidatorModel = crossValidator.fit(trainingData)
```

CrossValidator 类的 fit( )方法将返回一个 CrossValidatorModel 类实例。类似于其他模型类,可以当成一个能对给定特征 Vector 预测出标签的 Transformer 使用。

在测试数据集上评估这个模型的表现。

```
newPredictions = crossValidatorModel.transform(testData)
newAucTest = eval.evaluate(newPredictions, evaluatorParams)
```

```
newAucTest: 0.8233450842146497
```

对比新旧模型的预测能力,可以看出新模型要比旧模型增强了 17%。

最后,找出由 crossValidator 生成的最佳模型。

```
bestModel = crossValidatorModel.bestModel
```

现在,我们就可以使用这个模型来对其他网站的评价进行分类。

4.4 本章小结

机器学习是一种有效构建大数据分析技术手段,它能够用来解决分类、回归、聚类、异常检测、推荐系统等各种应用问题。Spark 提供了两个大规模机器学习库 MLlib 和 ML Pipeline,分别基于 RDD 和 DataFrame API 服务于机器学习任务。本章通过二分类、K-means 聚类和回归预测三个具体的实例,学习了如何利用 Spark 机器学习工具来配置模型、训练模型,对模型进行评估。

4.5 习题

(1) 结合对 Mitchell 机器学习定义的理解,试分析海浪浪高预测学习的任务 T、性能 P 和经验 E。

（2）参考4.3.2节中迭代次数对分类模型性能的影响，分析迭代步长 step 对性能的影响，并图示。（提示，可设置0.01，0.05，0.1，1.0，2.0）

（3）参考4.3.2节的回归预测应用实例，利用决策树模型实现该实例，并与线性回归预测结果进行比较。

（4）请使用 Spark ML Pipeline 对上题中的代码进行改写，通过流水线实现相同功能。

第 5 章　面向大数据的流数据分析算法与实例

流数据是一组顺序、大量、快速、连续到达的数据序列。一般情况下，流数据可被视为一个随时间延续而无限增长的动态数据集合。流式处理是指把连续不断的数据输入分割成单元数据块来处理，它还是一个低延迟和流数据分析的方法。随着大数据的发展，人们对大数据的护理要求也越来越高，原有的批处理框架已无法满足实时性要求高的业务。而由于Spark 提供的丰富的 API、高速执行引擎，用户可以结合流式、批处理和交互式查询应用。Spark Streaming 正是一种构建在 Spark 上的实时计算框架，它拓展了 Spark 处理大规模流式数据的能力。本章我们将对 Spark Streaming 做详细的介绍。

本章首先介绍一些关于 Spark Streaming 的核心概念和运行原理，然后重点介绍 Spark Streaming 的架构以及一些编辑模型；同时还对 Spark Streaming 与 Storm 进行比较，最后对 Spark Streaming 的容错、持久和性能调优进行了详细的介绍。

5.1　Spark Streaming 简介

5.1.1　Spark Streaming 概述

Spark Streaming 类似于 Apache Storm，用于流数据的处理。它是 Spark 核心 API 的一个扩展，可以实现高吞吐量的、具备容错机制的实时流数据的处理。Spark Streaming 支持从多种数据源获取数据（包括 Kafk、Flume、Twitter、ZeroMQ、Kinesis 以及 TCP sockets），数据输入后可以用 Spark 的高度抽象原语（如：map、reduce、join、window 等）进行运算，其运行结果也可以保存在多种位置（如 HDFS、数据库、文件系统，现场仪表盘等）。在“One Stack rule them all”的基础上，我们还可以用 Spark 的其他子框架（如集群学习、图计算等）对流数据进行处理，其处理结果的储存和 Spark Streaming 相同。另外 Spark Streaming 也能和机器学习以及 Graphx 完美融合。其架构如图 5－1 所示。

Spark 的各个子框架的核心都是基于 Spark 的，Spark Streaming 在内部的处理机制是：接收实时流的数据，并根据一定的时间间隔拆分成批数据，然后通过 Spark Engine 处理这些批

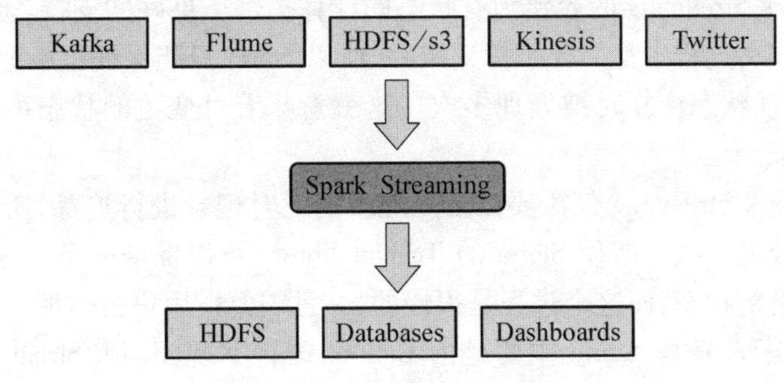

图 5-1　spark streaming 架构

数据(将实时流数据以时间片为单位进行分批,将流处理转化为时间片数据的批处理。随着持续时间的推移,这些处理结果就会形成对应的结果数据流),最终得到处理后的批量数据结果。相应的批数据在 Spark 内核对应一个 RDD 实例,因此,对应流数据的 DStream 可以看成是一组 RDDs,即 RDD 的一个序列。即在流数据分批后,首先通过一个先进先出的队列,然后 Spark Engine 从该队列中依次取出批数据,再把批数据封装成一个 RDD,最后对其进行处理。这是一个典型的生产者消费者模型,对应的就有生产者消费者模型的问题,即如何协调生产速率和消费速率。

5.1.2　在大数据时代 Spark Streaming 应用场景

Spark Streaming 是一套优秀的实时计算框架,其良好的可扩展性、高吞吐量以及容错机制能够满足很多的场景应用,特别是在大数据时代传统的批处理框架已经无法满足人们对实时性的需求的背景下,Spark Streaming 的优点格外突出。下面介绍了几种 Spark Streaming 的应用场景:

(1) 购物网站,通过 Spark Streaming 流处理技术可以监控用户在网站上进行的各种操作,可以对用户的购买爱好、关注度、交易等进行行为分析;

(2) 金融领域,通过 Spark Streaming 流处理技术可以对交易量很大的账号进行监控,防止罪犯实施洗钱、财产转移、欺诈等;

(3) 网络安全,通过 Spark Streaming 流处理技术可以将某类可疑 IP 进行监控,并结合机器学习训练模型匹配出当前请求是否属于黑客攻击;

(4) Spark Streaming 也可以应用在其他方面,如:垃圾邮件监控过滤、交通监控、网络监控、工业设备监控的背后都是 Spark Streaming 发挥强大流处理的地方。

5.1.3　Spark Streaming 与 Storm 与的比较

前面我们提到了 Storm,它和 Spark Streaming 都用于流数据的处理,它们都是分布式流处理的开源框架。这里我们将这二者进行比较并指出它们的重要的区别,分别从以下几个内容展开:

(1) 处理模型以及延迟。虽然两框架都提供了可扩展性和可容错性,但是它们的处理模型从根本上说是不一样的。Storm 可以实现亚秒级时延的处理,每次只能处理一条 event,而 Spark Streaming 可以在一个短暂的时间窗口里面处理多条 event,但有一定的时延。

(2) 容错和数据保证。我们用 Storm 和 Spark Streaming 处理流数据的代价都是容错时的数据保证。Spark Streaming 的容错为有状态的计算提供了更好的支持。而在 Storm 中,每条记录在系统的移动过程中都需要被标记跟踪,所以 Storm 只能保证每条记录最少被处理一次,但是允许从错误状态恢复时被处理多次。这就意味着可变更的状态可能被更新两次从而导致结果不正确。

另一方面,Spark Streaming 仅需要在批处理级别上对记录进行追踪,所以它能保证每个批处理记录仅被处理一次。即使 Storm 的 Trident library 可以保证一条记录被处理一次,但是它依赖于事务更新状态,而这个过程是很慢的,并且需要由用户去实现。

(3) 实现和编程 API。Storm 主要是由 Clojure 语言实现,Spark Streaming 则是由 Scala 语言实现。Storm 是由 BackType 和 Twitter 开发,而 Spark Streaming 是在 UC Berkeley 开发的。

Storm 提供了 Java API,同时也支持其他语言的 API。Spark Streaming 支持 Scala、Java 以及 Python 语言。

(4) 批处理框架集成。Spark Streaming 有一个很好的特性,它是在 Spark 框架上运行的,这样我们就可以像使用其他批处理代码一样来写 Spark Streaming 程序,或是在 Spark 中交互查询。这就减少了单独编写流批量处理程序和历史数据处理程序。

(5) 生产支持。Storm 是 Hortonworks Hadoop 数据平台中流处理的解决方案,而 Spark Streaming 出现在 MapR 的分布式平台和 Cloudera 的企业数据平台中。除此之外,Databricks 是为 Spark 提供技术支持的公司,包括了 Spark Streaming。虽然说两者都可以在各自的集群框架中运行,但是 Storm 还可以在 Mesos 上运行,而 Spark Streaming 还可以在 YARN 和 Mesos 上运行。

5.2 Spark Streaming 架构

5.2.1 Streaming 架构

Spark Streaming 是一个对实时数据流进行高通量、容错处理的流式处理系统,可以对多种数据源(如 Kdfka、Flume、Twitter、Zero 和 TCP 套接字)进行多种复杂操作,并将结果保存到外部文件系统、数据库或应用到实时仪表盘。下面我们将进行对 Spark Streaming 的计算流程、容错性、实时性以及扩展性与吞吐量的学习。

(1) 计算流程:在介绍计算流程之前我们先来学习离散流 Discretized Stream (DStream):它是 Spark Streaming 对内部持续的实时数据流的抽象描述。在本节最后会对 DStream 进行详细的介绍。

Spark Streaming 将流式计算分解成一系列短小的批处理作业。这里的批处理引擎是 Spark Core,也就是把 Spark Streaming 的输入数据按照 batch size(如 1 秒)分成一段一段的数据,每一段数据都转换成 Spark 中的 RDD(Resilient Distributed Dataset),然后将 Spark Streaming 中对 DStream 的 Transformation 操作变为针对 Spark 中对 RDD 的 Transformation 操作,再将 RDD 经过操作变成中间结果保存在内存中。整个流式计算根据业务的需求可以对中间的结果进行叠加或者存储到外部设备。图 5-2 显示了 Spark Streaming 的整个流程:

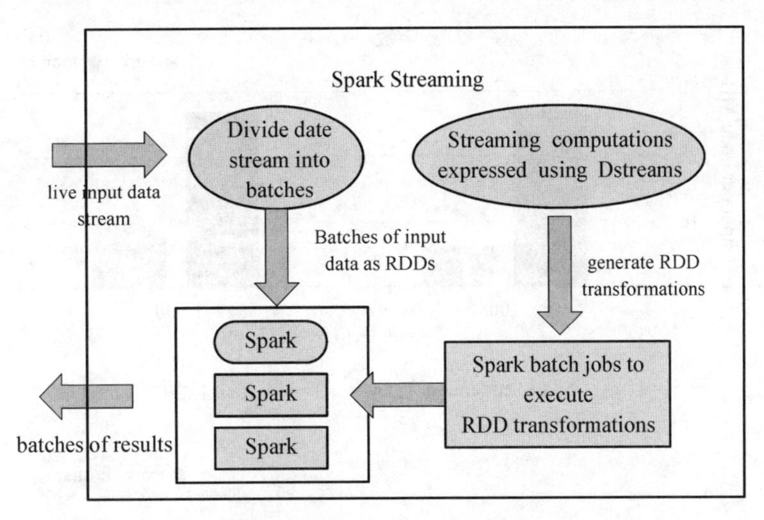

图 5－2　Spark Streaming 流程

（2）容错性：根据前面的内容我们知道对于流式计算来说容错性至关重要。我们要明确 Spark 中每一个 RDD 都是一个不可变的分布式可重算数据集，其记录着确定性的操作继承关系（lineage）。所以只要输入数据是可容错的，那么任意一个 RDD 的分区（partition）出错或不可用都是可以利用原始输入数据通过转换操作而重新算出的。

对于 Spark Streaming 来说，其 RDD 的传承关系如图 5－3 所示，图中的每一个椭圆形表示一个 RDD，椭圆形中的每个小圆形代表一个 RDD 中的一个 partition，图中的每一列的多个 RDD 表示一个 DStream（图中有三个 DStream），而每一行最后一个 RDD 则表示每一个 Batch Size 所产生的中间结果 RDD。我们可以看到图中的每一个 RDD 都是通过 lineage 相连接的，由于 Spark Streaming 输入数据可以来自磁盘，例如 HDFS（多份拷贝）或是来自网络的数据流都能保证容错性，所以 RDD 中任意的 partition 出错都可以并行地在其他机器上将缺失的 partition 计算出来。这个容错恢复方式比连续计算模型（如 Storm）的效率更高。

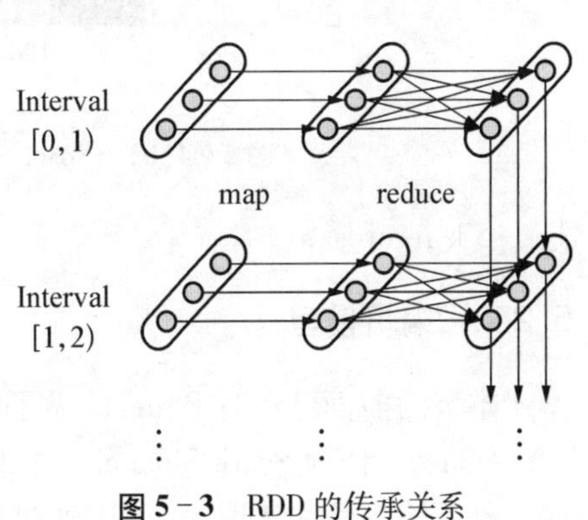

图 5－3　RDD 的传承关系

（3）实时性：对于实时性的讨论，会牵涉到流式处理框架的应用场景。Spark Streaming 将流式计算分解成多个 Spark Job，对于每一段数据的处理都会经过 Spark DAG 图分解以及 Spark 的任务集的调度过程。对于目前的 Spark Streaming 而言，其最小的 Batch Size 的选取在 0.5~2 秒钟之间（Storm 目前最小的延迟是 100ms 左右），所以 Spark Streaming 能够满足除对实时性要求非常高之外的所有流式准实时计算场景。

（4）扩展性与吞吐量：

目前 Spark 在 EC2 上已能够线性扩展到 100 个节点，可以以数秒的延迟处理 6 GB/s 的数据量，其吞吐量也比流行的 Storm 高 2~5 倍。图 5－4 是用 WordCount 和 Grep 两个用例所做的测试。在这个测试中，Spark Streaming 中每个节点的吞吐量是 670 k records/s，而 Storm

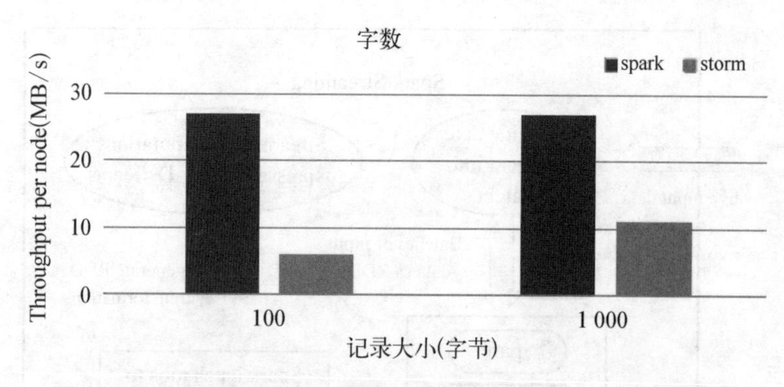

图 5-4(a) Spark Streaming 与 Storm 在词频统计上吞吐量的比较

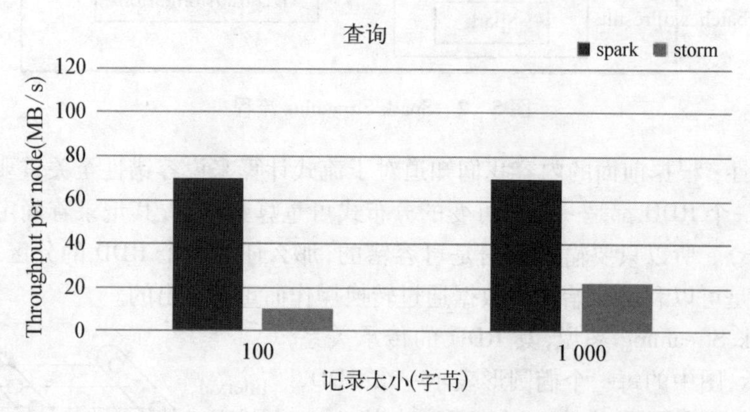

图 5-4(b) Spark Streaming 与 Storm 在查询上吞吐量的比较

是 115 k records/s。

5.2.2 编辑模型

本节的前面已经对 DStream 做了简单的介绍,下面我们将对其进行深入的学习。

DStream 作为 Spark Streaming 的基础抽象,它代表持续性的数据流。这些数据流既可以通过外部输入源来获取,也可以通过现有的 DStream 的 transformation 操作来获得。在内部实现上,DStream 由一组时间序列上连续的 RDD 来表示。每个 RDD 都包含了自己特定时间间隔内的数据流。如图 5-5 所示:

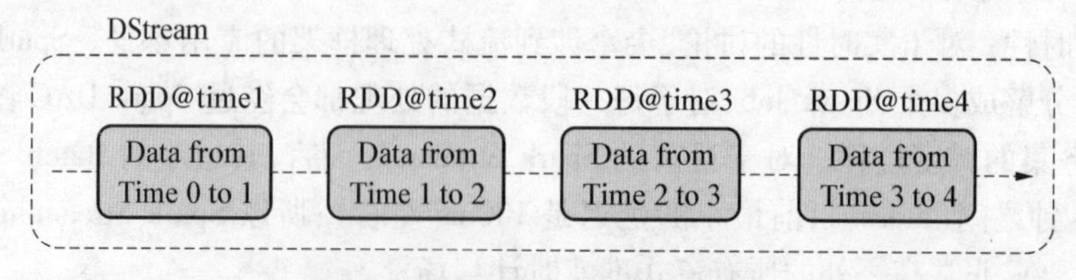

图 5-5 DStream 与 RDD 的关系图

对 DStream 中数据的各种操作同样是映射到内部的 RDD 上来进行的,如图 5-6 所示,对 Dtream 的操作可以通过 RDD 的 transformation 生成新的 DStream。这里的执行引擎是 Spark。

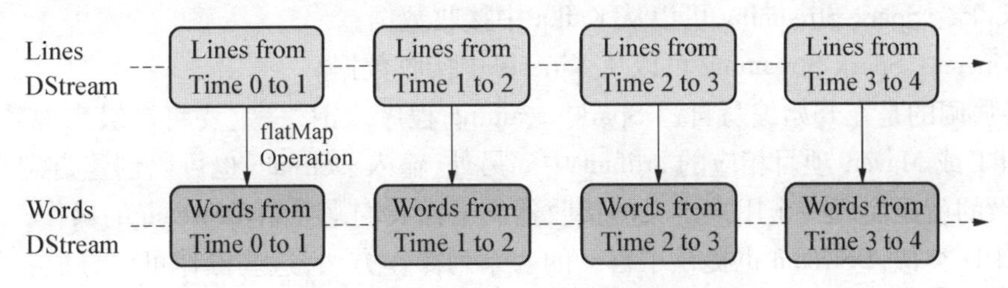

图 5-6　DStream 转换示意图

这里将介绍 Spark Streaming 提供的输入源。在 Spark Streaming 中所有的操作都是基于流的,而输入源是这一系列操作的起点。输入 DStreams 和 DStreams 接收的流都代表输入数据流的来源,在 Spark Streaming 提供两种内置数据流来源,下面我们将逐一介绍基础来源和高级来源。

1. 基础来源

我们可以通过 TCP 套接字连接,从文本数据中创建了一个 DStream。除了套接字,StreamingContext 的 API 还提供了方法从文件和 Akka actors 中创建 DStreams 作为输入源。

Spark Streaming 提供了 streaming Context. File Stream(data Directory)方法,可以从任何文件系统(如: HDFS、S3、NFS 等)的文件中读取数据,然后再创建一个 DStream。Spark Streaming 监控 data Directory 目录和在该目录下任何文件被创建处理(不支持在嵌套目录下写文件)。需要注意的是: 读取的必须是具有相同的数据格式的文件,创建的文件必须在 data Directory 目录下,并通过自动移动或重命名成数据目录。文件一旦移动就不能被改变,如果文件被不断追加,新的数据将不会被阅读。对于简单的文本文件,可以使用一个简单的方法: streaming Context. text File Stream(data Directory)来读取数据。

Spark Streaming 也可以基于自定义 Actors 的流创建 DStream,通过 Akka actors 接受数据流,使用方法: streaming Context. actor Stream(actor Props, actor-name)。

Spark Streaming 还能用 streaming Context. queue Stream(queue Of RDDs)的方法创建基于 RDD 队列的 DStream,每个 RDD 队列将被视为 DStream 中一块数据流进行加工处理。

2. 高级来源

这一类的来源需要外部 non-Spark 库的接口,其中一些有复杂的依赖关系(如 Kafka、Flume)。因此通过这些来源创建 DStreams 需要明确其依赖关系。例如,如果想创建一个使用 Twitter tweets 的数据的 DStream 流,必须按以下步骤来做:

步骤 1: 在 SBT 或 Maven 工程里添加 spark-streaming-twitter_2. 10 依赖;

步骤 2: 导入 TwitterUtils 包,通过 TwitterUtils. createStream 方法创建一个 DStream;

步骤 3: 添加所有依赖的 jar 包(包括依赖的 spark-streaming-twitter_2. 10 及依赖),然后部署应用程序。

需要注意的是,这些高级的来源一般在 Spark Shell 中不可用,因此基于这些高级来源的应用不能在 Spark Shell 中进行测试。如果必须在 Spark Shell 中使用它们,我们就需要下载相应的 Maven 工程的 Jar 依赖并添加到相应类路径中。其中一些高级来源如下:

① Twitter: Spark Streaming 的 TwitterUtils 工具类使用 Twitter4j,Twitter4J 库支持通过任何方法提供身份验证信息,用它可以得到公众的流,或得到基于关键词的过滤流;

② Flume: Spark Streaming 可以从 Flume 中接收数据;

③ Kafka：Spark Streaming 可以从 Kafka 中接收数据；

④ Kinesis：Spark Streaming 可以从 Kinesis 中接收数据。

需要强调的是在开始编写自己 SparkStreaming 程序之前，一定要将高级来源依赖的 Jar 添加到 SBT 或 Maven 项目相应的 artifact 中。另外，输入 DStream 也可以创建自定义的数据源，需要做的就是实现一个用户定义的接收器。下面我们来介绍 DStream 的操作

与 RDD 类似，DStream 也提供了自己的一系列操作方法，这些操作可以分成三类：普通的转换操作、窗口转换操作和输出操作，下面我们将逐一介绍这三个操作。

(1) 普通转换操作。普通的转换操作如表 5-1 所示。

表 5-1 普通转换操作表

转　换	描　述
map(func)	源 DStream 的每个元素通过函数 func 返回一个新的 DStream
flatMap(func)	类似于 map 操作，不同的是每个输入元素可以被映射出 0 或者更多的输出元素
filter(func)	在源 DSTREAM 上选择 Func 函数返回仅为 true 的元素，最终返回一个新的 DSTREAM
repartition (numPartitions)	通过输入的参数 numPartitions 的值来改变 DStream 的分区大小
union(otherStream)	返回一个包含源 DStream 与其他 DStream 的元素合并后的新 DSTREAM
count()	对源 DStream 内部的所含有的 RDD 的元素数量进行计数，返回一个内部的 RDD 只包含一个元素的 DStreaam
reduce(func)	使用函数 func(有两个参数并返回一个结果)将源 DStream 中每个 RDD 的元素进行聚 合操作，返回一个内部所包含的 RDD 只有一个元素的新 DStream
countByValue()	计算 DStream 中每个 RDD 内的元素出现的频次并返回新的 DStream[(K, Long)]，其中 K 是 RDD 中元素的类型，Long 是元素出现的频次
reduceByKey (func, [numTasks])	当一个类型为(K,V)键值对的 DStream 被调用的时候，返回类型为类型为(K,V)键值对的新 DStream，其中每个键的值 V 都是使用聚合函数 func 汇总。注意：默认情况下，使用 Spark 的默认并行度提交任务，可以通过配置 numTasks 设置不同的并行任务数
join (otherStream, [numTasks])	当被调用类型分别为(K,V)和(K,W)键值对的 2 个 DStream 时，返回类型为(K,(V,W))键值对的一个新 DSTREAM
cogroup (otherStream, [numTasks])	当被调用的两个 DStream 分别含有(K, V) 和(K, W)键值对时，返回一个(K, Seq[V], Seq[W])类型的新的 DStream
transform(func)	通过对源 DStream 的每 RDD 应用 RDD-to-RDD 函数返回一个新的 DStream，这可以用来在 DStream 做任意 RDD 操作
updateStateByKey (func)	返回一个新状态的 DStream，其中每个键的状态是根据键的前一个状态和键的新值应用给定函数 func 后的更新。这个方法可以被用来维持每个键的任何状态数据

下面我们主要对上述方法中的 transform()方法和 updateStateByKey()方法进行深入的学习。

transform(func)操作

该操作允许在DStream上应用任意RDD-to-RDD函数,它可以被应用于未在DStream API中暴露任何的RDD操作。例如,在每批次的数据流与另一数据集的连接功能不直接暴露在DStream API中,但可以轻松地使用transform操作来做到这一点,这使得DStream的功能非常强大。再如,我们可以通过连接预先计算的垃圾邮件信息的输入数据流,而后基于此做实时数据清理的筛选。另外我们也可以在transform方法中使用机器学习和图形计算的算法。

updateStateByKey操作

updateStateByKey操作可以保持任意状态,同时可以维持各类信息的更新。要使用此功能,必须进行两个步骤:

步骤1:定义状态,状态可以是任意的数据类型;

步骤2:定义状态更新函数,用一个函数指定如何使用先前的状态和从输入流中取的新值更新状态。

可以用一个例子来对前面的内容进行理解:假设要进行文本数据流中单词计数,正在运行的计数是状态而且它是一个整数。我们定义了更新功能如下:

这个函数应用于含有键值对的DStream中,它会针对里面的每个元素调用一下更新函数,newValues是最新的值,runningCount是之前的值。词频统计的例子将在下面的小节中学到。

(2) 窗口转换操作。Spark Streaming还提供了窗口的计算,允许通过滑动窗口对数据进行转换,窗口转换操作如表5-2所示。

表5-2　窗口转换操作

转　　换	描　　述
Window(window Length,slide Interval)	返回一个基于源DStream的窗口批次计算后得到新的DStream
countByWindow(window Length, slide Interval)	返回基于滑动窗口的DStream中的元素的数量
reduceByWindow(func,window Length, slide Interval)	基于滑动窗口对源DStream中的元素进行聚合操作,得到一个新的DStream
reduceByKeyAndWindow(func, window Length,slide Interval, [num Tasks])	基于滑动窗口对(K,V)键值对类型的DStream中的值按K使用聚合函数func进行聚合操作,得到一个新的DStream
reduceByKeyAndWindow(func, invFunc, windowLength, slideInterval, [numTasks])	一个更高效的reduceByKkeyAndWindow()的实现版本,先对滑动窗口中新的时间间隔内数据增量聚合并移去最早的与新增数据量的时间间隔内的数据统计量
countByValueAndWindow(windowLength,slideInterval,[numTasks])	基于滑动窗口计算源DStream中每个RDD内每个元素出现的频次并返回DStream[(K,Long)],其中K是RDD中元素的类型,Long是元素频次。与countByValue一样,reduce任务的数量可以通过一个可选参数进行配置

在Spark Streaming中,数据处理是按批进行的,而数据采集是逐条进行的,因此在Spark Streaming中会先设置好批处理间隔(batch duration),当超过批处理间隔的时候就会把采集

到的数据汇总起来成为一批数据交给系统去处理。

对于窗口操作而言，在其窗口内部会有 N 个批处理数据，批处理数据的大小由窗口间隔（window duration）决定，而窗口间隔指的就是窗口的持续时间。在窗口操作中，只有满足窗口长度才会触发批数据的处理。除了窗口的长度，窗口操作还有另一个重要的参数就是滑动间隔（slide duration），它指的是经过多长时间窗口滑动一次形成新的窗口。滑动窗口默认情况下和批次间隔的相同，而窗口间隔一般设置得要比它们两个大。在这里必须注意的一点是滑动间隔和窗口间隔的大小一定得设置为批处理间隔的整数倍。

例如批处理间隔是 1 个时间单位，窗口间隔是 3 个时间单位，滑动间隔是 2 个时间单位。对于初始的窗口，只有窗口间隔满足了才触发数据的处理。这里需要注意的一点是，初始的窗口有可能流入的数据没有撑满，但是随着时间的推进，窗口最终会被撑满。当每个 2 个时间单位，窗口滑动一次后，会有新的数据流入窗口，这时窗口会移去最早的两个时间单位的数据，而与最新的两个时间单位的数据进行汇总形成新的窗口。

对于窗口操作，批处理间隔、窗口间隔和滑动间隔是非常重要的三个时间概念，是理解窗口操作的关键所在。

（3）输出操作。Spark Streaming 允许 DStream 的数据被输出到外部系统，例如数据库或文件系统。输出操作可以使 transformation 操作后的数据可以通过外部系统被使用，同时输出操作触发所有 DStream 的 transformation 操作的实际执行（类似于 RDD 操作）。表 5－3 列出了目前主要的输出操作。

表 5－3　主要输出操作

转　换	描　述
print()	在 Driver 中打印出 DStream 中数据的前 10 个元素
saveAsTextFiles（prefix, [suffix]）	将 DStream 中的内容以文本的形式保存为文本文件，其中每次批处理间隔内产生的文件以 prefix-TIME_IN_MS[.suffix] 的方式命名
saveAsObjectFiles（prefix, [suffix]）	将 DStream 中的内容按对象序列化并且以 SequenceFile 的格式保存。其中每次批处理间隔内产生的文件以 prefix-TIME_IN_MS[.suffix] 的方式命名
saveAsHadoopFiles（prefix, [suffix]）	将 DStream 中的内容以文本的形式保存为 Hadoop 文件，其中每次批处理间隔内产生的文件以 prefix-TIME_IN_MS[.suffix] 的方式命名
foreachRDD(func)	最基本的输出操作，将 func 函数应用于 DStream 中的 RDD 上，这个操作会输出数据到外部系统，比如保存 RDD 到文件或者网络数据库等。需要注意的是 func 函数是在运行该 streaming 应用的 Driver 进程里执行的

dstream.foreachRDD 是一个非常强大的输出操作，它允许数据输出到外部系统。但是，如何正确高效地使用这个操作是很重要的。通常情况下，创建一个连接对象有时间和资源开销。因此，创建和销毁的每条记录的连接对象可能招致不必要的资源开销，并显著降低系统整体的吞吐量。

需要注意的是，在静态池中的连接应该按需延迟创建，这样可以更有效地把数据发送到外部系统。另外还要注意 DStreams 延迟执行的，就像 RDD 的操作是由 actions 触发一样。在默认情况下，输出操作会按照它们在 Streaming 应用程序中定义的顺序一个个执行。

5.3　Spark Streaming 运行原理

5.3.1　Spark Streaming 运行原理

Spark Streaming 的基本原理是将输入的数据流以时间片(秒级)为单位进行拆分,然后以类似批的方式处理每个时间片数据。它会把拆分后每个数据块作为一个 RDD,并使用 RDD 操作处理每一块数据,每块数据(也就是 RDD)都会生成一个 Spark Job,然后进行处理,最终以批处理的方式处理每个时间片的数据,如图 5-7 所示,从图 5-7 中可以看出 DStream 代表了一系列连续的 RDD,DStream 中每个 RDD 包含特定时间间隔的数据。DStream 作为 Spark Stream 的一个基本抽象,提供了高层的 API 来进行 Spark Streaming 程序开发。

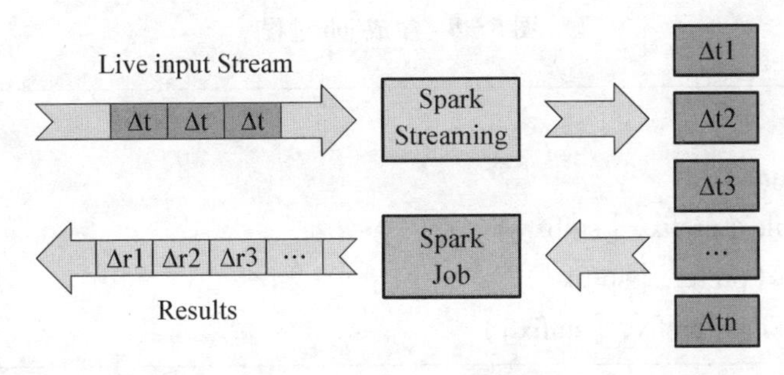

图 5-7　数据处理原理图

Spark Streaming 在生成 Job 的过程中有 JobScheduler、JobGenerstor、DStreamGraph 和 DStream4 个主要核心对象。其中,JobScheduler 负责启动 JobGenerator 生成 Job,并提交生成的 Job 到集群运行,这里的 Job 不是在 spark core 中提到的 Job,它是作业运行的代码模板,是逻辑级别的,可以类比 Java 线程中的 Runnable 接口实现。这个过程不是真正运行的作业,而是它封装了由 DStream 转化而来的 RDD 操作。JobGenerator 负责定时调用 DStreamingGraph 的 generateJob 方法生成 Job 和清理 DStream 的元数据;DStreamGraph 持有构成 DStream 图的所有 DStream 对象,并调用 DStream 的 generateJob 方法生成具体 Job 对象。DStream 生成最终的 Job 交给 JobScheduler 调度执行。具体过程如图 5-8 所示。

5.3.2　Spark Streaming 主要支持的操作

Discretized Stream 是 Spark Streaming 的基础抽象,代表持续性的数据流和经过各种 Spark 原语操作后的结果数据流。在内部实现上,DStream 由连续的序列化 RDD 来表示。下面我们主要介绍几种 Spark Streaming 支持的操作:

(1) Action 操作:当某个 Output Operations 原语被调用时,stream 才会开始真正的计算过程。现阶段支持的 Output 方式有以下几种:

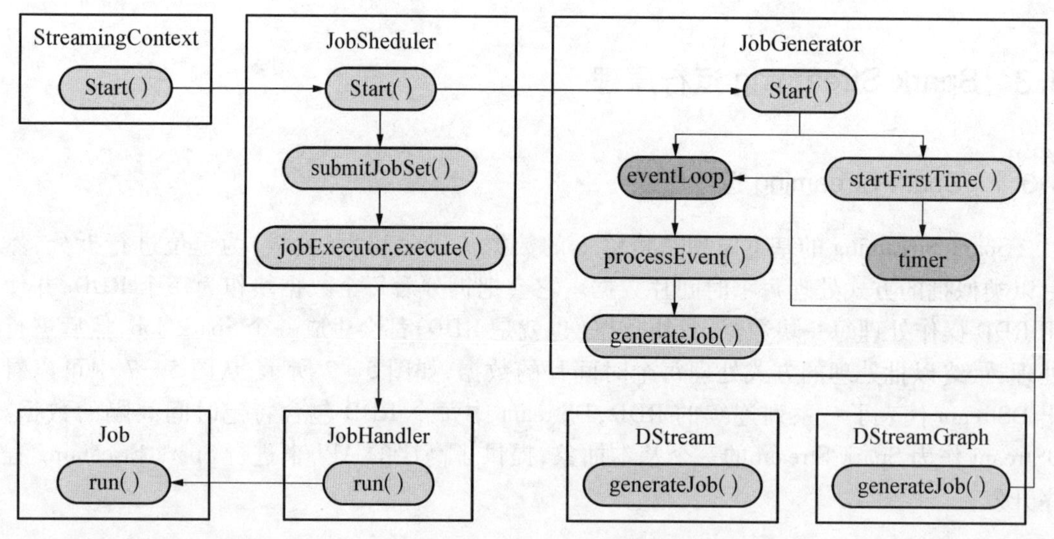

图 5-8　生成 job 过程

```
1. print( )
2. foreachRDD( func)
3. saveAsObjectFiles( prefix, [ suffix])
4. saveAsTextFiles( prefix, [ suffix])
5. saveAsHadoopFiles( prefix, [ suffix])
```

（2）常规 RDD 的 Transformation 操作：对常规 RDD 使用的 transformation 操作，在 DStream 上都适用；

（3）有状态的 Transformation：UpdateStateByKey 使用该方法主要是使用目前的 DStream 数据来更新历史数据；

（4）窗口的 Transformation：Window Operations 有点类似于 Storm 中的 State，可以设置窗口的大小和滑动窗口的间隔来动态的获取当前 Steaming 的允许状态。窗口目前主要支持的操作有：

```
1. window( windowLength, slideInterval)
2. countByWindow( windowLength, slideInterval)
3. reduceByWindow( func, windowLength, slideInterval)
4. reduceByKeyAndWindow( func,windowLength,slideInterval, [ numTasks])
5. reduceByKeyAndWindow( func, invFunc, windowLength, slideInterval,
6. [ numTasks])
7. ountByValueAndWindow( windowLength, slideInterval, [ numTasks])
8. ])
```

5.4　Spark Streaming 实例

经过了前面章节的学习,我们对 Spark Streaming 也有了一定的了解。这里介绍一下几个简单的关于 Spark Streaming 的例子,我们在学习这些例子的时候,可以尝试根据这些步骤,实现这些代码,这样不仅可以提高我们的编程能力,还能了解 Spark Streaming 在应用时的具体过程。

那么我们就先用 Spark 自带的词频统计例子来了解到底是如何进行词频统计。

(1) 格式化文件系统。

```
1. hdfs namenode -format
```

(2) 输入 jps。输入 jps 查看 hdfs 以及 spark 是否启动,若没有启动 jps,进入到对应的目录下,启动相关服务。

```
1. cd Downloads/cloud/hadoop/sbin
2. ./start-dfs.sh
3. cd Downloads/cloud/spark/sbin
4. ./start-all.sh
5. jps
```

(3) nc 命令向 9999 端口发送数据。nc 是指 netcat。输入以上命令后,界面会进入持续等待输入信息的状态,我们需要输入一些文字作为输入发送到 9999 端口。

```
1. nc -lk 9999
```

(4) 开启 terminal。另开启一个 terminal,切换到 spark 目录下,并调用 spark 的 example 中自带的 WordCount 程序。

```
1. cd Downloads/cloud/spark
2. bin/run-exampleorg.apache.spark.examples.streaming.JavaNetworkWord-Count localhost
   9999
```

(5) 结束。在第一个界面输入一些文本信息,并按回车结束。

```
1. hello world spark hadoop streaming context
```

结果显示如下。

```
1. ---------------
```

```
2. Time:151083345800 ms
3. -------------- ---
4. (hello,1)
5. (streaming,1)
6. (world,1)
7. (spark,1)
8. (hadoop,1)
9. (context,1)
```

通过上面 spark 自带的词频统计例子的学习,我们已经对词频统计有了一个大致的了解,那么接下来就要动手编写程序,用 python 来实现词频统计。

打开 PyCharm,单击 file—> newproject 出现如图 5-9 所示的窗口,命名为 SparkStreaming。

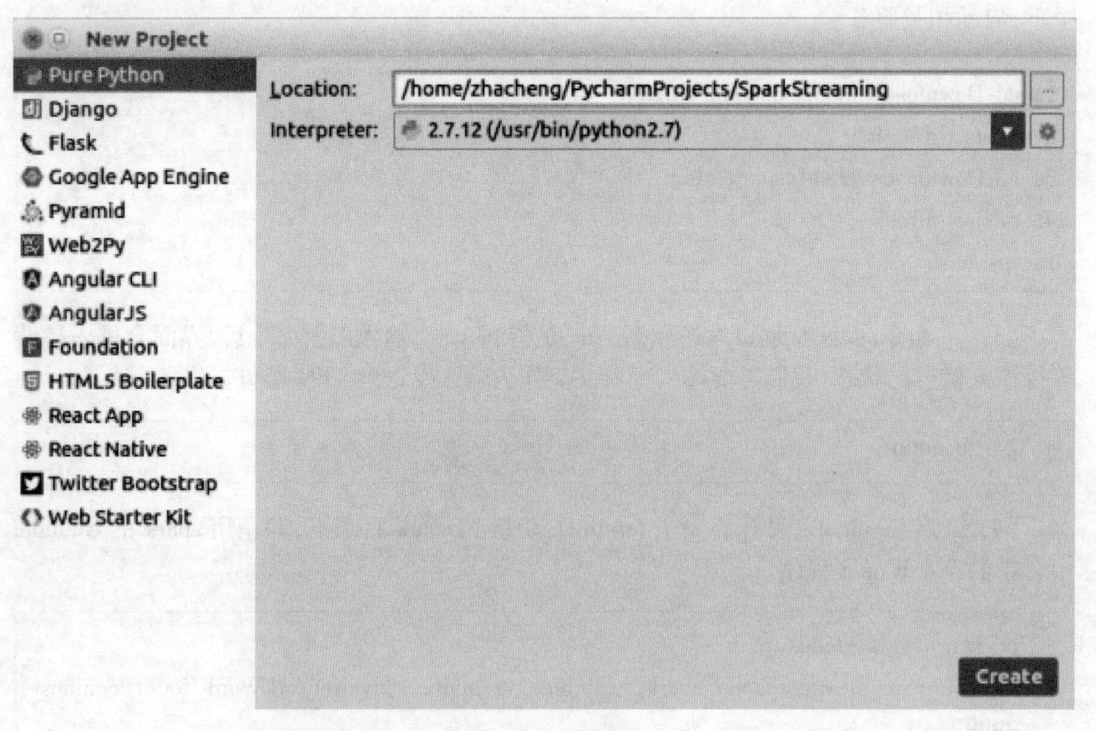

图 5-9 打开窗口

再单击 file—>setting 后出现 setting 的窗口,然后选择 Project(见图 5-10):

SparkStreaming 下的 Project Structure。

单击 Add Content Root 并进入 pysparK 和 py4j 所在路径(在 spark/python/lib 目录下),同时选中它们(见图 5-11)。

单击 OK 之后,SparkStreaming 工程下有如图 5-12 所示的三个文件。

在里面的 SparkStreaming 文件下 new 一个 python 文件,命名为 WordCount(见图 5-13)。

在 WordCount. py 文件输入以下代码并单击 run 编译。

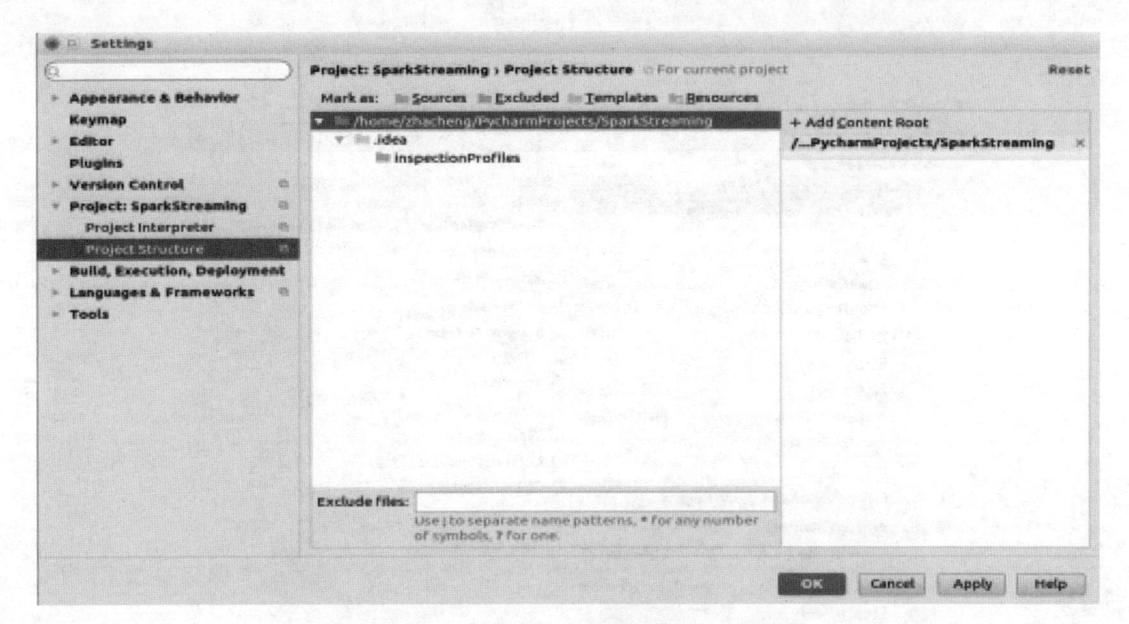

图 5－10　选择操作

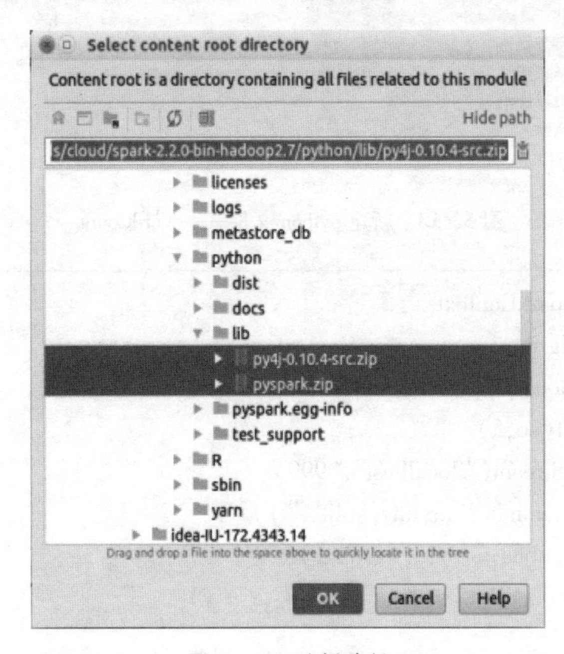

图 5－11　选择路径

图 5－12　文件选择

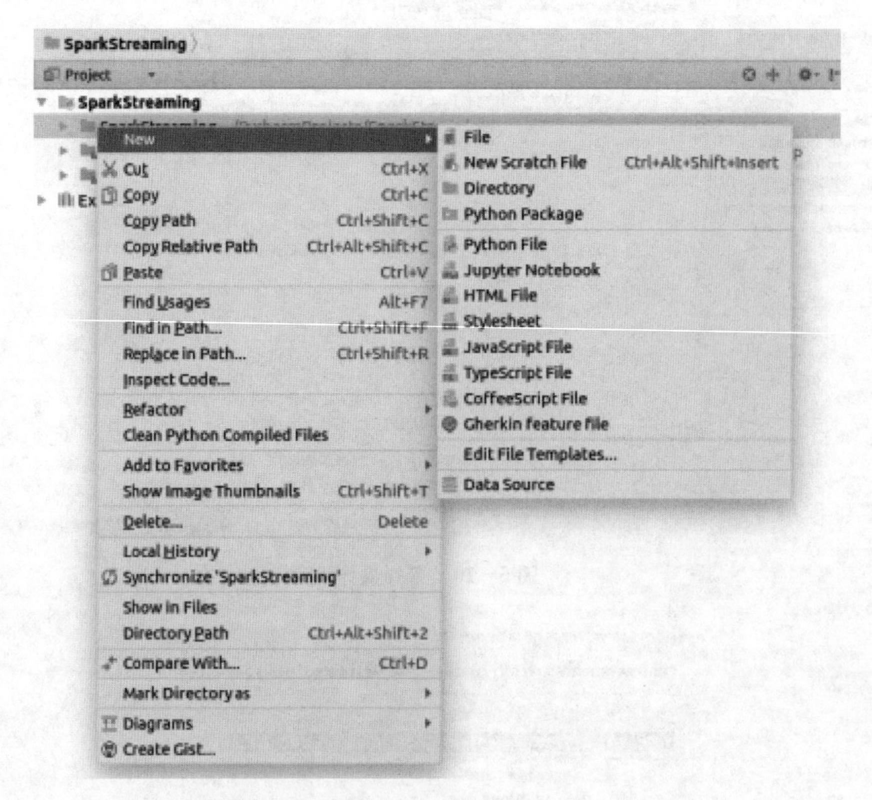

图 5-13 新建 python 文件——WordCount

```
from pyspark import SparkContext
from pyspark. streaming import StreamingContext
sc = SparkContext(" local[2]"," PythonWordCount")
ssc =StreamingContext(sc,5)
lines =ssc. socketTextStream(" localhost",9999)
words=lines. flatMap(lambda line:line. split(""))
pairs = words. map(lambda word: (word, 1))
wordCounts = pairs. reduceByKey(lambda x, y: x + y)
wordCounts. pprint()
ssc. start()
ssc. awaitTermination()
```

在命令行中输入 nc -lk 9999,输入 hello word hello world spark spark hello streaming hello good good bad 后按回车结束,在此之后不输入任何信息,我们可以看到它依然每 5 秒接收一次信息。

```
-------------------------------------------
Time: 2017-11-18 01:46:00
-------------------------------------------
(u'bad', 1)
(u'word', 1)
(u'spark', 2)
(u'streaming', 1)
(u'good', 2)
(u'hello', 4)
(u'world', 1)
-------------------------------------------
Time: 2017-11-18 01:46:05
-------------------------------------------

-------------------------------------------
Time: 2017-11-18 01:46:10
-------------------------------------------

-------------------------------------------
Time: 2017-11-18 01:46:15
-------------------------------------------

-------------------------------------------
Time: 2017-11-18 01:46:20
-------------------------------------------
```

至此，已经用 python 实现了词频统计。那么这些代码代表什么意思呢，下面的内容，我们将会详细解释这些代码。

导入所有流式传输功能的主要入口点 StreamingContext，创建一个本地 StreamingContext，批处理理间隔为 5 秒。

```
1. from pyspark import SparkContext
2. from pyspark.streaming import StreamingContext
3. sc = SparkContext("local[2]","PythonWordCount")
4. ssc =StreamingContext(sc,5)
```

创建一个 DStream，表示来自 TCP 源的流数据，并指定主机名如 localhost，以及监听的端口 9999。

```
5. lines =ssc.socketTextStream("localhost",9999)
```

DStream 表示数据服务器接收的数据流。此 DStream 中的每条记录都是一行文本，需要用空格将其分割成单词。

```
6. words=lines.flatMap(lambda line:line.split(""))
```

flatMap 是一对多的 DStream 操作，通过从源 DStream 中的每条记录生成多个新记录来创建新的 DStream。此时，每一行被分成了多个单词，而单词流则被表示为 words DStream. 然后计算相同单词的数量。

```
7. pairs = words.map(lambda word: (word, 1))
8. wordCounts = pairs.reduceByKey(lambda x, y: x + y)
9. wordCounts.pprint()
10. ssc.start()
11. ssc.awaitTermination()
```

有时候我们接收到的流数据可能不是英文字母,它们可能是中文,或者是数字,那么我们也可以对它们做数量统计吗?当然是可以的。下面我们就以接收的信息为一组数字为例,先判断它们分别属于哪个象限,再统计它们的数量。

在里面的 SparkStreaming 文件下 new 一个 python 文件,命名为 QuadrantCount(见图 5-14)。

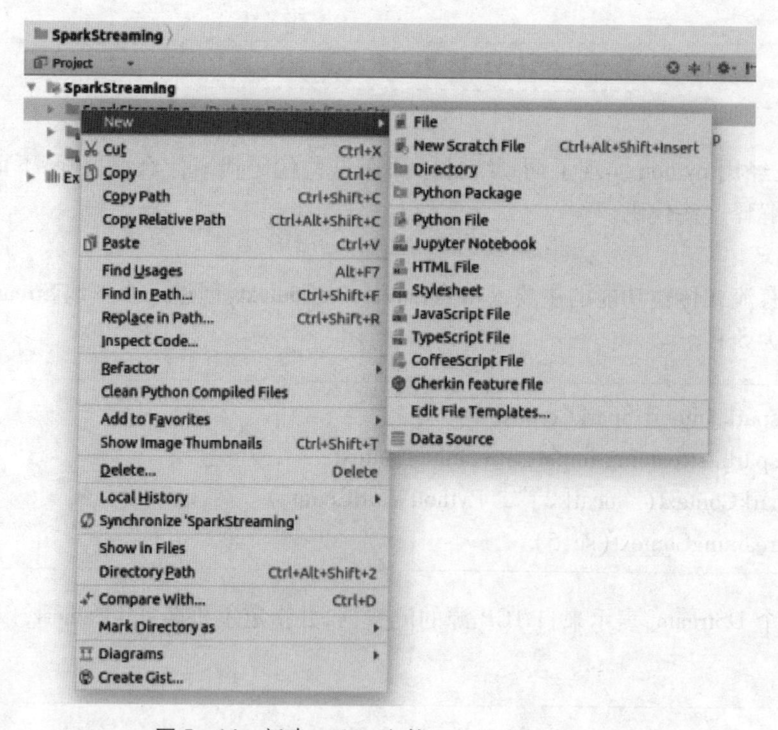

图 5-14 新建 python 文件——QuadrantCount

在 QuadrantCount.py 文件输入以下代码并单击 run 编译。

```
from pyspark import SparkContext
from pyspark.streaming import StreamingContext
def get_quadrant(line):
    try:
(x,y)=[float(x) for x in line.split()]
```

```
    except:
        print "Invalid input"
        return ('Invalid point',1)
    if x>0 and y>0:
        quadrant = 'First quadrant'
    elif x<0 and y>0:
        quadrant = 'Second quadrant'
    elif x<0 and y<0:
        quadrant = 'Third quadrant'
    elif x>0 and y<0:
        quadrant = 'Fourth quadrant'
    elif x==0 and y!=0:
        quadrant = 'Lies on Y axis'
    elif x!=0 and y==0:
        quadrant = 'Lies on X axis'
    else:
        quadrant = 'Origin'
    return(quadrant,1)
sc = SparkContext("local[2]", "QuadrantCount")
ssc = StreamingContext(sc, 10)
lines = ssc.socketTextStream("localhost",9999)
pairs = lines.map(get_quadrant)
quadrantCount=pairs.reduceByKey(lambda x, y: x + y)
quadrantCount.pprint()
ssc.start()
ssc.awaitTermination()
```

在命令行中输入 nc -lk 9999,然后输入以下信息。

```
nc -lk 9999
1 2
-1 2
-1 -2
1 -2
```

```
-------------------------------------------
Time: 2017-11-18 02:14:30
-------------------------------------------
('First quadrant', 1)
('Second quadrant', 1)
('Fourth quadrant', 1)
('Third quadrant', 1)
```

流数据不仅仅只应用在词频统计方面。在互联网的应用中,网站流数据统计是一种常用的应用模式,Spark Streaming 可以在不同粒度上对不同数据进行统计,既能保证其实时性,还可以实现较为复杂的统计需求。我们在日常学习中通常会遇到一些依靠自己现有知识还不能解决的问题,那么我们就需要借助互联网,在网上寻找资料来解决困难,可是在寻找资料的时候往往需要花费大量的时间去寻找我们所需要的信息,这对我们造成了许多困扰。假如我们能够编写一个程序不断获取网站上的信息,再找出其中的有用信息,是不是就减少了我们搜索资料的时间。在大数据时代,Spark Streaming 为我们提供了一种崭新的流式处理框架,相信随着技术的发展,Spark Streaming 在实时性、易用性、稳定性以及其他方面将会有一个很大的提升。

5.5 容错、持久化和性能优化

5.5.1 容错性

我们在前面学习内容里已经对容错性进行了了解,下面将进行深度学习。DStream 基于 RDD 组成,RDD 的容错性依旧有效,我们首先回忆一下 SparkRDD 的基本特性:

(1) RDD 是一个不可变的、确定性的、可重复计算的分布式数据集。RDD 的某些 partition 丢失了,可以通过血统(lineage)信息重新计算恢复;

(2) 如果 RDD 任何分区因 Worker 节点故障而丢失,那么这个分区可以从原来依赖的容错数据集中恢复;

(3) 由于 Spark 中所有的数据的转换操作都是基于 RDD 的,即使集群出现故障,只要输入数据集存在,所有的中间结果都是可以被计算的。

Spark Streaming 是可以从 HDFS 和 S3 这样的文件系统读取数据的,这种情况下所有的数据都可以被重新计算,不用担心数据的丢失。但是在大多数情况下,Spark Streaming 是基于网络来接收数据的,此时为了实现相同的容错处理,在接受网络的数据时会在集群的多个 Worker 节点间进行数据的复制(默认的复制数是 2),这导致产生在出现故障时被处理的两种类型的数据:

(4) 一旦一个 Worker 节点失效,系统会从另一份还存在的数据中重新计算;

(5) Data received but buffered for replication:一旦数据丢失,可以通过 RDD 之间的依赖关系,从 HDFS 这样的外部文件系统读取数据。此外,有两种故障,我们应该关心以下两点:

① Worker 节点失效:通过上面的讲解我们知道,这时系统会根据出现故障的数据的类型,选择是从另一个有复制过数据的工作节点上重新计算,或者是直接从外部文件系统读取数据。

② Driver(驱动节点)失效:如果运行 Spark Streaming 应用时驱动节点出现故障,那么很明显的 StreamingContext 已经丢失,同时在内存中的数据全部丢失。对于这种情况,Spark Streaming 应用程序在计算上有一个内在的结构——在每段 micro-batch 数据周期性地执行同样的 Spark 计算。这种结构允许把应用的状态周期性地保存到可靠的存储空间中,并在 driver 重新启动时恢复该状态。具体做法是在 ssc. checkpoint(<checkpoint directory>)函数中

进行设置，Spark Streaming 就会定期把 DStream 的元信息写入到 HDFS 中，一旦驱动节点失效，丢失的 StreamingContext 会通过已经保存的检查点信息进行恢复。

对于文件这样的源数据，driver 恢复机制足以做到零数据丢失，因为所有的数据都保存在了像 HDFS 或 S3 这样的容错文件系统中了。但对于像 Kafka 和 Flume 等其他数据源，有些接收到的数据还只缓存在内存中，尚未被处理，它们就有可能会丢失。这是由于 Spark 应用的分布操作方式所引起的。当 driver 进程失败时，所有在 standalone/yarn/mesos 集群运行的 executor，连同它们在内存中的所有数据，也同时被终止。对于 Spark Streaming 来说，从诸如 Kafka 和 Flume 的数据源接收到的所有数据，在它们处理完成之前，一直都缓存在 executor 的内存中。纵然 driver 重新启动，这些缓存的数据也不能被恢复。为了避免这种数据损失，在 Spark1.2 发布版本中引进了预写日志(WriteAheadLogs)功能。

下面我们介绍一下预写日志功能的流程是：

(1) 一个 SparkStreaming 应用开始时，使用 SparkContext 启动接收器成为长驻运行任务，这些接收器接收并保存流数据到 Spark 内存中以供处理。

(2) 接收器通知 driver：接收块中的元数据(metadata)被发送到 driver 的 StreamingContext。这个元数据包括：定位其在 executor 内存中数据的块 referenceid 和块数据在日志中的偏移信息。用户传送数据的生命周期如图 5-15 所示：

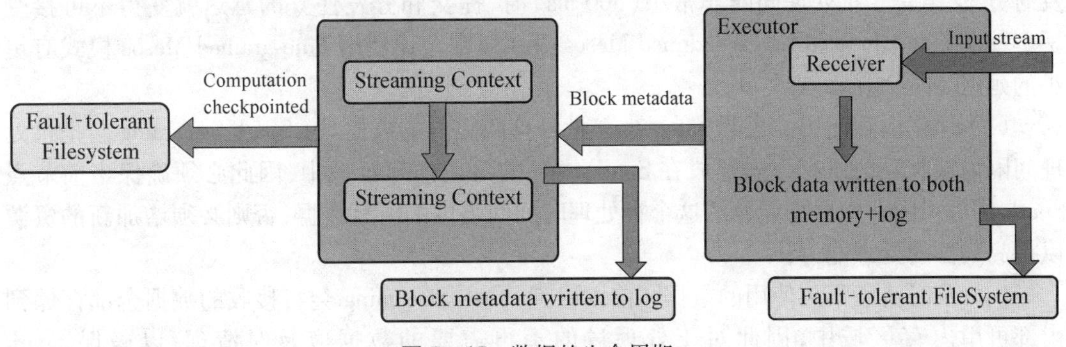

图 5-15　数据的生命周期

类似 Kafka 这样的系统可以通过复制数据保持可靠性。允许预写日志两次高效地复制同样的数据：一次由 Kafka 复制，而另一次由 SparkStreaming 复制。Spark 未来版本将包含 Kafka 容错机制的原生支持，从而避免生成第二个日志。

5.5.2　持久化

与 RDD 一样，DStream 同样也能通过 persist()方法将数据流存放在内存中，默认的持久化方式是 MEMORY_ONLY_SER，也就是在内存中存放数据同时序列化的方式，这样做的好处是遇到需要多次迭代计算的程序时，速度优势十分的明显。而对于一些基于窗口的操作，如 reduceByWindow、reduceByKeyAndWindow，以及基于状态的操作，如 updateStateBykey，其默认的持久化策略就是保存在内存中。

对于来自网络的数据源(Kafka、Flume、sockets 等)，默认的持久化策略是将数据保存在两台机器上，这也是为了容错性而设计的。

另外，对于窗口和有状态的操作必须 checkpoint，通过 StreamingContext 的 checkpoint 来

指定目录,通过 Dtream 的 checkpoint 指定间隔时间,间隔必须是滑动间隔(slide interval)的倍数。

5.5.3 性能优化

下面我们主要从运行时间和内存优化这两方面为大家介绍如何优化性能:

(1) 优化运行时间增加并行度,确保使用整个集群的资源,而不是把任务集中在几个特定的节点上。对于包含 shuffle 的操作,增加其并行度以确保更为充分地使用集群资源;

(2) 减少数据序列化,反序列化的负担 Spark Streaming 默认将接收到的数据序列化后存储,以减少内存的使用。但是序列化和反序列话需要更多的 CPU 时间,因此更加高效的序列化方式(Kryo)和自定义的系列化接口可以更高效地使用 CPU。

设置合理的 batch duration(批处理时间间) 在 Spark Streaming 中,Job 之间有可能存在依赖关系,后面的 Job 必须确保前面的作业执行结束后才能提交。若前面的 Job 执行的时间超出了批处理时间间隔,那么后面的 Job 就无法按时提交,这样就会进一步拖延接下来的 Job,造成后续 Job 的阻塞。因此设置一个合理的批处理间隔以确保作业能够在这个批处理间隔内结束是必需的;

减少因任务提交和分发所带来的负担。在通常情况下,Akka 框架能够高效地确保任务及时分发,但是当批处理间隔非常小(500 ms)时,提交和分发任务的延迟就变得不可接受了。使用 Standalone 和 Coarse-grained Mesos 模式通常会比使用 Fine-grained Mesos 模式有更小的延迟。

(3) 优化内存使用。控制 batch size(批处理间隔内的数据量) Spark Streaming 会把批处理间隔内接收到的所有数据存放在 Spark 内部的可用内存区域中,因此必须确保当前节点 Spark 的可用内存中至少能容纳这个批处理时间间隔内的所有数据,否则必须增加新的资源以提高集群的处理能力;

(4) 及时清理不再使用的数据。前面讲到 Spark Streaming 会将接收的数据全部存储到内部可用内存区域中,因此对于处理过的不再需要的数据应及时清理,以确保 Spark Streaming 有富余的可用内存空间。通过设置合理的 spark. cleaner. ttl 时长来及时清理超时的无用数据,这个参数需要小心设置以免后续操作中所需要的数据被超时错误处理;

观察及适当调整 GC 策略 GC 会影响 Job 的正常运行,可能延长 Job 的执行时间,引起一系列不可预料的问题。观察 GC 的运行情况,采用不同的 GC 策略以进一步减小内存回收对 Job 运行的影响。

5.6 本章小结

随着大数据的发展,人们对大数据的护理要求也越来越高,而 Spark 提供了丰富的 API、高速执行引擎,用户可以结合流式、批处理和交互式查询应用。Spark Streaming 正是一种构建在 Spark 上的实时计算框架,它拓展了 Spark 处理大规模流式数据的能力。本章介绍了一些关于 Spark Streaming 的核心概念和运行原理,然后重点介绍 Spark Streaming 的架构以及一些编辑模型,同时还对 Spark Streaming 与 Storm 进行比较。

5.7　习题

（1）简述 Spark Streaming 与 Storm 的异同。

（2）简述 Spark 架构。

（3）简述 Spark 运行原理。

（4）Spark RDD 是什么？常见的 RDD 操作有哪些？

（5）简述 spark 编辑模型。

（6）对 spark 容错性、持久化进行描述。

第6章　面向大数据的图算法与实例

图(Graph)是由顶点集合 V 和边的集合 E 构成的一种数据结构,顶点记录实体的特征属性,边表示实体之间各类复杂的关联关系。随着数据量、计算规模的增加和应用场景的变化,图计算在大数据环境中的重要性越来越凸显出来。本章主要介绍 Spark 平台上的图处理库 GraphFrames,并以最短路径和网页排名两个算法为例,介绍大数据的图计算方法。

6.1　图的基本概念

图是由若干给定的点及连接两点的线所构成的一种数据结构。图通常用来描述某些事物之间的某种特定关系,用点代表事物,用连接两点的线表示这两个事物间具有的关系。这种数学抽象就是“图”的概念。

图可用于建模物理、生物、社会和信息系统中的许多关系和过程。许多实际问题可以用图表示。在计算机科学中,图用于表示通信网络,数据组织,计算设备,计算流程等。例如,网站的链接结构可以用有向图表示,其中顶点表示网页,边表示从一个页面到另一个页面的链接。社会媒体、旅游、生物学、计算机芯片设计等许多领域的问题也可以采用类似的方法。图也用于研究化学和物理学中的分子。在凝聚态物理学中,通过对与原子拓扑相关的图理论进行统计,可以定量研究复杂模拟原子结构的三维结构。在化学中,图为分子的自然模型,其中顶点与边表示原子和边缘键。在统计物理学中,图可以表示系统的交互部分之间的本地连接以及这些系统上的物理过程。类似的在计算神经科学图中可用于表示相互作用以产生各种认知过程的脑区之间的功能连接,其中顶点代表大脑的不同区域,边表示这些区域之间的连接。图也用于表示多孔介质的微尺度通道,其中顶点表示孔,边表示连接孔的较小通道。社会学中的图:莫雷诺社会学(1953)图理论也被广泛应用于社会学。例如,衡量演员的声望或探索谣言传播,特别是通过使用社交网络分析软件。在社交网络的框架下,有许多不同类型的图。认识图和友谊图描述人们是否相互认识。影响图用于确定某些人是否可以影响他人的行为。最后,协作图表示两个人是否以特定的方式一起工作。例如一起在电影中演绎。类似的图论在生物学和保护工作中是有用的，其中顶点可以表示某些物种存在（或居住）的区域，边表示迁移路径或区域之间的移动。也可用来查看繁殖模式或跟踪疾病传播、寄生虫或运动的变化，如何影响其他物种。在数学中，代数图论与组理论有密切联系，可以通过为图的每个边分配权重来扩展图结构。具有权重或加权的图用于表示成对连接具有某些数值的结构。例如，如果图表示道路网络，权重可以表示每条道路的长度，可能存在与每个边相关联的几个权重，包括距离、旅行时间或货币成本等。这种加权图表通常用于编程 GPS 以及比较飞行时间和成本的旅行计划搜索引擎。由此，研发用于处理图的算法是计算机科学的主要目的之一。

6.2　图计算的同步机制

6.2.1　BSP 模式

目前的图计算框架基本上都遵循 BSP 模式。BSP 模式如图 6-1 所示。

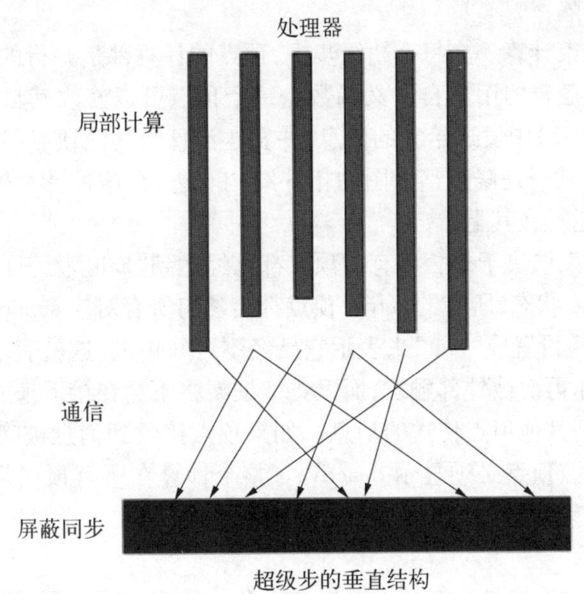

图 6-1　BSP 模式

BSP 模型图需要做以下解释：

（1）处理器：并行计算进程，它对应到集群中的多个节点，每个节点可以有多个处理器。

（2）局部计算（LocalComputation）：单个处理器的计算，每个处理器都会切分一些节点做计算。

（3）通信（Communication）：处理器之间的通信。在 BSP 模型中，对图结点的访问分布到了不同的处理器中，并且往往哪怕是关系紧密具有局部聚类特点的节点也未必会分布到同一个处理器或同一个集群节点上，所有需要用到的数据都需要通过处理器之间的消息传递来实现同步。

(4) 屏蔽同步(BarrierSynchronization):障碍同步或栅栏同步。每一次同步也是一个超步的完成和下一个超步的开始。

(5) 超步(Superstep):BSP 的一次计算迭代。

6.2.2 基于 BSP 模式的图计算模型

基于 BSP 模式,目前有两种比较成熟的图计算模型:Pregel 模型和 GAS 模型。由于 GraphX 主要基于 Pregel 实现,所以我们重点理解下 Pregel 模型的原理。

在 Pregel 计算模型中,输入是一个有向图,该有向图的每一个顶点都有一个相应的由 String 描述的顶点标识符。每一个顶点都有一个与之对应的可修改的用户自定义值。每一条有向边都和其源顶点关联,并且也拥有一个可修改的用户自定义值,同时还记录了其目标顶点的标识符。

一个典型的 Pregel 计算过程如下:

(1) 读取输入初始化该图;

(2) 当图被初始化好后,运行一系列的超级步直到整个计算结束,这些超级步之间通过一些全局的同步点分隔;

(3) 输出结果结束计算。在每个超级步中,顶点的计算都是并行的,每个顶点执行相同的用于表达给定算法逻辑的用户自定义函数。每个顶点可以修改其自身及其出边的状态,接收前一个超级步(S-1)中发送给它的消息,并发送消息给其他顶点(这些消息将会在下一个超级步中被接收),甚至是修改整个图的拓扑结构。边,在这种计算模式中并不是核心对象,没有相应的计算运行在其上。

算法是否能够结束取决于是否所有的顶点都已经达到“halt”状态了。在第 0 个超级步,所有顶点都处于 active 状态,所有的 active 顶点都会参与所有对应 superstep 中的计算。顶点通过将其自身的 status 设置成“halt”来表示它已经不再 active。这就表示该顶点没有进一步的计算需要执行,除非再次被外部触发,而 Pregel 框架将不会在接下来的 superstep 中执行该顶点,除非该顶点收到其他顶点传送的消息。如果顶点接收到消息被唤醒进入 active 状态,那么在随后的计算中该顶点必须显示 deactive。整个计算在所有顶点都达到 inactive 状态,并且没有 message 在传送的时候宣告结束。这种简单的状态机如图 6-2 所示。

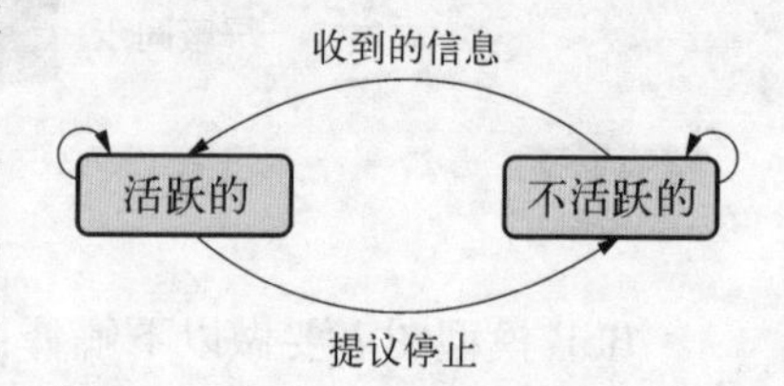

图 6-2 BSP 模式的简单状态机

整个 Pregel 程序的输出是所有顶点输出的集合。通常都是输出一个跟输入同构的有向图,但是这并不是系统的一个必要属性,因为顶点和边可以在计算的过程中进行添加和删除。比如一个聚类算法,就有可能是从一个大图中生成的非连通顶点组成的小集合;一个对图的挖掘算法就可能仅仅是输出了从图中挖掘出来的聚合数据等。

图 6-2 通过一个简单的例子来说明这些基本概念:这个任务要求将图中节点的最大值传播给图中所有的其他节点。图 6-3 是其示意图,图中的实线箭头表明了图的链接关系,而图中节点内的数值代表了节点的当前数值,图中虚线代表了不同超级步之间的消息传递关系,同时,灰色的图节点是不活跃节点。

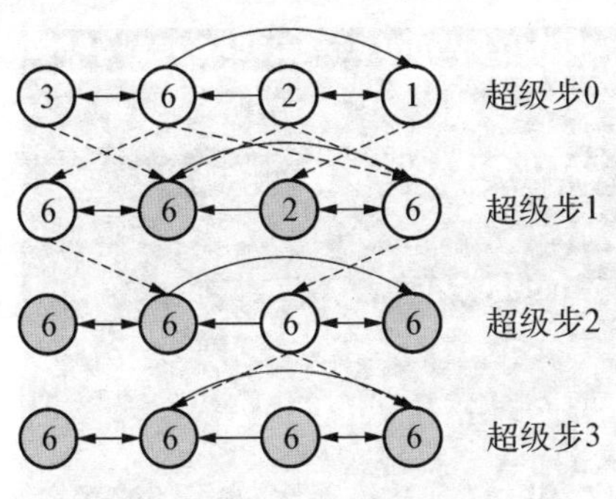

图6-3　Pregel的最大值计算

从图6-3中可以看出,数值6是图中的最大值,在第0步超级步中,所有的节点都是活跃的,系统执行用户函数F(vertex):节点将自身的数值通过链接关系传播出去,接收到消息的节点选择其中的最大值,并和自身的数值进行比较,如果比自身的数值大,则更新为新的数值,如果不比自身的数值大,则转为不活跃状态。

在第0个超级步中,每个节点都将自身的数值通过链接传播出去,系统进入第1个超级步,执行F(vertex)函数,第一行和第四行的节点因为接收到了比自身数值大的数值,所以更新为新的数值6。第二行和第三行的节点没有接收到比自身数值大的数,所以转为不活跃状态。在执行完函数后,处于活跃状态的节点再次发出消息,系统进入第2个超级步,第二行节点本来处于不活跃状态,因为接收到新消息,所以更新数值到6,重新处于活跃状态,而其他节点都进入了不活跃状态。Pregel进入第3个超级步,所有的节点处于不活跃状态,所以计算任务结束,这样就完成了整个任务,最大数值通过4个超级步传递给图中所有其他的节点。

6.3　GraphFrames安装和基础使用

6.3.1　简介

2016年Databricks公司宣布推出了Apache Spark上的图处理GraphFrames库,通过和UCB和MIT合作,基于DataFrames构建了一个图处理库,GraphFrames受益于DataFrames的高性能和可拓展性,提供一个统一的图处理API接口,提供了一个类似于GraphX的库但是有着更高的层级,更易读和可读的API,支持Java, Scala和Python;可以保存和下载图形;利用了Spark2.0的底层性能和查询的优化。此外,它集成了GraphX,可以无缝地将图处理库GraphFrames转换成等效的GraphX表示,并且具有以下3个优点:

(1) Python,Java和Scala API:GraphFrames为三种语言提供了通用的API接口。首次实现了所有在GraphX中实现的算法都能在Python和Java中使用。

(2) 强力的查询:GraphFrames允许使用简短的查询,与Spark SQL和DataFrame中强力的查询语句一样。

(3) 保存和载入图模型:GraphFrames完全支持DataFrame结构的数据源,允许使用熟悉的Parquet、JSON、和CSV读写图。

6.3.2　安装并启动Spark GraphFrames

在Spark目录下输入以下代码,得到的结果如图6-4所示。

```
1. $ ./bin/pyspark--packages graphframes:graphframes:0.5.0-spark2.1-s_2.11
```

启动成功后如图6-5所示。

```
cyx@ubuntu:~/Downloads/spark-2.1.1-bin-hadoop2.7$ ./bin/pyspark --packages graph
frames:graphframes:0.5.0-spark2.1-s_2.11
Python 2.7.6 (default, Mar 22 2014, 22:59:56)
Type "copyright", "credits" or "license" for more information.

IPython 1.2.1 -- An enhanced Interactive Python.
?         -> Introduction and overview of IPython's features.
%quickref -> Quick reference.
help      -> Python's own help system.
object?   -> Details about 'object', use 'object??' for extra details.
Ivy Default Cache set to: /home/cyx/.ivy2/cache
The jars for the packages stored in: /home/cyx/.ivy2/jars
:: loading settings :: url = jar:file:/home/cyx/Downloads/spark-2.1.1-bin-hadoop
2.7/jars/ivy-2.4.0.jar!/org/apache/ivy/core/settings/ivysettings.xml
graphframes#graphframes added as a dependency
:: resolving dependencies :: org.apache.spark#spark-submit-parent;1.0
        confs: [default]
        found graphframes#graphframes;0.5.0-spark2.1-s_2.11 in spark-packages
        found com.typesafe.scala-logging#scala-logging-api_2.11;2.1.2 in central
        found com.typesafe.scala-logging#scala-logging-slf4j_2.11;2.1.2 in centr
al
        found org.scala-lang#scala-reflect;2.11.0 in central
        found org.slf4j#slf4j-api;1.7.7 in central
:: resolution report :: resolve 310ms :: artifacts dl 8ms
```

图 6-4　启动命令运行过程

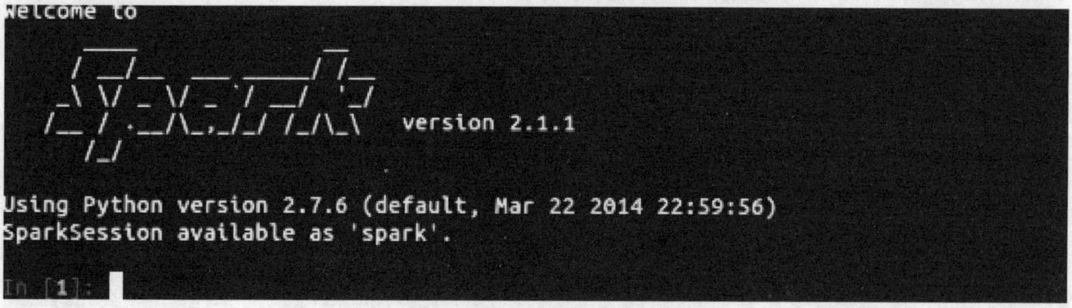

```
Welcome to
      ____              __
     / __/__  ___ _____/ /__
    _\ \/ _ \/ _ `/ __/  '_/
   /__ / .__/\_,_/_/ /_/\_\   version 2.1.1
      /_/

Using Python version 2.7.6 (default, Mar 22 2014 22:59:56)
SparkSession available as 'spark'.

In [1]:
```

图 6-5　启动成功后显示效果

6.3.3 基本 api 介绍

1. 创建 GraphFrames

图是由顶点和边组成的，在 Spark 中，用户可以从顶点和边的 DataFrames 创建 GraphFrames。

顶点 DataFrame：顶点 DataFrame 应该包含一个名为“id”的特殊列，它为图中的每个顶点指定唯一的 ID。

边 DataFrame：边 DataFrame 应包含两个特殊列：“src”（边的起始顶点 ID）和“dst”（边的目标顶点 ID）。

两个 DataFrames 都可以有任意的其他列。那些列可以表示顶点和边的属性。GraphFrame 也可以从包含边信息的单个 DataFrame 构造。顶点将从边的起点和终点推断出来。

以下示例演示如何用 Python 从顶点和边 DataFrames 创建 GraphFrame。

(1) 输入以下代码,创建顶点 DataFrame。

```
1. v = sqlContext.createDataFrame([
2. ("a", "Alice", 34),
3. ("b", "Bob", 36),
4. ("c", "Charlie", 30),
5. ("d", "David", 29),
6. ("e", "Esther", 32),
7. ("f", "Fanny", 36),
8. ("g", "Gabby", 60)
9. ], ["id", "name", "age"])
```

(2) 输入以下代码,创建边 DataFrame。

```
1. e = sqlContext.createDataFrame([
2. ("a", "b", "friend"),
3. ("b", "c", "follow"),
4. ("c", "b", "follow"),
5. ("f", "c", "follow"),
6. ("e", "f", "follow"),
7. ("e", "d", "friend"),
8. ("d", "a", "friend"),
9. ("a", "e", "friend")
10. ], ["src", "dst", "relationship"])
```

(3) 输入以下代码,创建一个 DataFrame,结果如图 6-6 所示。

```
1. from graphframes import *
2. g = GraphFrame(v, e)
```

2. 基本图和 DataFrame 查询

GraphFrames 提供了几个简单的图形查询,如顶点的度。此外,由于 GraphFrames 将图形表示为顶点和边的 DataFrames,因此可以直接在顶点和边的 DataFrames 上进行强大的查询。那些 DataFrames 可用作 GraphFrame 中的 vertices 和 edges 字段。

(1) 输入以下代码,显示顶点的 DataFrame。

```
1. g.vertices.show()
2. # +--+-------+---+
3. # |id|    name|age|
```

```
4. # +--+-------+---+
5. # | a|   Alice| 34|
6. # | b|     Bob| 36|
7. # | c|Charlie| 30|
8. # | d|   David| 29|
9. # | e| Esther| 32|
10. # | f|   Fanny| 36|
11. # | g|   Gabby| 60|
12. # +--+-------+---+
```

```
In [1]: v = sqlContext.createDataFrame([
   ...:   ("a", "Alice", 34),
   ...:   ("b", "Bob", 36),
   ...:   ("c", "Charlie", 30),
   ...:   ("d", "David", 29),
   ...:   ("e", "Esther", 32),
   ...:   ("f", "Fanny", 36),
   ...:   ("g", "Gabby", 60)
   ...: ], ["id", "name", "age"])

In [2]: e = sqlContext.createDataFrame([
   ...:   ("a", "b", "friend"),
   ...:   ("b", "c", "follow"),
   ...:   ("c", "b", "follow"),
   ...:   ("f", "c", "follow"),
   ...:   ("e", "f", "follow"),
   ...:   ("e", "d", "friend"),
   ...:   ("d", "a", "friend"),
   ...:   ("a", "e", "friend")
   ...: ], ["src", "dst", "relationship"])

In [3]: from graphframes import *

In [4]: g = GraphFrame(v, e)

In [5]: g
Out[5]: GraphFrame(v:[id: string, name: string ... 1 more field], e:[src: string
, dst: string ... 1 more field])
```

图 6-6 构建第一个图

（2）输入以下代码，显示边的 DataFrame。

```
1. g.edges.show()
2. # +---+---+------------+
3. # |src|dst|relationship|
4. # +---+---+------------+
5. # |  a|  b|      friend|
```

```
6. # |   b|   c|         follow|
7. # |   c|   b|         follow|
8. # |   f|   c|         follow|
9. # |   e|   f|         follow|
10. # |   e|   d|         friend|
11. # |   d|   a|         friend|
12. # |   a|   e|         friend|
13. # +---+---+------------+
```

图的顶点集和边集显示如图6－7所示。

```
In [6]: g.vertices.show()
+---+-------+---+
| id|   name|age|
+---+-------+---+
|  a|  Alice| 34|
|  b|    Bob| 36|
|  c|Charlie| 30|
|  d|  David| 29|
|  e| Esther| 32|
|  f|  Fanny| 36|
|  g|  Gabby| 60|
+---+-------+---+

In [7]: g.edges.show()
+---+---+------------+
|src|dst|relationship|
+---+---+------------+
|  a|  b|      friend|
|  b|  c|      follow|
|  c|  b|      follow|
|  f|  c|      follow|
|  e|  f|      follow|
|  e|  d|      friend|
|  d|  a|      friend|
|  a|  e|      friend|
+---+---+------------+
```

图6－7　查看图的顶点集和边集

（3）输入以下代码，可查看图中所有顶点的入度，结果如图6－8所示。

```
1. vertexInDegrees = g.inDegrees
2. vertexInDegrees.show()
```

（4）输入以下代码，可以寻找图中最年轻的用户，这个查询利用顶点的DataFrame，查询结果如图6－9所示。

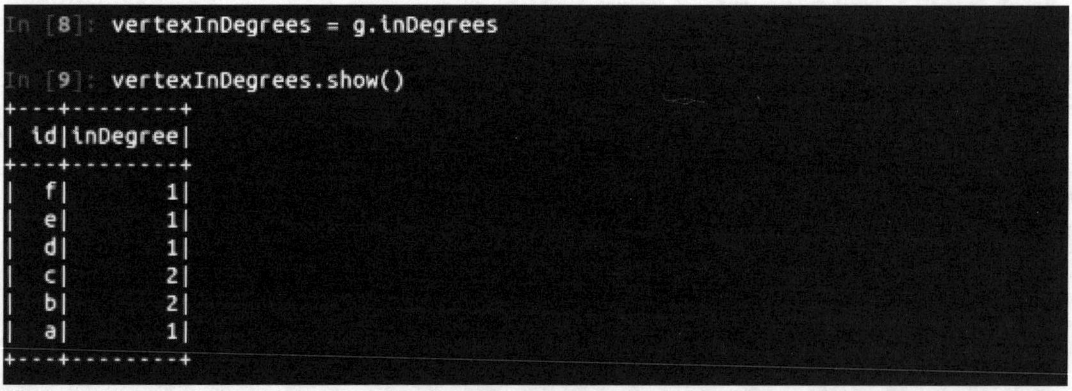

```
In [8]: vertexInDegrees = g.inDegrees

In [9]: vertexInDegrees.show()
+---+--------+
| id|inDegree|
+---+--------+
|  f|       1|
|  e|       1|
|  d|       1|
|  c|       2|
|  b|       2|
|  a|       1|
+---+--------+
```

图 6-8 查看图中每个顶点的入度

```
1. g. vertices. groupBy( ). min(" age"). show( )
```

```
In [10]: g.vertices.groupBy().min("age").show()
+--------+
|min(age)|
+--------+
|      29|
+--------+
```

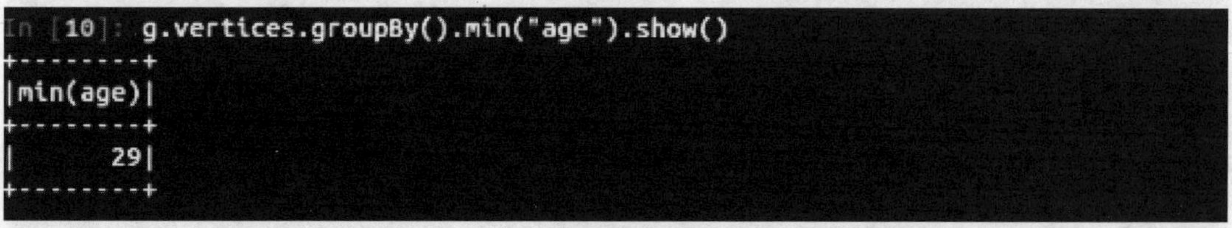

图 6-9 查看图中最小年龄的顶点

(5) 输入以下代码,计算图中边为“follow”的数量,这个查询利用边的 DataFrame,计算结果如图 6-10 所示。

```
1. numFollows = g. edges. filter(" relationship = 'follow'"). count( )
```

```
In [11]: numFollows = g.edges.filter("relationship = 'follow'").count()

In [12]: numFollows
Out[12]: 4
```

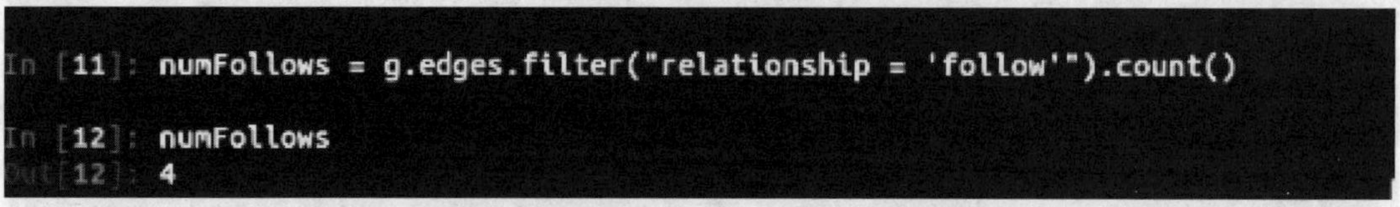

图 6-10 计算图中关系为“follow”的边的个数

3. 子图

在 GraphX 中, subgraph ( ) 方法采用边三元组 (edge, src vertex 和 dst vertex, plus attributes)的形式存储子图,并允许用户根据三元组和顶点过滤器选择一个子图。而 GraphFrames 提供了一种更为强大的方法,可以基于图查找和 DataFrame 筛选器的组合来选择子图。

(1) 简单子图: 顶点和边过滤器,以下示例显示如何利用 Python 根据顶点和边缘过滤器选择子图。

输入以下代码,选择一个用户年龄大于 30 岁且边类型为“friend”的子图,结果如图 6-11 所示。

```
1. v2 = g. vertices. filter(" age > 30")
2. e2 = g. edges. filter(" relationship = 'friend'")
3. g2 = GraphFrame(v2, e2)
```

```
In [13]: v2 = g.vertices.filter("age > 30")

In [14]: e2 = g.edges.filter("relationship = 'friend'")

In [15]: g2 = GraphFrame(v2, e2)

In [16]: g2
Out[16]: GraphFrame(v:[id: string, name: string ... 1 more field], e:[src: strin
g, dst: string ... 1 more field])
```

图 6－11　从图 g 中选出年龄大于 30 并且彼此关系为“friend”的子图

（2）复合子图：以下示例显示了如何利用在边上操作的三元组过滤器及其 src 和 dst 顶点来选择子图。

① 输入以下代码，查找一个子图，此子图中起点年龄小于终点年龄且彼此关系为“follow”。

```
1. paths = g. find("(a)-[e]->(b)") \
2. . filter(" e. relationship = 'follow'") \
3. . filter(" a. age < b. age")
```

② “paths”里包含了顶点的信息，输入以下代码。

```
1. e2 = paths. select(" e. src", "e. dst", "e. relationship")
```

③ 输入以下代码，构建子图。

```
1. g2 = GraphFrame(g. vertices, e2)
```

④ 输入以下代码，查看图的顶点和符合要求的边，结果如图 6－12 所示。

```
1. g2. vertices. show()
2. g2. edges. show()
```

4. *图算法*

GraphFrames 提供与 GraphX 相同的标准图算法及一些新算法。主要有以下 2 个。

（1）宽度搜索（BFS）。宽度优先搜索（BFS）从一个顶点（或一组顶点）到另一个顶点（或一组顶点）找到最短路径。开始和结束顶点被指定为 Spark DataFrame 表达式。想了解更多相关知识，请参阅百度百科上的 BFS 词条。

① 输入以下代码，搜索名叫“Esther”且年龄小于 32 的人。

```
In [17]: paths = g.find("(a)-[e]->(b)")\
   ....:   .filter("e.relationship = 'follow'")\
   ....:   .filter("a.age < b.age")

In [18]: e2 = paths.select("e.src", "e.dst", "e.relationship")

In [19]: g2 = GraphFrame(g.vertices, e2)

In [20]: g2.vertices.show()
+---+-------+---+
| id|   name|age|
+---+-------+---+
|  a|  Alice| 34|
|  b|    Bob| 36|
|  c|Charlie| 30|
|  d|  David| 29|
|  e| Esther| 32|
|  f|  Fanny| 36|
|  g|  Gabby| 60|
+---+-------+---+


In [21]: g2.edges.show()
+---+---+------------+
|src|dst|relationship|
+---+---+------------+
|  e|  f|      follow|
|  c|  b|      follow|
+---+---+------------+
```

图 6-12　从图 g 中选出起点年龄小于终点年龄且彼此关系为"follow"的子图

```
1. paths = g.bfs(" name = 'Esther'", "age < 32")
2. paths.show()
```

② 输入以下代码,指定边的属性及最大路径长度。输出如图 6-13 所示。

```
In [22]: paths = g.bfs("name = 'Esther'", "age < 32")

In [23]: paths.show()
+-------------+------------+------------+
|         from|          e0|          to|
+-------------+------------+------------+
|[e,Esther,32]|[e,d,friend]|[d,David,29]|
+-------------+------------+------------+


In [24]: g.bfs("name = 'Esther'", "age < 32",\
   ....:   edgeFilter="relationship != 'friend'", maxPathLength=3)
Out[24]: DataFrame[from: struct<id:string,name:string,age:bigint>, e0: struct<src:string,dst:string,relationship:string>, v1: struct<id:string,name:string,age:bigint>, e1: struct<src:string,dst:string,relationship:string>, to: struct<id:string,name:string,age:bigint>]
```

图 6-13　从图查找姓名为"Esther"且年龄小于 32 的人

```
1. g. bfs(" name = 'Esther'", "age < 32",\
2. edgeFilter=" relationship ! = 'friend'", maxPathLength=3)
```

（2）三角计数。计算通过每个顶点的三角形的数量，输入以下代码，运算结果如图6-14所示。

```
1. results = g. triangleCount( )
2. results. select(" id", "count"). show( )
```

```
In [25]: results = g.triangleCount()

In [26]: results.select("id", "count").show()
+---+-----+
| id|count|
+---+-----+
|  g|    0|
|  f|    0|
|  e|    1|
|  d|    1|
|  c|    0|
|  b|    0|
|  a|    1|
+---+-----+
```

图6-14　图g中各个顶点的三角形数量

6.5　最短路径算法及实例

6.5.1　算法思想介绍

计算有向图中从每个顶点到给定的一组终点的最短路径，其中终点由顶点ID指定。

6.5.2　代码过程分析

输入以下代码，运算结果如图6-15所示，可以发现每个顶点到 a 与 b 的距离都展示在表格中。

```
1. results = g. shortestPaths(landmarks=[" a", "d"])
2. results. select(" id", "distances"). show( )
```

```
In [29]: results.select("id", "distances").show()
17/07/03 06:55:13 WARN Executor: 1 block locks were not released by TID = 7358:
[rdd_419_1]
17/07/03 06:55:13 WARN Executor: 1 block locks were not released by TID = 7357:
[rdd_419_0]
+---+------------------+
| id|         distances|
+---+------------------+
|  g|             Map()|
|  b|             Map()|
|  e|Map(d -> 1, a -> 2)|
|  a|Map(a -> 0, d -> 2)|
|  f|             Map()|
|  d|Map(d -> 0, a -> 1)|
|  c|             Map()|
+---+------------------+
```

图 6-15　以 a,d 为终点的有向图最短路径

6.6　网页排名

6.6.1　算法思想介绍

PageRank 算法计算每一个网页的 PageRank 值,然后根据这个值的大小对网页的重要性进行排序。它的思想是模拟一个上网者,上网者首先随机选择一个网页打开,然后在这个网页上待了几分钟后,跳转到该网页所指向的链接,这样一直在网页上跳来跳去,PageRank 就是估计这个上网者分布在各个网页上的概率。换句话说,PageRank 用来测量 Graph 中每个顶点的重要性。

有两个 PageRank 的实现。

第一个实现使用独立的 GraphFrame 接口,并为固定次数的迭代运行 PageRank。这可以通过设置 maxIter 来运行。

第二个实现使用 org. apache. spark. graphx. Pregel 接口并运行 PageRank 直到收敛。这可以通过设置 tol 来运行。

这两个实现都支持非个性化和个性化的 PageRank,其中设置一个 sourceId 个性化该顶点的结果。

6.6.2　代码过程分析

代码过程分析(每个关键部分截取几行代码,整体实际代码另附)。

(1) 输入以下代码,运行 PageRank,直到收敛至公差"tol"。

```
1. results = g. pageRank(resetProbability=0. 15, tol=0. 01)
```

(2) 输入以下代码,显示 PageRanks 的结果和最终的边权值,注意显示的 PageRank 可能

被截断,结果如图 6 - 16 所示。

```
1. results. vertices. select(" id", "pagerank"). show()
2. results. edges. select(" src", "dst", "weight"). show()
```

```
In [32]: results.vertices.select("id", "pagerank").show()
17/07/03 06:58:04 WARN Executor: 1 block locks were not released by TID = 13518:
[rdd_900_1]
17/07/03 06:58:04 WARN Executor: 1 block locks were not released by TID = 13517:
[rdd_900_0]
+---+-------------------+
| id|           pagerank|
+---+-------------------+
|  g|               0.15|
|  b| 2.2131428039184433|
|  e|  0.309074279296875|
|  a|0.37429242187499995|
|  f|0.27366105468749996|
|  d|0.27366105468749996|
|  c|  2.240080617201845|
+---+-------------------+
```

图 6 - 16　各顶点的网页排名

(3) 输入以下代码,运行 PageRank 至一个合适的迭代次数,结果如图 6 - 17 所示。

```
1. results2 = g. pageRank(resetProbability=0. 15, maxIter=10)
```

```
+---+---+------+
|src|dst|weight|
+---+---+------+
|  a|  b|   0.5|
|  b|  c|   1.0|
|  e|  f|   0.5|
|  e|  d|   0.5|
|  c|  b|   1.0|
|  a|  e|   0.5|
|  f|  c|   1.0|
|  d|  a|   1.0|
+---+---+------+
```

图 6 - 17　各边的权重

(4) 输入以下代码,对顶点"*a*"运行 PageRank。

```
1. results3 = g. pageRank(resetProbability=0. 15, maxIter=10, sourceId=" a")
```

6.7　本章小结

本章首先介绍了图的同步机制 BSP 模式及基于此模式实现的 Pregel。其次详细介绍了

GraphFrames 的安装,以及 GraphFrames 模型中的基本图操作,通过对这些基本操作的组合可以实现对图数据的复杂计算。目前 GraphFrames 还在进一步的开发中,相信更多的特性和优化会出现在后续版本中。

6.8 习题

(1) 构建一个顶点(见表 6-1),边关系如表 6-2 中的图 G,并执行以下要求:

① 显示其顶点信息、边信息;② 显示出入度信息;③ 计算三角个数;④ 筛选出关系为"schoolmate"的一个子图。

表 6-1 学生姓名表

id	Name	Age	Sex
1	Jason	15	male
2	Ada	19	female
3	Gary	25	male
4	Xanthus	21	male
5	Sylvia	14	female

表 6-2 学生关系表

src	dst	relationship
1	5	classmate
2	3	friend
4	2	friend
2	5	friend
3	4	classmate
2	4	classmate
4	5	friend

(2) 学习 GraphFrame 中的模式发现(motif finding),学会使用 DSL 进行图模式过滤。

第7章 大数据应用编程案例

随着科学、技术和工程的迅猛发展,各个领域都伴随着大规模数据的生成,如对地观测系统、健康医护、传感器、用户数据、互联网和金融公司以及供应链系统都无时无刻不在产生海量的数据,大数据的概念也随之引起重视[1]。目前大数据在各个行业领域发挥着重要作用,例如金融领域的精准营销、互联网行业的网络推荐、医疗行业的辅助决策支持等。但复杂、庞大、异构、实时的大数据给其处理带来了极大的挑战。

本章将针对大数据计算量大、处理复杂和效率要求高的特点,挑选两个具有代表性的基于遥感数据的海冰检测和基于时间序列数据分析的欧元兑美元汇率预测两个案例,介绍基于 Spark 平台的大数据处理流程。

7.1 基于遥感数据的海冰/雪检测

本节基于 Proba-V 卫星观测的大气上层 100 米的辐射测量数据,在 Spark 平台上应用 SVM 分类器实现海冰/雪的检测。

7.1.1 数据集

(1) 辐射测量数据的描述:获取的辐射测量数据文件格式是 GeoTIFF,一个文件中包括 4 个波段:① RED;② NIR;③ BLUE;④ SWIR。其中,每个波段以 Y * X 大小的像素网格形式存在,每个像素则存储上层大气在该波段下的辐射值。

(2) 状态映射文件:同时,还有一个状态映射文件,其中仅包含一个单独的带。每个像素上的值表示该像素的类别。

在该实例中,我们感兴趣的是以二进制编码为 100 的像素,表示在辐射测量文件中的对应像素上是积雪或者海冰,与 Proba-V 用户手册中所述的一致。

7.1.2 文件的读取

在读取 GeoTIFF 文件之前,需要引入使用的库文件和框架:

（1）*numpy*：for numerical processing；

（2）*gdal*：for reading GeoTIFF files；

（3）*seaborn*：for plotting；

（4）*pandas*：for handling small DataFrames；

（5）*spark*。

具体代码如下：

```
import numpy as np
import requests
import gdal

import matplotlib
import matplotlib. pyplot as plt
import pandas as pd
import seaborn as sns
#matplotlib inline

import pyspark
```

7.1.3 Spark 环境配置

首先需要设置 Spark 的环境，以便可以访问 Spark 集群。以下是设置 Spark 环境和修改默认配置的代码片段：

```
from pyspark. conf import SparkConf
conf = SparkConf( )
conf. set(' spark. yarn. executor. memoryOverhead', 1024)
conf. set(' spark. executor. memory', '8g')
conf. set(' spark. executor. cores', '2')
sc = pyspark. SparkContext( conf=conf)
sqlContext = pyspark. SQLContext( sc)
```

文件被存储在如下定义的共享文件夹中，可以通过调用 API 请求文件夹中的所有文件。但在本实例中，我们仅关注被大规模冰雪覆盖的阿尔卑斯山脉区域。其中，辐射测量数据以_RADIOMETRY. tif 结尾，状态映射文件以_SM. tif 结尾。

```
files = [

    "/data/MTDA/TIFFDERIVED/PROBAV_L3_S5_TOA_100M/20151121/PROBAV_S5_
TOA_20151121_100M_V001/PROBAV_S5_TOA_X18Y02_20151121_100M_V001. tif"
```

```
]

bands = [
    "RED",
    "NIR",
    "BLUE",
    "SWIR"
]

def radiometry_file(filename):
    return filename[:-4] + "_RADIOMETRY.tif"

def status_file(filename):
    return filename[:-4] + "_SM.tif"
```

7.1.4 文件处理

首先,为了以并行的方式读取文件,我们需要指示 Spark 来并行化文件列表:

```
In:
data_files = sc.parallelize([(status_file(f), radiometry_file(f)) for f in files]).cache()
data_files
Out:
ParallelCollectionRDD[0] at parallelize at PythonRDD.scala:396
```

由于文件非常大,我们不想一次读取完整的文件。相反,我们将每个文件分块,读取每个块,然后再将这些块组合在一起。这样做可以将文件分配给不同的 Spark 执行单元,以便一个 Spark 执行单元读取一个文件的特定部分。

```
In:
def makeSplits( files, splits=100 ):
    statusmap, radiometry = files
    dataset = gdal.Open(statusmap)
    status = dataset.GetRasterBand(1)
    del dataset
    XSize = status.XSize
    YSize = status.YSize

    chunks = []
```

```
    chunksize = (int(XSize / float(splits)), int(YSize / float(splits)))
    for x in range(0, XSize, chunksize[0]):
        for y in range(0, YSize, chunksize[1]):
            chunks.append({
                    'statusmap': statusmap,
                    'radiometry': radiometry,
                    'x': (x, min(XSize - x, chunksize[0])),
                    'y': (y, min(YSize - y, chunksize[1]))
                })

    return chunks

chunks = data_files.flatMap(makeSplits).repartition(100)
chunks.take(1)
Out:
[{'radiometry': '/data/MTDA/TIFFDERIVED/PROBAV_L3_S5_TOA_100M/20151121/
PROBAV_S5_TOA_20151121_100M_V001/PROBAV_S5_TOA_X18Y02_20151121_100M_
V001_RADIOMETRY.tif',
  'statusmap': '/data/MTDA/TIFFDERIVED/PROBAV_L3_S5_TOA_100M/20151121/
PROBAV_S5_TOA_20151121_100M_V001/PROBAV_S5_TOA_X18Y02_20151121_100M_
V001_SM.tif',
  'x': (0, 100),
  'y': (0, 100)}]
```

下面,我们定义读取块的函数。

在这个过程中,我们想要实现的是将 GeoTIFF 中的所有像素包含的状态映射值和每个波段上对应的辐射值为一个列表中的一个元素。

```
In:
def parseTargets(statusmap, x, y):
    dataset = gdal.Open(statusmap)
    status = dataset.GetRasterBand(1)
    ret = status.ReadAsArray(x[0], y[0], x[1], y[1])
    del dataset
    return np.array(ret).flatten(order='F').tolist()

def parseFeatures( radiometry, x, y ):
    raster = gdal.Open(radiometry)
```

```
    raster_bands = [ raster.GetRasterBand(i).ReadAsArray(x[0], y[0], x[1], y[1])
for i in xrange(1, raster.RasterCount + 1) ]
    #4 * Y * X

    del raster
    raster_bands = np.transpose(raster_bands)
    #Y * 4 * X

    raster_bands = raster_bands.reshape((len(raster_bands) * len(raster_bands[0]),
len(raster_bands[0][0])))

    #Y * X * 4
    return raster_bands.tolist()

def parseChunk(chunk):
    return zip(
        parseTargets(chunk['statusmap'], chunk['x'], chunk['y']),
        parseFeatures(chunk['radiometry'], chunk['x'], chunk['y'])
    )

dataset = chunks.flatMap(parseChunk)
dataset.take(5)
Out:
[(244, [764, 804, 874, 305]),
(244, [767, 805, 876, 306]),
(244, [768, 809, 879, 306]),
(244, [775, 810, 880, 305]),
(244, [773, 814, 879, 305])]
```

其中,由于存在无效值,我们将无效值的像素设置为-1。此外,像素中还包含不完整的数据,我们将这些不完整的数据过滤掉。

```
In:
def is_valid(row):
    for v in row[1]:
        if v == -1:
            return False
    return True
```

```
dataset = dataset.filter(is_valid).repartition(100)
dataset.take(5)
Out:
[(123, [1418, 1482, 2055, 618]),
(123, [1376, 1434, 1998, 586]),
(251, [1331, 1395, 1403, 573]),
(251, [1307, 1351, 1405, 578]),
(251, [1318, 1355, 1406, 594])]
```

如上所述,冰雪覆盖区域的像素值为100。由于我们只关注冰雪覆盖区域,因此可以定义一个函数将所有的位掩码转换成一个位,被冰雪覆盖的为1,否则为0。

```
In:
def is_snow(row):
    return (int(row[0] & 0b100 != 0), row[1])

dataset = dataset.map(is_snow).cache()
dataset.take(5)
Out:
[(1, [675, 695, 783, 304]),
(1, [674, 694, 773, 300]),
(1, [1456, 1593, 1490, 478]),
(1, [1392, 1540, 1485, 460]),
(1, [1392, 1512, 1494, 448])]
```

这个数据集在后续操作过程中将会经常使用,因此在这里我们对其进行缓存。下面的代码片段就是在 Spark 上缓存的方法。

```
dataset = dataset.cache()
```

7.1.5 数据可视化

接下来将对数据进行可视化。在对数据可视化之前,首先从数据集中选取一个平衡的数据样本,也就是说正负样本数一致,其中被冰雪覆盖的记作正样本。

```
In:
from pyspark.mllib.regression import LabeledPoint
def parseSample(row):
    return LabeledPoint(row[0], row[1])
```

```
def sample(size):
    sizes = dataset.countByKey()
    sample_fractions = {
        0.0: float(size / 2) / sizes[0.0],
        1.0: float(size / 2) / sizes[1.0]
    }

    samples = dataset.sampleByKey(
        withReplacement = False,
        fractions = sample_fractions
    ).map(parseSample).cache()

    return samples

samples = sample(500)
positives = samples.filter(lambda r: r.label == 1).map(lambda r: np.append(r.features,
r.label)).collect()
negatives = samples.filter(lambda r: r.label == 0).map(lambda r: np.append(r.features,
r.label)).collect()
all_data = positives + negatives
df = pd.DataFrame(all_data, columns=bands + ["snow"])
df
Out:
```

	RED	NIR	BLUE	SWIR	snow
0	895	1077	974	371	1
1	990	1188	1080	478	1
2	644	799	789	416	1
3	1184	1213	1321	400	1
4	647	760	746	321	1
5	948	997	1051	437	1
6	1120	1242	1169	382	1
7	1007	1050	1142	429	1
8	686	714	786	296	1
9	1392	1526	1293	458	1
10	815	950	913	315	1

续 表

	RED	NIR	BLUE	SWIR	snow
11	876	999	977	342	1
12	705	812	802	226	1
13	890	944	1038	348	1
14	729	754	894	351	1
15	1285	1374	1399	356	1
16	1036	1099	1168	435	1
17	1054	1083	1242	186	1
18	711	749	866	389	1
19	1062	1185	1131	448	1
20	964	1044	1088	435	1
21	846	884	952	428	1
22	725	893	817	332	1
23	961	941	1166	427	1
24	863	986	968	320	1
25	741	957	817	461	1
26	676	714	819	477	1
27	965	1084	1089	331	1
28	895	1008	1030	306	1
29	846	861	1019	431	1
…	…	…	…	…	…
478	179	596	341	317	0
479	1177	1282	1263	541	0
480	1479	1603	2010	1130	0
481	131	416	337	172	0
482	500	645	613	286	0
483	109	135	310	65	0
484	1023	1097	1138	621	0
485	1468	1570	1379	906	0
486	1238	1481	1218	1110	0
487	526	555	741	280	0
488	152	515	323	273	0

续　表

	RED	NIR	BLUE	SWIR	snow
489	975	1052	1107	551	0
490	2068	2462	1544	694	0
491	285	236	558	215	0
492	196	142	401	89	0
493	236	281	428	156	0
494	849	1001	934	571	0
495	1135	1189	1283	547	0
496	143	86	389	45	0
497	1727	1931	1372	887	0
498	202	488	287	527	0
499	1183	1227	1325	508	0
500	378	335	560	150	0
501	1158	1211	1332	625	0
502	110	168	307	89	0
503	543	714	643	262	0
504	328	556	476	390	0
505	1642	1774	1464	581	0
506	338	749	449	490	0
507	173	677	287	318	0

一共输出508行×5列。

下面将对上述样本进行可视化。

由图7-1,图7-2的线箱图可知,冰雪覆盖区域和非冰雪覆盖区域的分布确实存在着明显的差异,因此,建立分类器对其进行检测是可行的。

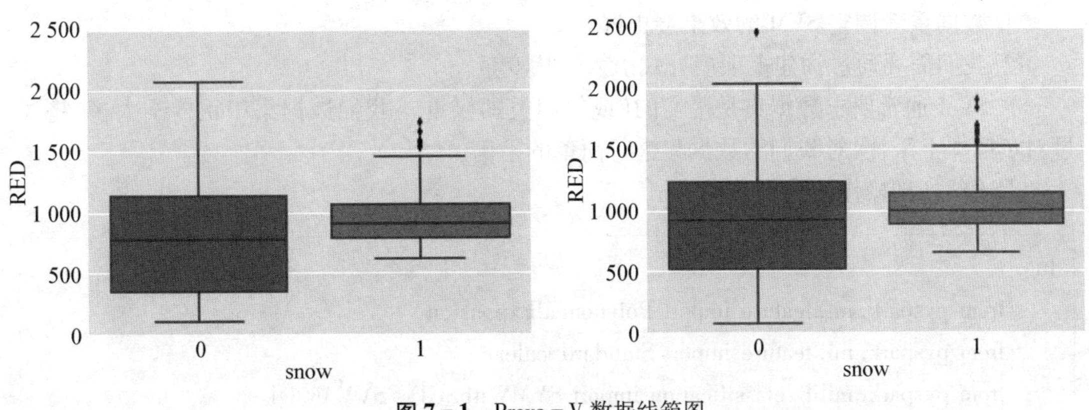

图7-1　Prova-V 数据线箱图

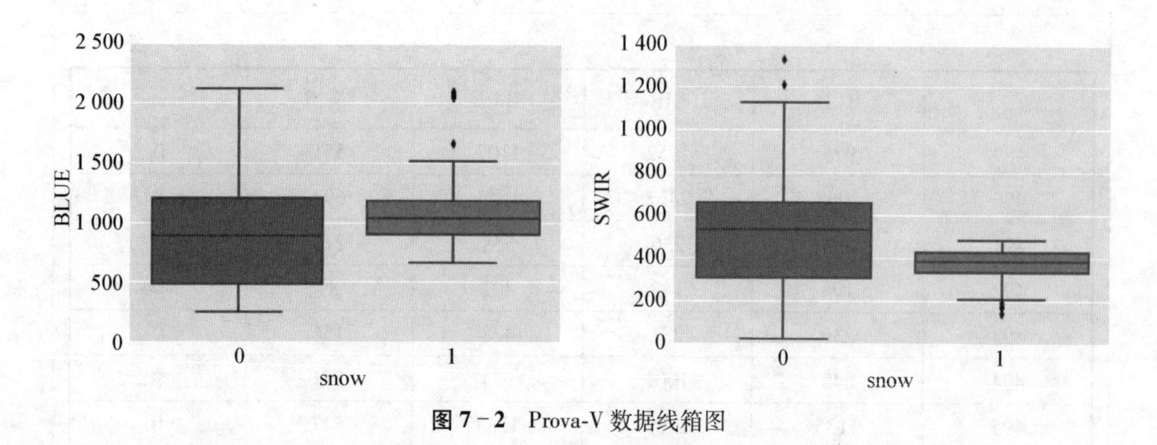

图 7-2 Prova-V 数据线箱图

```
for band in bands:
    sns.boxplot(x='snow', y=band, order=[0, 1], data=df)
    plt.show()
```

我们也可以采用散点图对其分布进行可视化,查看不同波段之间是否存在相关性,同时查看冰雪覆盖区域在不同波段之间是否存在相互作用。

图 7-3 显示:

① 波段 RED,NIR 和 BLUE 之间具有高度相关性;

② 当 RED>500 且 SWIR<500 时有一个明显的分界点。

```
In:
    sns.pairplot(df, hue='snow', vars=bands, hue_order=[0, 1])
Out:
    <seaborn.axisgrid.PairGrid at 0x7f848fcf9910>
```

7.1.6 构建分类器

首先,在构建分类器之前需要做如下的预处理操作:

① 数据重新调整 SVM 的效果会更好。

② 我们需要通过构建多项展开式引入干扰变量。

③ SVM 通常要求数据集是平衡的(或使用类别权重),我们数据集中正样本太多,将通过对负样本下采样,对我们的数据集进行简单的平衡。

上述预处理操作的代码实现为:

```
In:
    from pyspark.ml.feature import PolynomialExpansion
    from pyspark.ml.feature import StandardScaler
    from pyspark.mllib.classification import SVMWithSGD, SVMModel
```

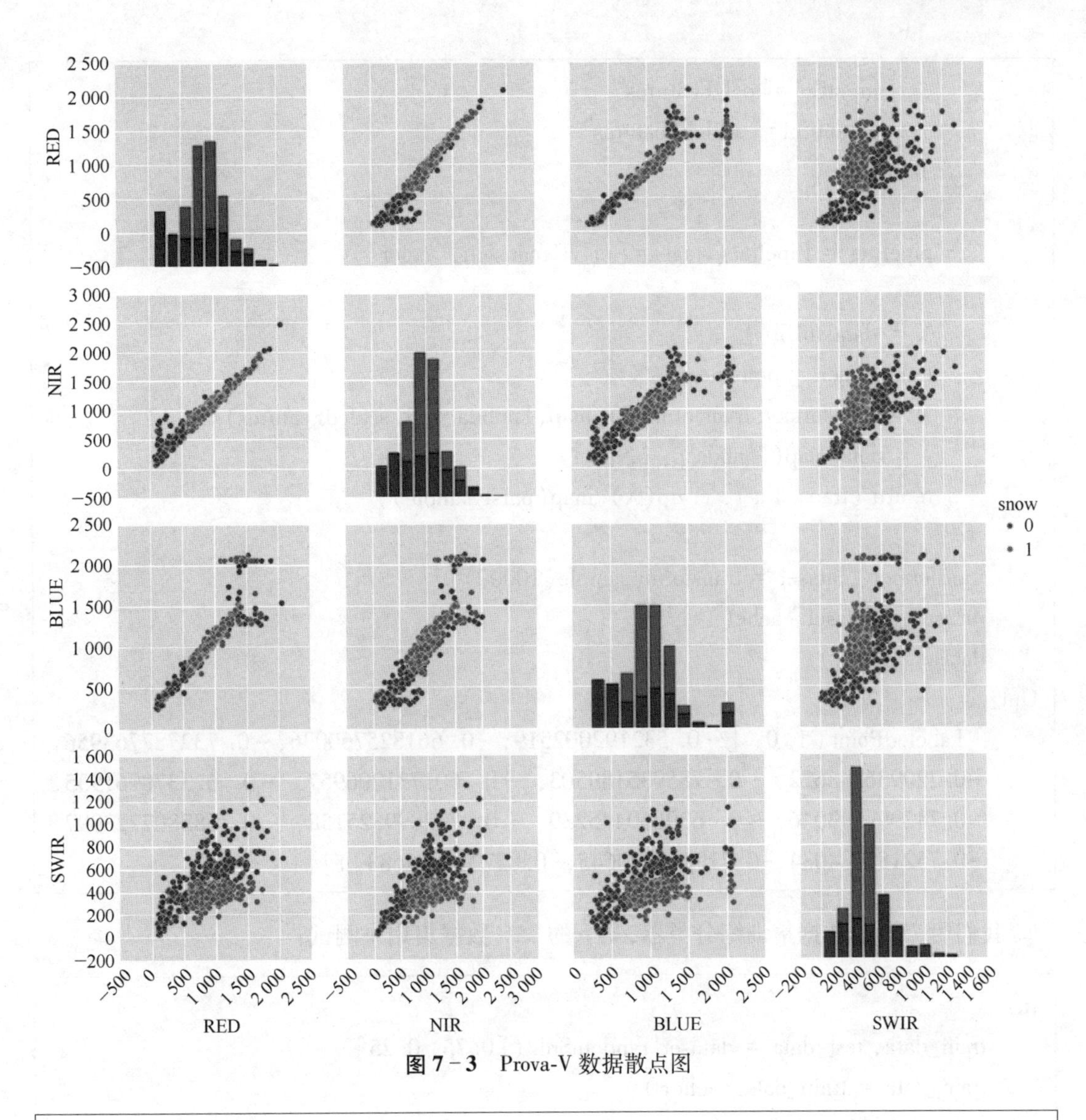

图 7－3　Prova-V 数据散点图

```
from pyspark.ml import Pipeline

def transform(data):
    polyExpansion = PolynomialExpansion(
        inputCol="features",
        outputCol="polyFeatures",
        degree=2
    )

    scaler = StandardScaler(
        withMean=True,
        withStd=True,
```

```
            inputCol=" polyFeatures",
            outputCol=" scaledFeatures"
        )

        pipeline = Pipeline(stages=[polyExpansion, scaler])

        X = data.toDF()
        transformer = pipeline.fit(X)
        X = transformer.transform(X).map(lambda x: x.scaledFeatures)
        y = data.map(lambda p: p.label)
        return (transformer, y.zip(X).map(parseSample))

    transformer, dataset = transform(sample(10000))
    dataset = dataset.cache()
    dataset.take(1)
Out:
    [LabeledPoint(1.0, [-0.532192002519,-0.661825760036,-0.732787763956,
    -0.720936248622, -0.785935189503, -0.601731206957, -0.673370961935,
    -0.742999843046, -0.639860445239, -0.722099325158, -0.688807723097,
    -0.752183284034,-0.729910920645,-0.627274019683]))]
```

我们用75%的数据集训练分类器,剩下的25%数据集用来测试:

```
In:
    train_data, test_data = dataset.randomSplit([0.75, 0.25])
    train_data = train_data.cache()
    test_data = test_data.cache()
```

下面,可以开始训练和测试分类模型了。

```
In:
    from sklearn.metrics import precision_recall_fscore_support

    def train(training_data, iterations, regParam, step):
        model = SVMWithSGD.train(training_data, iterations=iterations, regParam=
    regParam, step=step)
        return model

    def evaluate(model, train_data, test_data):
```

```
    train_y = train_data.map(lambda p: p.label).collect()
    test_y = test_data.map(lambda p: p.label).collect()
    train_predictions = train_data.map(lambda p: model.predict(p.features)).collect()
    test_predictions = test_data.map(lambda p: model.predict(p.features)).collect()

    _, _, train_f, _ = precision_recall_fscore_support(train_y, train_predictions,
average='binary')
    _, _, test_f, _ = precision_recall_fscore_support(test_y, test_predictions,
average='binary')

    return (train_f, test_f)

def train_evaluate(train_data, test_data, iterations, regParam, step):
    print "Training with", train_data.count(), "samples"
    print "Params: ", iterations, regParam, step
    model = train(train_data, iterations, regParam, step)
    train_f, test_f = evaluate(model, train_data, test_data)

    print "Train F1", train_f
    print "Test F1", test_f
    print ""
    return (model, (train_data.count(), iterations, regParam, step, train_f, test_f))

model, results = train_evaluate(train_data,
                                test_data,
                                iterations=100,
                                step=1.0,
                                regParam=0.)
```

```
Training with 7392 samples
Params: 100 0.0 1.0
Train F1 0.904526435907
Test F1 0.899344388739
```

7.1.7　结果可视化

我们可以采用 matplotlib(一种绘图库)绘制 GeoTIFF,但由于文件太大需要降低其分辨率。可以采用上述的分块机制,绘制每个块的平均值来代替绘制完整的 GeoTIFF 文件。

但是,需要持续追踪每个块的位置,我们将这个需求加入到函数中。

```
In:
    def makeSplits( files, splits=100 ):
        statusmap, radiometry = files
        sm = gdal.Open(statusmap)
        status = sm.GetRasterBand(1)
        del sm
        XSize = status.XSize
        YSize = status.YSize

        chunks = []
        chunksize = (int(XSize / float(splits)), int(YSize / float(splits)))
        for x in range(0, splits):
            for y in range(0, splits):
                chunks.append({
                    'statusmap': statusmap,
                    'radiometry': radiometry,
                    'chunk': (x, y),
                    'x_range': (x * chunksize[0], chunksize[0]),
                    'y_range': (y * chunksize[1], chunksize[1])
                })

        return chunks

    chunks = data_files.flatMap(makeSplits).repartition(100)
    chunks.take(1)
Out:
    [{'chunk': (0, 0),
      'radiometry': '/data/MTDA/TIFFDERIVED/PROBAV_L3_S5_TOA_100M/
    20151121/PROBAV_S5_TOA_20151121_100M_V001/PROBAV_S5_TOA_X18Y02_
    20151121_100M_V001_RADIOMETRY.tif',
      'statusmap': '/data/MTDA/TIFFDERIVED/PROBAV_L3_S5_TOA_100M/
    20151121/PROBAV_S5_TOA_20151121_100M_V001/PROBAV_S5_TOA_X18Y02_
    20151121_100M_V001_SM.tif',
     'x_range': (0, 100),
     'y_range': (0, 100)}]
```

这样,所有的块都有位置信息。将其位置信息标注在每个像素上,取每个块的平均值,然后通过绘制每个块的平均值实现 GeoTIFF 的绘制。

```
In:
    def is_snow_mask(mask):
        return (int(mask & 0b100 != 0))

    def parseChunk(chunk):
        statusmap = map(is_snow_mask, parseTargets(chunk['statusmap'], chunk['x_range'], chunk['y_range']))
        features = parseFeatures(chunk['radiometry'], chunk['x_range'], chunk['y_range'])
        return (chunk['chunk'], map(parseSample, zip(statusmap, features)))

    all_data = chunks.map(parseChunk)

    def average_snow(data):
        return np.mean(map(lambda x: x.label, data))

    averaged_by_chunk = all_data.map(lambda x: (x[0], average_snow(x[1]))).cache()
    averaged_by_chunk.count()
Out:
    10000
```

```
In:
    img_flat = averaged_by_chunk.collect()
```

图 7 - 4 是我们原始的数据集。

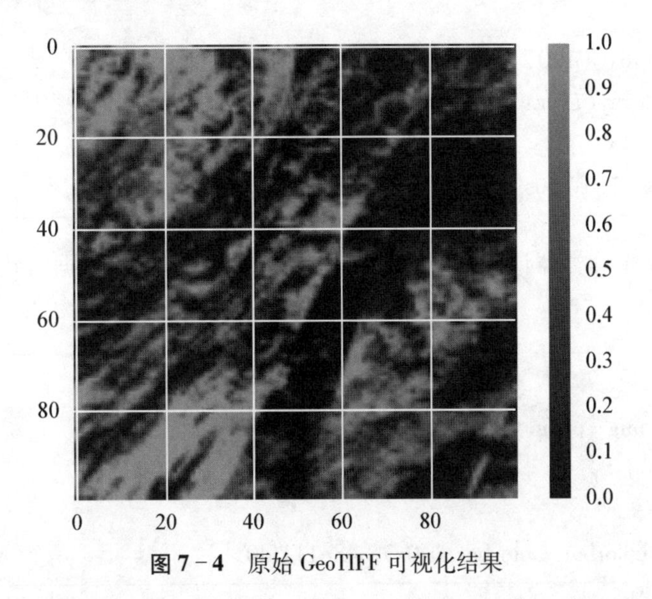

图 7 - 4　原始 GeoTIFF 可视化结果

```
In:
    img = np.array(img_flat)[:, 1].reshape(100, 100, order='F').astype('float')
    plt.imshow(img, cmap='winter')
    plt.colorbar()
Out:
    <matplotlib.colorbar.Colorbar at 0x7f848c46fad0>
```

接下来,我们采用分类器检测的结果绘制冰雪覆盖区域,

```
In:
    all_df = all_data.flatMap(lambda x: [{'x': x[0][0], 'y': x[0][1], 'features': p.
    features, 'label': p.label} for p in x[1]]).toDF()
    /usr/hdp/current/spark-client/python/pyspark/sql/context.py: 209: UserWarning:
    Using RDD of dict to inferSchema is deprecated. Use pyspark.sql.Row instead
      warnings.warn("Using RDD of dict to inferSchema is deprecated. "
```

```
In:
    groups = transformer.transform(all_df).map(lambda x: ((x.x, x.y), model.predict
    (x.scaledFeatures))).groupByKey().cache()
```

```
In:
    averaged_by_chunk = groups.map(lambda g: (g[0], np.mean(list(g[1])))).collect()
```

```
In:
    img = np.zeros((100, 100))
    for x in np.array(averaged_by_chunk):
        pos, v = x
        img[pos[1]][pos[0]] = v
```

图 7-5 是 SVM 分类器计算的冰雪覆盖区域,看起来与原始数据大致相同,只是稍微丰满了一些。

```
In:
    plt.imshow(img, cmap='winter')
    plt.colorbar()
Out:
    <matplotlib.colorbar.Colorbar at 0x7f848c111fd0>
```

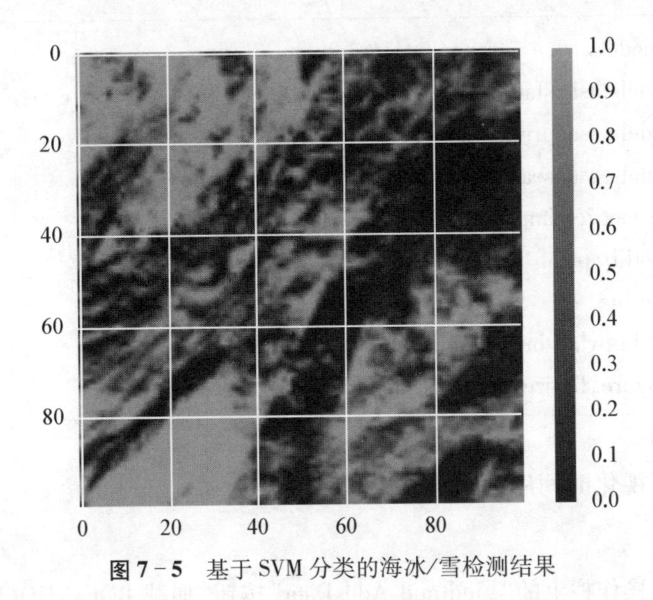

图7-5　基于SVM分类的海冰/雪检测结果

7.2　基于时间序列数据的预测

该实例采用的数据集来自Quandl,为英格兰银行的欧元兑换美元的即期汇率的官方统计数据。下面基于Spark平台,采用ARIMA(autoregressive integrated moving average)模型对该时间序列数据进行分析预测。

7.2.1　数据获取

获取英格兰银行的欧元兑换美元的即期汇率的官方统计数据的方式。

(1) 获取权限

在Quandl官网上下载命名为BOE-XUDLERD.csv的CSV文件,必须要登录Quandl才有权限下载,可以注册新的用户或者用自己已有的Git或LinkedIn账户。

(2) 保存文件

将CSV文件另存在自己的电脑上。

7.2.2　加载库文件

在开始对时间序列数据分析之前,首先需要加载和安装如下所示的库函数:

```
In:
    import requests, pandas as pd, numpy as np
    from pandas import DataFrame
    from io import StringIO
    import time, json
    from datetime import date
```

```
import statsmodels
from statsmodels. tsa. stattools import adfuller, acf, pacf
from statsmodels. tsa. arima_model import ARIMA
from statsmodels. tsa. seasonal import seasonal_decompose
from sklearn. metrics import mean_squared_error
import matplotlib. pylab as plt
#matplotlib inline
from matplotlib. pylab import rcParams
rcParams['figure. figsize'] = 15, 6
```

7.2.3 加载并可视化时间序列数据

1. 加载数据

单击 notebook 操作栏上的"Find and Add Data"按钮，加载 BOE-XUDLERD. csv 数据，文件加载到对象存储中并且在项目的 Data Assets 区域中。

将包含欧元即期汇率与 USD 的趋势的 BOE-XUDLERD. csv 文件中的数据加载到 pandas DataFrame 中，单击下一个代码单元格，然后在文件名称下选择插入到代码> pandas DataFrame。

运行以下命令，将 Pandas DataFrame 转换为每日频率的时间序列。

In:

```
# @hidden_cell
# This function accesses a file in your Object Storage. The definition contains your credentials.
```

Out:

	Date	Value
0	2017-02-24	0.9463
1	2017-02-23	0.9440
2	2017-02-22	0.9480
3	2017-02-21	0.9490
4	2017-02-20	0.9415

In:

```
df_fx_data['Date'] = pd. to_datetime(df_fx_data['Date'], format = '%Y-%m-%d')
indexed_df = df_fx_data. set_index('Date')
```

显示前 5 行:

```
In:
    ts = indexed_df['Value']
    ts.head(5)
Out:
    Date
    2017-02-24      0.9463
    2017-02-23      0.9440
    2017-02-22      0.9480
    2017-02-21      0.9490
    2017-02-20      0.9415
    Name: Value, dtype: float64
```

2. 原始数据的可视化

如图7-6所示,对原始时间序列数据进行可视化,观察欧元与美元随着时间的推移走势如何变化。

```
In:
    plt.plot(ts.index.to_pydatetime(), ts.values)
Out:
    [<matplotlib.lines.Line2D at 0x7f37401c1910>]
```

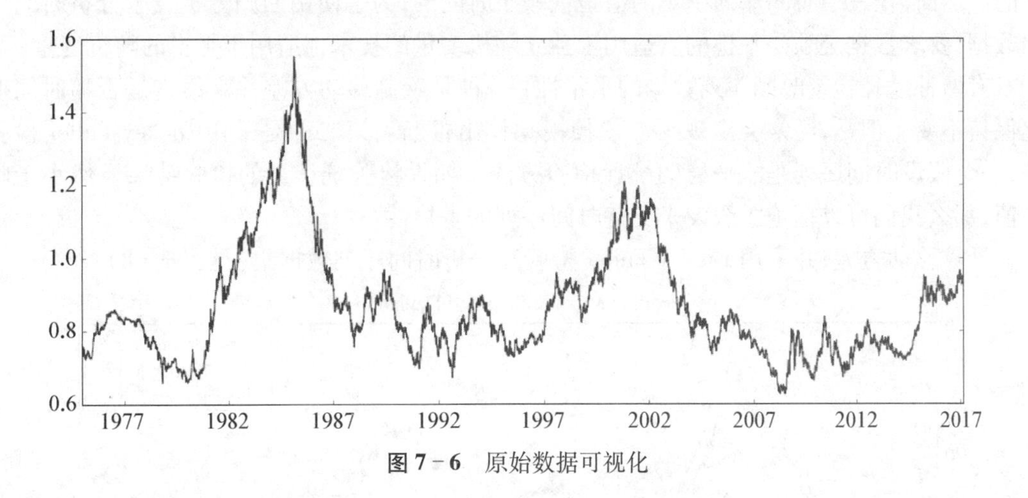

图7-6　原始数据可视化

3. 数据重采样

以天为时间间隔的数据集包含了太多的影响因素,因此首先按照周对数据进行重采样得到新的时间序列数据(时间间隔为周),然后用重采样后的时间序列数据来预测欧元兑换美元的汇率(见图7-7)。

```
In:
```

```
    ts_week = ts.resample('W').mean()
    plt.plot(ts_week.index.to_pydatetime(), ts_week.values)
Out:
    [<matplotlib.lines.Line2D at 0x7f3740119310>]
```

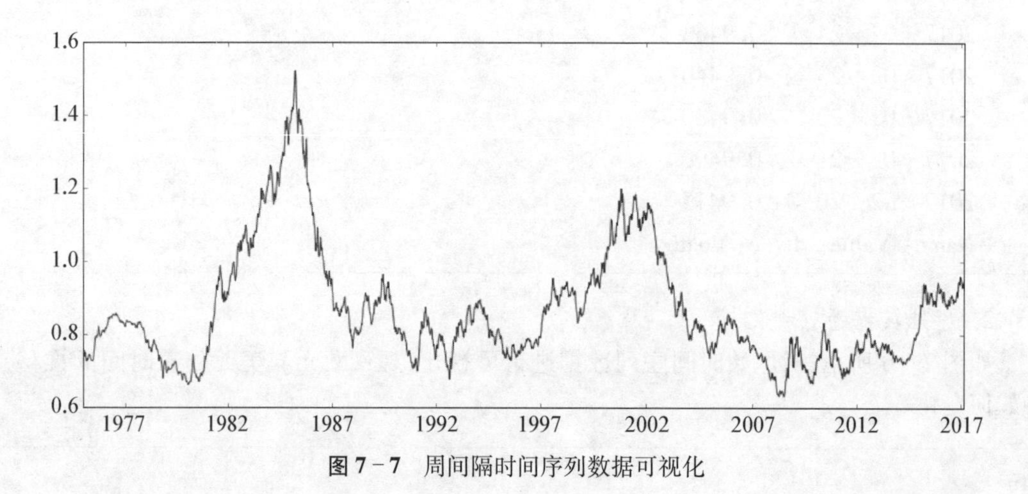

图 7-7 周间隔时间序列数据可视化

4. 平稳性检查

在一个平稳的时间序列中，随着时间的推移，统计特性必须是恒定的，自相关性必须是时间独立的。通常情况下，当对数据进行一般回归时，我们期望观察到的是数据间是相互独立的。然而，在一个时间序列中观测值是依赖于时间的，为了使用回归分析技术分析时间序列数据，要求数据必须是平稳的。适用于独立随机变量的技术也适用于平稳的随机变量。

有两种途径检查时间序列数据的平稳性：一种是绘制移动方差并观察它是否随时间变化保持不变。但是，经常会出现无法依赖视觉作出推断。第二种是采用 Dickey-Fuller 检验法，一个假设时间序列是非平稳的统计检验方法。如果检验统计量的检验结果显然小于临界值，那么我们可以拒绝零假设来支持时间序列的平稳性。

计算移动方差，并采用 Dickey-Fuller 检验法分析时间序列数据集（见图 7-8）：

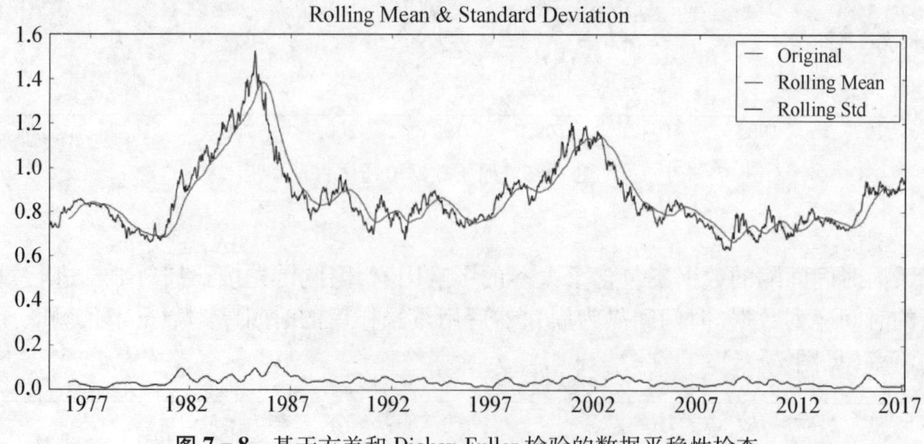

图 7-8 基于方差和 Dickey-Fuller 检验的数据平稳性检查

```
In:
    def test_stationarity(timeseries):

    #Determing rolling statistics
    rolmean = timeseries.rolling(window=52,center=False).mean()
    rolstd = timeseries.rolling(window=52,center=False).std()

    #Plot rolling statistics:
    orig = plt.plot(timeseries.index.to_pydatetime(), timeseries.values, color='blue',
label='Original')
    mean = plt.plot(rolmean.index.to_pydatetime(), rolmean.values, color='red', label='
Rolling Mean')
    std = plt.plot(rolstd.index.to_pydatetime(), rolstd.values, color='black', label =
'Rolling Std')
    plt.legend(loc='best')
    plt.title('Rolling Mean & Standard Deviation')
    plt.show(block=False)

    #Perform Dickey-Fuller test:
    print 'Results of Dickey-Fuller Test:'
    dftest = adfuller(timeseries, autolag='AIC')
    dfoutput = pd.Series(dftest[0:4], index=['Test Statistic','p-value','#Lags Used','
Number of Observations Used'])
    for key,value in dftest[4].items():
        dfoutput['Critical Value (%s)'%key] = value
    print dfoutput
    test_stationarity(ts_week)
```

```
Results of Dickey-Fuller Test:
Test Statistic                  -2.018078
p-value                          0.278703
#Lags Used                       2.000000
Number of Observations Used   2197.000000
Critical Value (5%)             -2.862856
Critical Value (1%)             -3.433330
Critical Value (10%)            -2.567471
dtype: float64
```

由上述分析结果可知，检验统计量大于5%的临界值，且p值大于0.05，因此移动平均值随时间而发生变化，Dickey-Fuller检验的零假设不能被拒绝，这表明每周的时间序列数据不是稳定的。

在应用 ARIMA 模型预测之前,需要将时间序列数据集转换为平稳的时间序列。

7.2.4 时间序列数据的平稳化

如果时间序列数据表现出一定的趋势或者季节性,则表明它是非平稳的。可以通过计算趋势和季节性对时间序列数据进行平稳化处理,从模型中消除这些因素。

1. 非线性对数变换

首先应用一个简单的非线性对数转换并检查平稳性(见图 7-9):

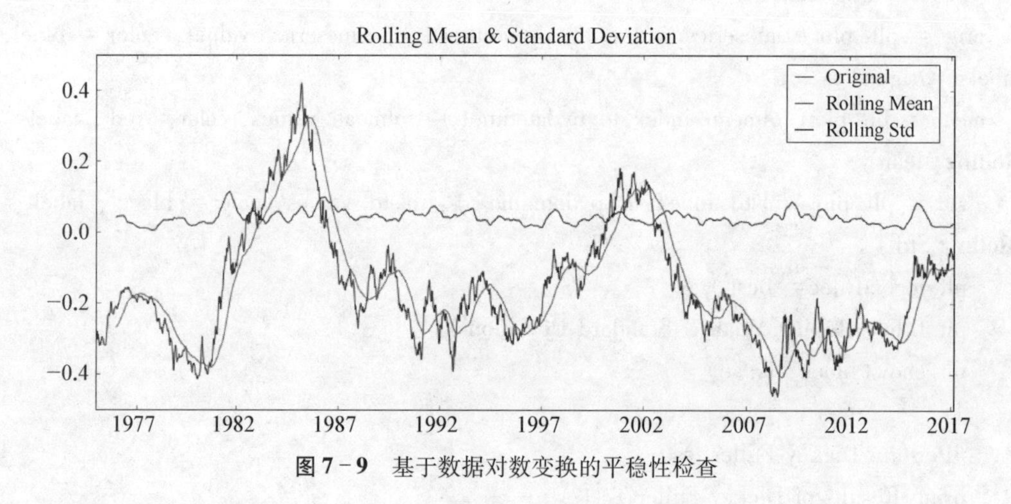

图 7-9 基于数据对数变换的平稳性检查

```
In:
    ts_week_log = np.log(ts_week)
    In [12]:
    test_stationarity(ts_week_log)
```

```
Results of Dickey-Fuller Test:
Test Statistic                  -2.166571
p-value                          0.218601
#Lags Used                       1.000000
Number of Observations Used   2198.000000
Critical Value (5%)             -2.862856
Critical Value (1%)             -3.433329
Critical Value (10%)            -2.567470
dtype: float64
```

Dickey-Fuller 检验结果表明该时间序列数据仍然不平稳,并且检验统计量大于 5%的临界值,且 p 值大于 0.05。

2. 分解消除趋势和季节性

如图 7-10 所示,数据集中最近几周的分解结果显示近 12 个月周期的增长趋势和季节

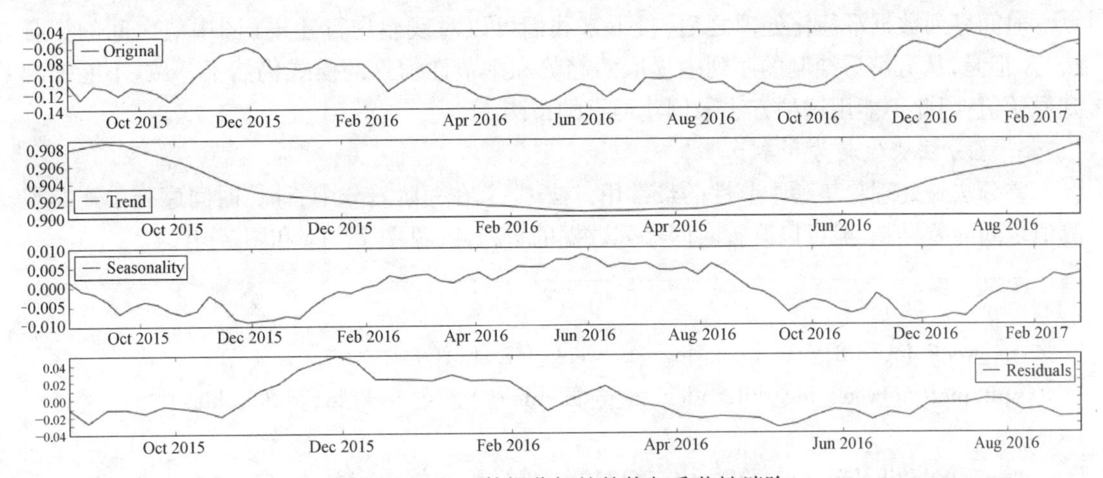

图7-10　基于数据分解的趋势与季节性消除

性效应。

```
In:
    decomposition = seasonal_decompose(ts_week)

    trend = decomposition.trend
    seasonal = decomposition.seasonal
    residual = decomposition.resid

    ts_week_log_select = ts_week_log[-80:]

    plt.subplot(411)
    plt.plot(ts_week_log_select.index.to_pydatetime(), ts_week_log_select.values,
label='Original')
    plt.legend(loc='best')
    plt.subplot(412)
    plt.plot(ts_week_log_select.index.to_pydatetime(), trend[-80:].values, label='Trend')
    plt.legend(loc='best')
    plt.subplot(413)
    plt.plot(ts_week_log_select.index.to_pydatetime(), seasonal[-80:].values,label='
Seasonality')
    plt.legend(loc='best')
    plt.subplot(414)
    plt.plot(ts_week_log_select.index.to_pydatetime(), residual[-80:].values, label='
Residuals')
    plt.legend(loc='best')
    plt.tight_layout()
```

时间序列数据平稳化处理之后，接下来我们可以对残差进行建模（图中值之间的拟合线）。但是，从分解后绘制的序列中提取的趋势和季节性信息的模式仍然不一致，不能缩减到原始值，因此不能用这种方法来创建可靠的预测。

3. 差分法去除趋势和季节性

差分法是处理趋势和季节性的最常用方法之一，在一阶差分中，计算时间序列中连续观测值之间的差异，一般可以改善时间序列数据的平稳性（见图 7－11 和图 7－12）。

```
In:
    ts_week_log_diff = ts_week_log - ts_week_log.shift()
    plt.plot(ts_week_log_diff.index.to_pydatetime(), ts_week_log_diff.values)
Out:
    [<matplotlib.lines.Line2D at 0x7f373f9e3d90>]
```

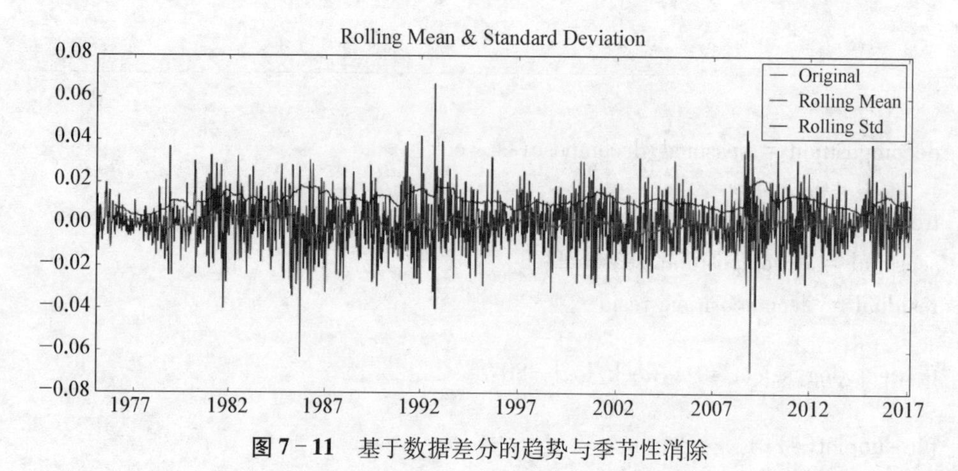

图 7－11 基于数据差分的趋势与季节性消除

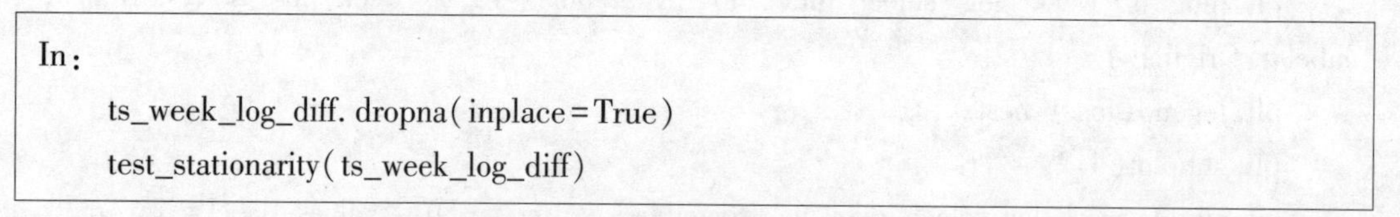

```
In:
    ts_week_log_diff.dropna(inplace=True)
    test_stationarity(ts_week_log_diff)
```

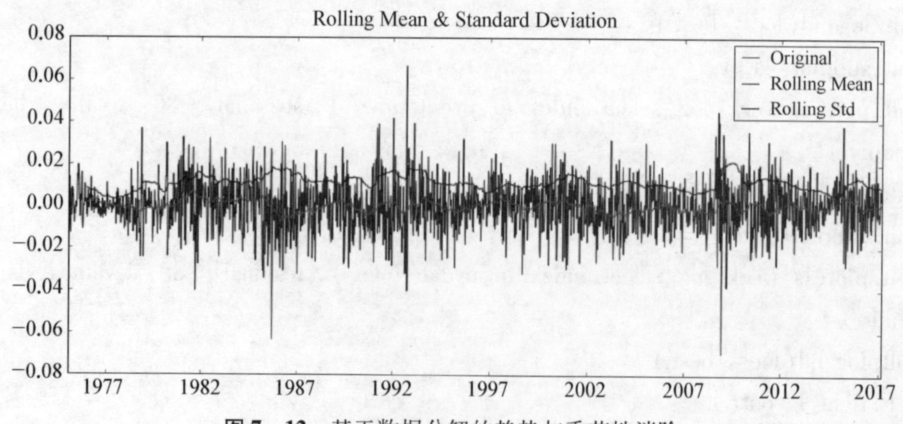

图 7－12 基于数据分解的趋势与季节性消除

```
Results of Dickey-Fuller Test:
Test Statistic                    -36.313640
p-value                           0.000000
#Lags Used                        0.000000
Number of Observations Used       2198.000000
Critical Value (5%)               -2.862856
Critical Value (1%)               -3.433329
Critical Value (10%)              -2.567470
dtype: float64
```

结果表明,检验统计显然小于1%的临界值。表明此时时间序列数据的置信度为99%。接下来可以用 ARIMA 等统计模型预测未来欧元的汇率。

7.2.5　构建 ARIMA 模型并选取最佳参数

当采用 ARIMA 模型对时间序列数据进行分析之前,需要找到模型的参数(p, d, q)的最优值:

(1) 自回归(AR)项的数量(p):在这种情况下,AR 项仅是滞后的因变量,即欧元汇率的滞后,因此,当 $p = 2$,则意味着 $x(t)$的预测因子是 $x(t-1)$和 $x(t-2)$。

(2) 移动平均项(MA)的数量(q): MA 项是预测方程中的滞后预测误差,例如,当 $q = 2$,$x(t)$的预测因子是 $e(t-1)$和 $e(t-2)$,其中 $e(t)$是第 i 个时刻的移动平均值与实际值之间的差值。

(3) 差异性的数量(d): 是指非季节性差异的数量,在该实例中,$d=1$,因为我们采用的是一阶差分对时间序列进行的建模。

确定 AR 和 MA 项数量的方法有两种: 第一种是使用 Python 中的 arma_order_select_ic 函数;另外一种是使用自相关函数(ACF)和偏自相关函数(PACF)绘图的方式。

1. 自相关函数(ACF)和偏自相关函数绘图

运行如下的代码片段,实现 ACF 和 PACF 的绘制,并确定后续 ARIMA 模型输入的 p, d 和 q 模型参数:

```
In:
    #ACF and PACF plots

    lag_acf = acf(ts_week_log_diff, nlags=10)
    lag_pacf = pacf(ts_week_log_diff, nlags=10, method='ols')

    #Plot ACF:
    plt.subplot(121)
    plt.plot(lag_acf)
    plt.axhline(y=0,linestyle='--',color='gray')
    plt.axhline(y=-1.96/np.sqrt(len(ts_week_log_diff)),linestyle='--',color='gray')
```

```
plt.axhline(y=1.96/np.sqrt(len(ts_week_log_diff)),linestyle='--',color='gray')
plt.title('Autocorrelation Function')

#Plot PACF:
plt.subplot(122)
plt.plot(lag_pacf)
plt.axhline(y=0,linestyle='--',color='gray')
plt.axhline(y=-1.96/np.sqrt(len(ts_week_log_diff)),linestyle='--',color='gray')
plt.axhline(y=1.96/np.sqrt(len(ts_week_log_diff)),linestyle='--',color='gray')
plt.title('Partial Autocorrelation Function')
plt.tight_layout()
```

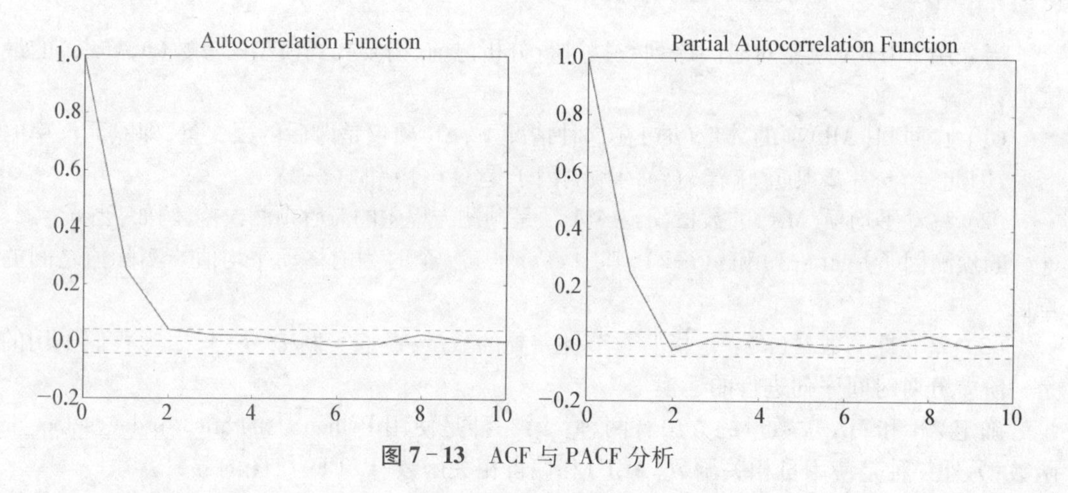

图 7 - 13 ACF 与 PACF 分析

p 和 q 的值可以从图 7 - 13 中确定：

p：通过分析图 7 - 13(左)可知,PACF 第一次到达 0 点时 $p=2$；

q：通过分析图 7 - 13(右)可知,ACF 与置信区间上界相交时 $q=2$。

由上述分析可知,ARIMA 模型的(p, d, q)分别为(2, 1, 2)。

如果依据绘图得到的 ACF 和 PACF 参数与 arma_order_select_ic 函数得到的模型参数不一致,则应使用不同的 p 和 q 值,采用模型拟合结果来研究 AIC 值,然后使用较低的模型 AIC 值。

运行如下代码片段,使用值(2,1,2)绘制 ARIMA 模型：

```
In:
  model = ARIMA(ts_week_log, order=(2, 1, 2))
  results_ARIMA = model.fit(disp=-1)
```

AR 和 MA 项之间的相互干扰效应可以通过混合 AR - MA 模型消除,下面,我们尝试下更少数量的 MA 项模型,热比额注意如上所示的收敛效应(见图 7 - 14)。

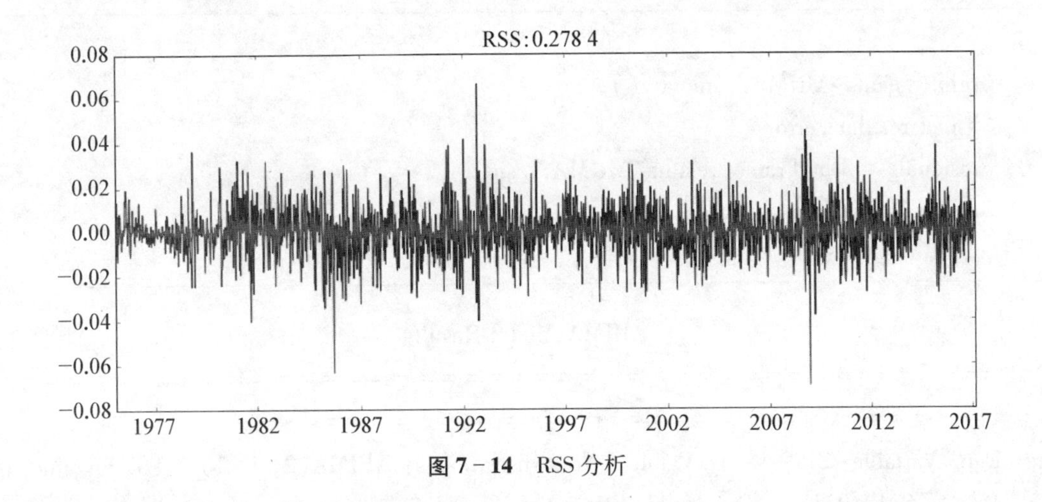

图7-14　RSS分析

```
In:
    model = ARIMA(ts_week_log, order=(2, 1, 1))
    results_ARIMA = model.fit(disp=-1)
    plt.plot(ts_week_log_diff.index.to_pydatetime(), ts_week_log_diff.values)
    plt.plot(ts_week_log_diff.index.to_pydatetime(), results_ARIMA.fittedvalues, color='red')
    plt.title('RSS: %.4f'% sum((results_ARIMA.fittedvalues-ts_week_log_diff) ** 2))
Out:
    <matplotlib.text.Text at 0x7f372a5b3790>
```

2. *度量原始数据与预测值之间的差异*

我们可以采用残差平方和(RSS)衡量模型预测结果是否与实际数据相符合,RSS小则表示该模型预测结果与实际数据非常一致。另外,可以通过残差分析验证ARIMA模型适用性。

将ARIMA模型结果输出并绘制残差结果,残差误差的密度图呈现表示以零均值为中心的正态分布。此外,残差不会违反恒定位置和比例的假设,其中大部分值在(-1,1)的范围内(见图7-15)。

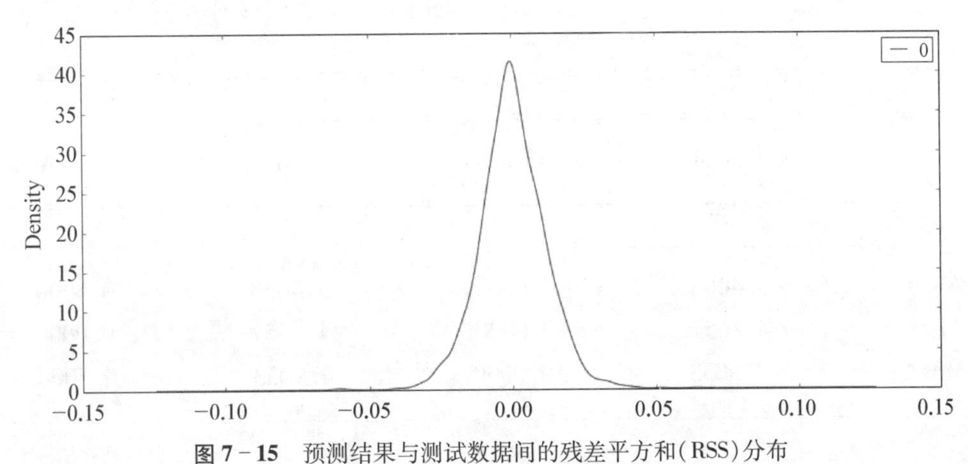

图7-15　预测结果与测试数据间的残差平方和(RSS)分布

```
In:
    print(results_ARIMA.summary())
    # plot residual errors
    residuals = DataFrame(results_ARIMA.resid)
    residuals.plot(kind='kde')
    print(residuals.describe())
```

```
                              ARIMA Model Results
==============================================================================
Dep. Variable: 2199     D. Value   No. Observations: ARIMA(2, 1, 1)   Log Likelihood
Model: 6747.031         css-mle   S. D. of innovations
Method: 0.011           Mon, 06 Nov 2017   AIC
Date: -13484.061        15:41:26   BIC
Time: -13455.582        01       12-1975   HQIC
Sample: -13473.654      -02-26-2017
==============================================================================
[0.025        0.975]              coef    std err          z        P>|z|
------------------------------------------------------------------------------
const             9.78e-05    0.000     0.312     0.755    -0.001    0.001
ar. L1. D. Value  -0.0880     0.507    -0.174     0.862    -1.082    0.906
ar. L2. D. Value   0.0603     0.133     0.454     0.650    -0.200    0.321
ma. L1. D. Value   0.3444     0.506     0.681     0.496    -0.647    1.336
                                    Roots
==============================================================================
                 Real          Imaginary          Modulus          Frequency
------------------------------------------------------------------------------
AR. 1          -3.4066         +0.0000j           3.4066            0.5000
AR. 2           4.8657         +0.0000j           4.8657            0.0000
MA. 1          -2.9033         +0.0000j           2.9033            0.5000
------------------------------------------------------------------------------
```

```
                0
count  2199.000000
mean      0.000001
std       0.011255
min      -0.061397
25%      -0.006734
50%      -0.000250
75%       0.006954
max       0.064106
```

以上分析,验证了模型能很好地预测欧元兑美元的汇率。

3. 预测规模

由上述验证可知,模型预测结果与预期得到的结果一致,则可以将模型预测缩放到原始的规模。因此,需要消除一阶差分并将指数恢复到原始规模。均方根误差(RMSE)越低,越接近0,模型预测越接近实际值越好(见图7-16)。

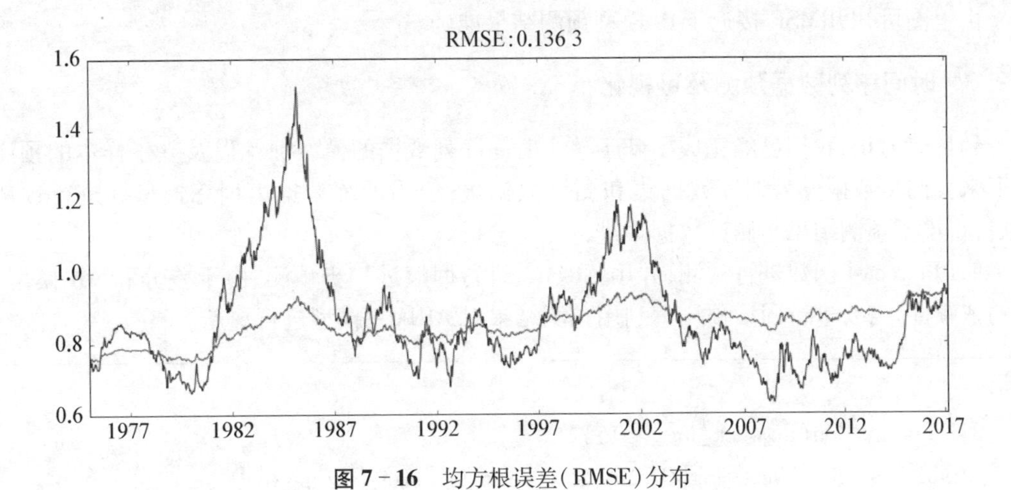

图7-16 均方根误差(RMSE)分布

In:

```
predictions_ARIMA_diff = pd.Series(results_ARIMA.fittedvalues, copy=True)
print predictions_ARIMA_diff.head()
```

```
Date
1975-01-12     0.000098
1975-01-19    -0.002381
1975-01-26     0.001006
1975-02-02    -0.004046
1975-02-09    -0.001118
Freq: W-SUN, dtype: float64
```

```
In:
    predictions_ARIMA_diff_cumsum = predictions_ARIMA_diff.cumsum()
    predictions_ARIMA_log = pd.Series(ts_week_log.iloc[0], index=ts_week_log.index)
    predictions_ARIMA_log = predictions_ARIMA_log.add(predictions_ARIMA_diff_
cumsum,fill_value=0)

    predictions_ARIMA = np.exp(predictions_ARIMA_log)
    plt.plot(ts_week.index.to_pydatetime(), ts_week.values)
    plt.plot(ts_week.index.to_pydatetime(), predictions_ARIMA.values)
    plt.title('RMSE: %.4f'% np.sqrt(sum((predictions_ARIMA-ts_week)**2)/len
(ts_week)))
Out:
    <matplotlib.text.Text at 0x7f372a7e86d0>
```

由上图可知,RMSE 接近于 0,模型预测结果准确。

7.2.6 时间序列数据预测及可视化

到目前为止,我们已经完成了基于整个时间序列数据的模型训练以及基于样本的预测。接下来我们将数据分为训练数据集和测试数据集,使用训练数据集训练模型并进行预测。然后,将模型预测结果与测试数据集进行对比分析。

使用 forecast 函数进行预测,并用 ARIMA 进行回滚进一步预测,由于差分和 AR 模型之间的依赖性,需要进行回滚预测。利用预测结果对 ARIMA 模型进行更新。

```
In:
    size = int(len(ts_week_log) - 15)
    train, test = ts_week_log[0:size], ts_week_log[size:len(ts_week_log)]
    history = [x for x in train]
    predictions = list()

    print('Printing Predicted vs Expected Values...')
    print('\n')
    for t in range(len(test)):
        model = ARIMA(history, order=(2,1,1))
        model_fit = model.fit(disp=0)
        output = model_fit.forecast()
        yhat = output[0]
        predictions.append(float(yhat))
        obs = test[t]
```

```
        history.append(obs)
        print('predicted=%f, expected=%f'% (np.exp(yhat), np.exp(obs)))

    error = mean_squared_error(test, predictions)

    print('\n')
    print('Printing Mean Squared Error of Predictions...')
    print('Test MSE: %.6f'% error)

    predictions_series = pd.Series(predictions, index = test.index)
```

```
Printing Predicted vs Expected Values...

predicted=0.916060, expected=0.936860
predicted=0.942674, expected=0.945060
predicted=0.946738, expected=0.941900
predicted=0.941118, expected=0.936860
predicted=0.935742, expected=0.948440
predicted=0.951603, expected=0.958640
predicted=0.960984, expected=0.954200
predicted=0.952981, expected=0.951600
predicted=0.951187, expected=0.945180
predicted=0.943624, expected=0.938440
predicted=0.936961, expected=0.932520
predicted=0.931199, expected=0.928520
predicted=0.927680, expected=0.935940
predicted=0.937989, expected=0.942780
predicted=0.944376, expected=0.945760

Printing Mean Squared Error of Predictions...
Test MSE: 0.000070
```

将预测结果与测试数据集中的实际值进行比较并计算其均方误差验证模型对欧元汇率的预测效果。下面将回滚预测结果与实际值进行比较，可以看到预测的规模是正确的，并且与原始数据趋势一致（见图7-17）。

```
In:
    fig, ax = plt.subplots()
    ax.set(title='Spot Exchange Rate, Euro into USD', xlabel='Date', ylabel='Euro into USD')
```

```
ax.plot(ts_week[-50:], 'o', label='observed')
ax.plot(np.exp(predictions_series), 'g', label='rolling one-step out-of-sample forecast')
legend = ax.legend(loc='upper left')
legend.get_frame().set_facecolor('w')
```

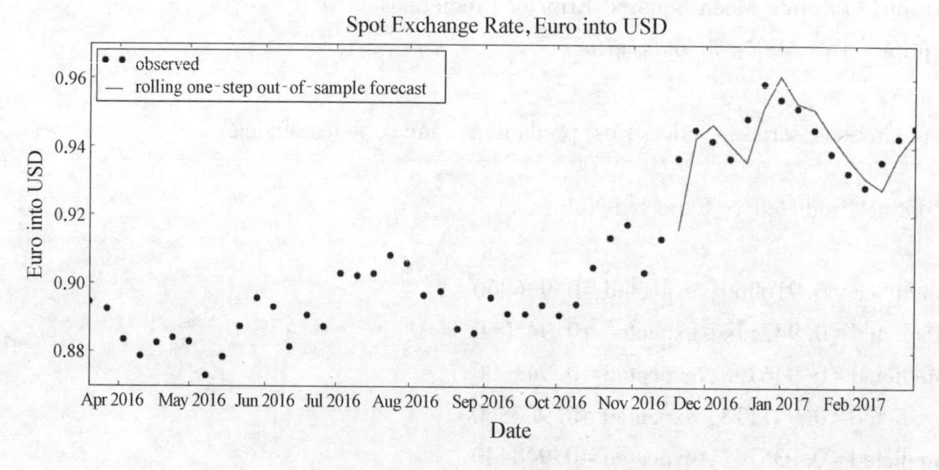

图 7-17 欧元汇率预测结果与实际数值之间对比分析

7.3 本章小结

随着可分析和使用数据的大量增加,通过对这些数据的挖掘、分析、应用、叠加应用,可以发现新的知识,创造新的价值,带来"大知识""大科技""大服务"和"大发展"。数据将和企业的固定资产、人力资源一样,成为生产过程中的重要基本要素。大数据将带来巨大的变革,改变我们的生活、工作和思维方式,改变我们的商业模式,影响我们的经济、政治、科技和社会等各个层面。

7.4 习题

(1) 基于气象大数据分析案例

对某一地区的气象数据进行可视化,数据源 http://openweathermap.org/

① 分析该地区的其中一天的气温变化趋势

② 分析该地区当天三个近海城市和三个内陆城市的湿度趋势

③ 画出该地区的风向频率玫瑰图,年计算风速均值的分布情况

(2) 采用大规模公开手写体图像数据集,实践文本的自动识别案例

① 数据源可采用 Mnist 数据集
② 本地建立 Spark 任务,获取所有 Mnist 图片路径,并读取图片,提取特征,打上标注
③ 构建神经网络模型,训练网络并保存模型
④ 对训练的结果进行评估分析

参考文献

[1] 王宏志. 大数据分析原理与实践[M]. 北京：机械工业出版社,2017.

[2] 刘军,林文辉,方澄. Spark 大数据处理：原理、算法与实例[M]. 北京：清华大学出版社,2016.

[3] 林子雨. 大数据技术原理与应用：概念、存储、处理、分析与应用[M]. 北京：人民邮电出版社,2017.

[4] 杨磊. 循序渐进学 Spark[M]. 北京：机械工业出版社,2017.

[5] T M Mitchell. Machine Learning [M]. Singapore：McGraw-Hill Companies Inc. , 1997.

[6] Spark. Machine Learning Library (MLlib) Programming Guide, http://spark. apache. org/docs/1. 2. 2/mllib-guide. html.

[7] 于俊,向海,代其锋,马海平. Spark 核心技术与高级应用[M]. 北京：机械工业出版社,2016.

[8] http://spark. apache. org.

[9] http://spark. apache. org/downloads. html.

[10] http://dongxicheng. org/mapreduce-nextgen/mesos_vs_yarn/.

[11] 周俊鸾,刘旭晖等. Spark 大数据处理技术[M]. 北京：电子工业出版社,2015.

[12] Holden Karau, Andy Konwinski,等. 王道远,译. Spark 快速大数据分析[M]. 北京：人民邮电出版社,2015.

[13] https://www. iteblog. com/archives/1223. html.

[14] http://hadoop. apache. org/docs/current/hadoop-project-dist/hadoop-common/SingleCluster. html.

[15] http://spark. apache. org/docs/latest/submitting-applications. html.

[16] 刘军,林文辉,方澄. Spark 大数据处理原理、算法与实例[M]. 北京：清华大学出版社,2106.